곤충의
집짓기

1. 《곤충의 집 짓기》는 여러 가지 집을 짓고 사는 곤충들 이야기다. 크게 명주실로 집 짓는 곤충, 잎사귀나 꽃가루로 집 짓는 곤충, 나무 굴을 파거나 나무 부스러기로 집 짓는 곤충, 흙으로 집 짓거나 땅굴 파는 곤충, 그리고 집 없이 떠도는 곤충으로 갈래를 나누어 살펴보았다.

2. 맞춤법과 띄어쓰기는 국립국어원 누리집에 있는 《표준국어대사전》을 따랐다. 하지만 전문 용어는 띄어쓰기를 적용하지 않았다. 한자로 쓰인 전문 용어들은 될 수 있으면 우리말로 고쳐 썼다. 그리고 곤충 이름과 과 이름, 속 이름에는 사이시옷을 적용하지 않았다.
   ㉲ 네발나빗과 → 네발나비과, 거위벌렛과 → 거위벌레과, 천적 → 목숨앗이

3. 책에 나오는 곤충 이름과 학명, 분류는 《한국 곤충 명집》(한국응용곤충학회, 한국곤충학회, 2021)을 따랐다.

곤충의 집짓기

놀랍고 아름다운 곤충의 건축술

정부희
글과 사진

보리

놀랍고 아름다운 곤충의 집 짓기

사람이 살아가는 데 꼭 필요한 3가지 요소는 의(衣)·식(食)·주(住)입니다. 먹을거리, 입을 옷과 사는 곳이 해결되어야 기초적인 생활을 누릴 수 있다는 말입니다. 사람과 마찬가지로 의식주는 거미, 개구리, 새, 젖먹이동물 같은 여느 동물들에게도 살아남는 데 꼭 필요합니다. 거미는 거미대로, 개구리는 개구리대로, 새는 새대로, 멧돼지는 멧돼지대로 저마다 자기만의 방식대로 먹고 입고 살 곳을 정해 척박하고 변화무쌍한 자연환경에 적응하며 살아남습니다. 지구에 처음 나타난 시기를 따져 볼 때 곤충은 인류보다 대선배이지만, 인간에 견주어 존재감은 매우 미미합니다. 하지만 곤충들도 나름대로 의식주를 갖추고 삽니다. 곤충은 4억 년 전쯤에 지구에 처음 나타난 뒤로 지금까지 종마다 자기 입맛에 맞게 식물, 버섯, 죽은 동물, 산 동물 따위를 밥으로 먹고, 물이나 썩은 나무나 흙 같은 곳에 안전하게 살 곳을 정하고, 보호색이나 경고색 같은 다양한 옷을 입고서 제 몸을 지키며 살아갑니다.

사람들이 미물이라 하찮게 여길 만큼 단순하고 사고 능력이 거의 없는 몸 구조를 가진 곤충이 이렇게 의식주만 갖추고 사는 것도 쉽지 않은데, 몇몇 곤충들은 자기 삶터에 감히 집 짓기까지 시도합니다. 육각형 원룸 주택을 수백 개 넘게 덧대 지은 꿀벌 둥지부터 명주실로 곱게 지은 타원형 누에고치에 이르기까지 곤충들은 저마다 조상으로부터 물려받은 재능을 뽐내며 독특한 재주와 재료를 써서 안전하게 살 집을 짓습니다. 아무리 커 봤자 몸길이가 고작 5밀리미터에서 20밀리미터쯤밖에 안 되는 곤충들이 제 몸 하나 돌보기도 힘든데, 몸이 부서질 만큼 힘든 집 짓기를 하는 까닭은 무엇일까요? 답은 딱 한 가지, 새끼를 잘 키워 대를 잇기 위해서입니다.

다시 말하면 모든 곤충들이 살아가는 까닭은 바로 대 잇기, 즉 자기 유전자를 다음 세대에 넘기기 위해서입니다. 모든 곤충은 어떻게든 살아남아 마음에 드는 짝을 만난 뒤 짝짓기에 성공해서 자기 유전자를 다음 세대에 넘기려고 온 신경을 곤두세웁니다. 이 과정에서 집 짓기는 목숨앗이(천적)들 공격이나 자연재해를 어느 정도 막아 줄 수 있는 훌륭한 방패입니다. 곤충은 사람과 달리 '알-애벌레-(번데기)-어른벌레' 과정을 밟으며 단계별로 탈바꿈하면서 살아갑니다. 그러다 보니 분업이 잘 되어 있어서 단계별로 하는 일이 그때그때 다릅니다. 알 임무는 배 발생에 성공해 애벌레로 부화하는 것이고, 애벌레 임무는 성장하는 것이고, 번데기 임무는 애벌레 몸에서 어른벌레 몸으로 탈바꿈하는 것이고, 어른벌레 임무는 번식입니다. 이 과정에서 나방 같은 종은 애벌레 시절에 집을 짓고, 꿀벌과 말벌 같은 종은 어른벌레 시절에 집을 짓습니다. 문제는 애벌레나 어른벌레에게 주어진 삶의 시간이 무척 짧다는 것입니다. 특히 어른벌레에게 허락된 삶의 시간은 겨우 보름 남짓으로 매우 짧습니다. 그 짧은 시간에 밥을 먹고, 몸에 영양을 채우고, 마음에 드는 짝을 골라 짝짓기를 하고, 알을 낳으려면 얼마나 바쁜지 모릅니다. 하루를 일 년처럼 써야 합니다. 게다가 알 낳을 집까지 지으려면 할 일이 산더미처럼 불어납니다.

재미있게도 곤충 세계는 '모계 사회'에 가깝습니다. 그래서 짝짓기 선택과 집 짓는 건축 일은 모두 암컷이 도맡아 합니다. 허락된 짧은 생명의 시간 안에 우수한 유전자를 지닌 배우자와 짝짓기한 뒤 어떻게 하면 안전한 집을 지어 알을 낳을지 고민합니다. 흙으로 황토방을 짓기도 하고, 나뭇가지를 일정한 길이로 잘라 도롱이처럼 생긴 집을 짓기도 하고, 땅에 굴을 파서 지하 동굴 집을 짓기도 하고, 섬유질을 긁어다 보름달 같은 집을 짓기도 하고, 잎사귀를 마름질한 뒤 꼬마김밥 같은 잎사귀 요람을 짓기도 합니다. 재료와 과정은 종마다 다르지만 목표는 오직 단 하나뿐입니다. 알을 낳고, 알에서 깨어난 애벌레가 안전하게 살아갈 집을 짓는 것입니다.

곤충들이 벌이는 집 짓기는 인간들이 하는 복잡한 집 짓기와 달리 매우 단순합니다. 곤충들은 욕심이 없습니다. 그래서 곤충들이 집 짓는 공법에는 '소박함과 정결함'이 숨어 있습니다. 곤충들 집 짓기가 사람들 집 짓기와 다른 점을 몇 가지만 살펴보면 곤충이 얼마나 검소한 집을 짓는지 알 수 있습니다.

첫째, 집 규모입니다. 곤충들 집은 대저택도 아니고 호화로운 저택도 아닙니다. 몇 밀리미터에 불과한 몸뚱이만 딱 피할 수 있는 크기입니다. 도토리거위벌레는 도토리 한 개, 팥바구미는 팥알 한 개, 밤바구미는 밤 한 톨이면 됩니다. 그것도 큰지 밤 한 톨에 여러 마리가 함께 사는 경우도 있습니다. 한 치 낭비가 없이 자신에게 딱 필요한 만큼만 집을 짓는 것이지요.

둘째, 단순한 구조입니다. 그저 사방에서 도사리고 있는 목숨앗이들을 따돌리고, 변화무쌍한 기후 변화를 이겨 낼 안전한 집이면 됩니다.

셋째, 집 지을 재료는 온전히 자연에서 얻습니다. 오롯이 친환경 재료만

쓰는 것이지요. 곤충은 하등 동물 축에 들어가는지라 태생 자체가 도구를 발명하지 못합니다. 그러니 집 짓는 재료를 자연에서 가공되지 않은 그대로 얻는 것이지요. 곤충의 작은 뇌 용량이 도리어 환경을 지키는 원동력이 된 셈입니다. 재료를 가공하느라 공해를 일으키지 않고 환경도 파괴하지도 않습니다. 둘레에 널린 흙을 가져다 침과 버무려 항아리 같은 집을 짓고, 지푸라기를 모아다 집을 짓고, 입에서 직접 뽑은 명주실을 촘촘히 엮어 고치 집을 짓습니다. 이보다 더 경제적일 수는 없습니다.

넷째, 독립적입니다. 그 누구에게도 도움을 받지 않고 혼자서 척척 집을 짓습니다. 이때 집 짓는 주체는 암컷인데, 암컷은 홀로 자연에 널린 잎사귀, 썩은 나무, 흙을 이용하거나, 가녀린 다리로 땅굴을 파고 새끼가 안전하게 생활할 수 있는 집을 짓습니다.

이렇게 곤충들은 사람들과 달리 집 짓는 과정이 매우 단순하고 친환경적입니다. 20밀리미터도 채 안 되는 녀석들에게는 집 짓는 일이 버거울지 몰라도, 사람인 제 눈에는 인간의 건축 과정보다 훨씬 단출하고 군더더기가 없습니다.

곤충은 다양한 집을 짓는 건축가 동물입니다. 현재 지구에 사는 곤충은 100만 종쯤으로 전체 동물에서 3분의 2를 차지할 만큼 그 수가 많습니다. 그러니 곤충들이 짓는 집이 다양할 수밖에 없지요. 여러 가지 집을 짓는 과정을 들여다보면 곤충이 건축했다고 하기에는 놀라운 독창성을 엿볼 수 있습니다. 펜던트처럼 매달린 단독 요람 주택에서부터 수백 개 방이 한 치 오차도 없이 가지런히 늘어선 공동 주택까지 다양한 곤충 집들을 보고 있으면 놀랍고 경이로운 건축법을 소개하는 전시장에 온 것 같은 느낌이 듭니다.

이 책에는 우리 땅에서 사는 토박이 곤충, 특히 우리 둘레에서 흔히 보는 곤충들의 다채로운 집 짓기 과정과 건축 전략이 실려 있습니다. 집 짓는 기술에 따라 수많은 곤충 가운데 매력적인 '건축가 곤충 주인공'을 30종쯤 뽑은 뒤 그들의 빛나는 집 짓기 과정을 통역해 한 글자 한 글자 글로 담아 봤습니다. 쓰다 보니 수백 쪽이 넘는 방대한 건축가 곤충의 대서사시가 탄생했습니다. 토박이 곤충들의 매력적인 집 짓기 과정과 경외심을 불러일으키는 건축 기술을 친근하고 쉽게 공감할 수 있도록 생생하고도 희귀한 생태 사진을 많이 곁들였습니다. 맛보기로 이 책을 풍성하게 채운 곤충들의 다채로운 집 건축법을 간단하게 소개합니다.

1. 명주실로 집 짓는 곤충

우리가 잘 알고 있는 누에나방이 포함된 나비목 애벌레, 개미, 호박벌, 꿀벌과 말벌 애벌레처럼 많은 곤충들이 입에서 실을 뽑아 고치를 만듭니다. 그 가운데 나방류 애벌레는 '신이 내린 선물'인 명주실을 입에서 뽑아 명주실 집을 근사하게 짓는 것으로 소문이 자자합니다. 명주실은 입에 있는 아랫입술샘에서 나오는데, 하도 질겨서 잡아당겨도 잘 끊어지지 않습니다. 명주실 성분은 피브로인(fibroin)과 세리신(sericin)이라는 당단백질입니다. 명주실 안쪽 조직 성분은 피브로인이고, 바깥쪽 조직 성분은 세리신입니다. 피브로인 분자는 물을 좋아하는 친수성 부분과 물을 싫어하는 소수성 부분을 다 가지고 있어서 명주실은 물에 잘 젖지 않습니다. 또 세리신은 질긴 피브로인 섬유를 젤처럼 빙 둘러 감쌉니다. 세리신이 접착제 역할을 하기 때문에 애벌레가 명주실을 뽑아 잎사귀 집이나 고치 집을 지을 때 명주실들이 서로 잘 붙게 됩니다.

우선, 어른 손가락만 한 유리산누에나방 애벌레는 다 자라면 손가방 같은 연둣빛 고치 집을 만드는 데 온 힘을 다 쏟습니다. 재료는 입에서 뽑은 명주실인데 집을 지을 때 입에서 술술 나옵니다. 가늘고 고운 연둣빛 명주실을 수백 가닥, 아니 수천 가닥을 뽑아내 고치 집을 짓습니다. 몇 시간에 걸쳐 완성한 고치는 자그마한 손가방처럼 생겼습니다. 얼마나 정교하고 예쁜지 여느 공예품에도 뒤지지 않습니다. 물론 명주실로 지은 고치 집은 속에 있는 번데기를 비바람과 목숨앗이들에게서 지켜 줄 것입니다.

어떤 나방 애벌레들은 고치를 만들지 않고 오로지 애벌레 자신을 보호하기 위해 명주실로 천막을 치기도 합니다. 재미있는 이름을 가진 천막벌레나방 애벌레들은 먹이식물인 장미과 식물에 몇십 마리가 한데 모여 지냅니다. 천막벌레나방 애벌레들은 미리 약속이라도 한 것처럼 본능에 저장된 매뉴얼대로 저마다 입에서 명주실을 뽑아 천막을 치기 시작합니다. 잎과 잎 사이, 줄기와 줄기 사이, 잎사귀와 줄기 사이에 이미 쳐 놓은 명주실 위로 또 명주실을 뽑아 겹쳐 붙이며 쉬지 않고 천막집을 짓습니다. 수십 마리가 몇십 분 넘게 명주실을 뽑아 천막을 치다 보면 어느새 나무줄기에 주먹만 한 명주실 천막집이 완성됩니다. 명주실로 겹겹이 에워싼 집이 얼마나 견고한지 한눈에 봐도 철옹성 같습니다. 이 정도쯤 되면 목숨앗이들이 감히 넘볼 수 없습니다.

2. 잎사귀나 꽃가루로 집 짓는 곤충

곤충계에서 이름난 재단사이자 잎사귀 요람 건축가는 딱정벌레인 거위벌레류입니다. 거위벌레는 생김새가 특이합니다. 거위처럼 목이 길어 거위벌레라는 이름이 붙었습니다. 거위벌레는 암컷만이 싱싱한 잎을 써서 집을 짓습니다. 거의 모든 거위벌레 암컷들은 알을 낳기 전에 저마다의 습성대로 잎을 마름질한 뒤 잎 맨 아랫부분부터 위쪽으로 돌돌 말아 올리며 원통처럼 생긴 요람을 만들어 그 속에 알을 낳습니다. 요람 집에서는 알에서 깨어난 애벌레가 평생 동안 지냅니다. 요람 집은 아늑해서 마치 포대기로 아이를 감싸는 것 같은 효과가 있습니다. 어미가 손수 지은 요람은 자기 애벌레를 보호하는 은신처이자, 배불리 밥을 먹을 수 있는 밥집 노릇을 합니다. 거위벌레들은 저마다 좋아하는 먹이식물이 있습니다. 꼬마혹등목거위벌레는 거북꼬리풀 같은 쐐기풀과 식물 잎을, 노랑배거위벌레는 아까시나무 같은 콩과 식물 잎을, 등빨간거위벌레는 느릅나무과 식물 잎을 돌돌 말아 잎사귀 요람 집을 척척 짓습니다.

3. 나무 굴을 파거나 나무 부스러기로 집 짓는 곤충

나무 조직은 곤충들이 집 지을 때 사용하는 아주 쓸모 있는 건축 재료입니다. 특히 장수말벌이나 뱀허물쌍살벌 같은 사회성 말벌과(科) 곤충에게는 거대한 왕국을 세우고 유지하기 위해 집 건축이 매우 중요한 일입니다. 그래서 말벌류나 쌍살벌류 여왕벌은 봄부터 왕국을 세우는 데 필수 조건인 공동 주택 건축에 많은 시간과 노동을 쏟아붓습니다. 여왕벌 자신과 앞으로 태어날 새끼들이 살아야 할 안전한 집이 절대적으로 필요하기 때문입니다. 수많은 곤충들과 달리 말벌류와 쌍살벌류는 안전한 공동 주택에서 '알-애벌레-번데기' 단계를 거쳐 어른벌레로 날개돋이할 때까지 자식을 정성껏 돌봅니다.

이들이 짓는 공동 주택 건축 재료는 나무 섬유질입니다. 나무가 없으면 버려진 종이 박스나 전봇대에 붙은 종이 광고지도 긁어다 씁니다. 어느 봄날, 뱀허물쌍살벌 여왕벌은 죽은 나무 그루터기에 앉아 튼튼한 주둥이로 나무껍질을 잘게 잘게 갉아 섬유질을 뜯어냅니다. 섬유질에 침을 섞어 콩알만 한 경단처럼 걸쭉하게 반죽한 뒤 집터로 가져옵니다. 먼저 집 기둥 노릇을 하는 자루를 만들고, 그 자루 하나에 수십 개 원룸이 딸린 공동 주택을 짓습니다. 콩알만 한 나무 반죽을 얇게 펼쳐 육각형 원룸 한 개를 만들려면 수십 번 들락거려야 합니다. 여왕벌은 낮 동안 쉬지 않고 섬유질을 긁어 와 정교한 노동을 하며 원룸을 짓고 또 짓습니다. 한 달 뒤면 여왕벌 홀로 지은 섬유질 원룸이 모두 30채쯤 됩니다. 하루에 한 채꼴로 짓는 동안 육각형 원룸 속에서는 여왕벌 딸들이 태어나기 시작하고, 딸벌들은 여왕벌이 하던 집 짓는 일을 이어받습니다. 섬유질 원룸들로 이루어진 공동 주택은 사회성 말벌과 곤충들에게 안전한 육아방 노릇을 톡톡히 합니다.

단독 생활을 하는 어리호박벌은 '목수 벌(carpenter bee)'이라는 별명을 가질 만큼 나무 굴을 이용해 집을 짓습니다. 암컷 어리호박벌은 쇠약해져 가는 나무 위에 앉아 그 누구의 도움 없이 혼자서 주둥이로 나무 구멍을 뚫기 시작합니다. 어미 벌이 구멍 뚫는 작업을 할 때는 온몸을 떠는 소리가 날 만큼 노동 강도가 셉니다. 끈질기게 몇 시간 동안 나무를 파내 손가락 굵기만큼 구멍이 뚫리면 꽃가루를 모아다 구멍 속에 넣은 뒤 알을 낳습니다.

4. 흙으로 집 짓거나 땅굴 파는 곤충

집 지을 때 쓰는 건축 재료는 흙입니다. 흙집 건축은 전적으로 암컷이 도맡아 합니다. 암컷이 피땀 흘려 흙집 짓는 노동을 하는 까닭은 단 하나, 새끼를 키우기 위해서입니다. 새끼를 낳고 떠나는 거의 모든 곤충들과 달리 집을 지어 새끼를 안전하게 보호함으로써 자기 유전자를 다음 세대에 성공적으로 넘길 가능성을 높이는 것이지요.

생물 진화사를 들여다보면 지구에서 맨 처음 흙을 빚은 도예공은 곤충입니다. 어떤 벌들은 흙을 사용해 황토방 흙집을 짓습니다. 특히 호리병벌류와 감탕벌류는 다양한 모양의 흙집을 짓습니다. 털볕감탕벌은 파이프처럼 길쭉한 흙집을 짓고, 줄무늬감탕벌은 대나무 통 같은 빈 곳에 흙집을 짓고, 민호리병벌이나 점호리병벌은 항아리처럼 생긴 흙집을 짓습니다. 녀석들은 물기를 머금은 흙 위에 앉아 주둥이에 있는 큰턱으로 오물오물 흙을 긁어 침과 섞으며 동그랗게 반죽합니다. 동작이 얼마나 빠른지 몇 분 안 걸려 팥알만 한 흙 경단을 만들어 냅니다. 그런 뒤 흙 경단을 입과 다리로 껴안고 날아 집터로 돌아와서는 흙을 집터에 얇게 펴 붙입니다. 그러기를 수십 차례 되풀이하면 항아리처럼 생긴 집이 완성됩니다. 항아리 흙집은 겉이 울퉁불퉁 거칠고 투박해서 개성 만점입니다. 유약을 바르지 않으니 오히려 고급스러운 질감이 납니다. 어미 벌은 먹잇감을 마취시킨 뒤 항아리 집 속에 넣고 알을 낳습니다. 항아리 집을 짓는 '도예가 곤충' 말고도 큰애기나나니와 조롱박벌류는 다리를 이용해서 땅굴을 판 뒤 그 속에 마취된 먹잇감을 넣고 알을 낳습니다. 그러고는 밖으로 나와 땅굴 입구를 흙으로 막습니다.

5. 집 없이 떠도는 곤충

곤충들 대부분은 집도 절도 없이 떠도는 자유 방랑객인지라 집을 손수 건축하는 곤충들은 그리 많지 않습니다. 그래서 마지막에는 집을 짓지 않고 평생 장돌뱅이처럼 여기저기를 떠돌며 사는 왕주둥이노린재와 남색주둥이노린재를 다루었습니다.

기후 온난화와 인간들이 저지르는 끊임없는 환경 파괴 때문에 건축가 곤충들이 집을 짓는 현장을 직접 보기가 점점 어려운 일이 되어 가고 있습니다. 그나마 공동 주택을 짓는 유능한 건축가인 말벌과 쌍살벌은 둘레에서 쉽게 만날 수 있지만, 사람들은 독침에 쏘인다고 살충제를 뿌려 죽이기 일쑤입니다.

누구나 일 년에 몇 번쯤은 바쁜 일상생활에 쉼표를 찍고 산길과 들길을 걷습니다. 그곳에서는 우리 이웃인 많은 곤충들이 치열하게 하루하루를 살아갑니다. 손톱만큼만 관심을 가져도 애틋한 사랑을 나누는 곤충 부부부터 집 짓느라 땀 흘리며 고된 노동하는 어미 곤충까지 수많은 곤충들을 만날 것입니다. 봄에는 잎사귀 전문 건축가인 거위벌레가, 여름 들머리부터 가을까지 도예공인 호리병벌이, 여름에는 땅굴 건축 전문가인 나나니와 조롱박벌이, 봄부터 가을 들머리까지 섬유질 건축 전문가인 말벌들이 집 짓느라 여념이 없을 것입니다. 혹시라도 만나거든 세상에 단 하나밖에 없는 집을 짓는 그들에게 힘내라고 마음껏 응원해 주기를 바라 봅니다.

온난화로 올가을은 유난히 길었습니다. 그래도 때가 되니 계절은 바뀌어 가을 문밖에서 주춤거리던 겨울이 이제야 문턱을 넘어섰습니다. 곤충들은 추위를 피해 긴 겨울잠에 들어가 코빼기도 보이지 않습니다. 별 탈 없이 겨울을 보내고 내년 봄에도 건강한 모습으로 산과 들을 활보하길 고대합니다. 이제 겨우 겨울의 시작인데, 어서 따뜻한 봄이 돌아와 그들과 다시 만날 날을 손꼽습니다.

2023년 11월 끝자락에

정부희

차례

4장

흙으로 집 짓거나 땅굴 파는 곤충

5장

집 없이 떠도는 곤충

1장

명주실로 집 짓는 곤충

나무껍질
잘게 뜯어 집 짓는

가중나무껍질나방

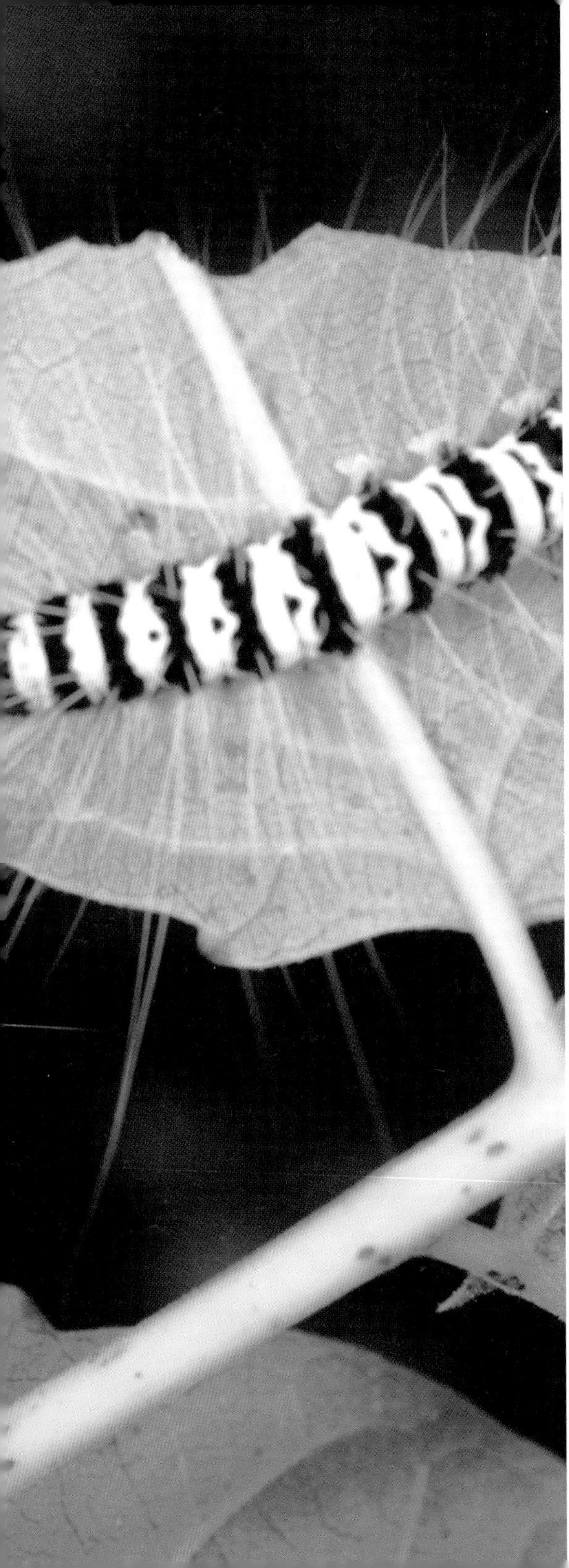

가중나무껍질나방 애벌레

가중나무껍질나방 애벌레들이
나뭇잎 위에서 잎을 갉아 먹고 있습니다.

10월, 강원도 인제에 왔습니다.

어딜 봐도 한 폭 유화 같은 가을입니다.

빨간색, 노란색, 밤색으로 갈아입은 산길을 걷습니다.

이따금 들려오는 늦털매미 노랫소리와 솔솔 부는 가을바람까지 더하니

가을 정취가 한층 더 깊어집니다.

콧노래를 부르며 걷는데 오솔길 옆에

잎이 바랜 가죽나무 몇 그루가 제멋대로 서 있습니다.

직업병이 돋아 내 키보다 조금 더 큰 가죽나무 껍질을 들여다봅니다.

그러면 그렇지! 가죽나무 껍질 군데군데에 입술이 부르튼 것처럼

봉곳하게 튀어나온 타원형 고치가 딱 붙어 있습니다.

고치는 온통 나무껍질 부스러기를 덮어쓰고 있습니다.

고치라니 고치인 줄 알지 나무껍질과 너무 똑같이 생겨

고치인지 나무껍질인지 알 수가 없습니다.

슬며시 고치를 만져 봅니다.

부드러운 고치 속에서 '쉬익' 소리가 나며

뭔가 움직이는 느낌이 듭니다.

아! 불청객이 찝쩍거리자

번데기가 놀라 꿈틀댔군요.

녀석은 나무껍질과 똑 닮은 고치 속에 사는

가중나무껍질나방 번데기입니다.

가죽나무

이 꼭지는 나비목 혹나방과 종인 가중나무껍질나방(*Eligma narcissus*) 이야기입니다.

가을에만 만나는 가중나무껍질나방

가중나무껍질나방은 가을에만 만나는 가을 곤충 가운데 대표 곤충입니다. 곤충 세계에서는 드물게 애벌레와 번데기, 어른벌레 단계를 한 계절인 가을에 다 볼 수 있으니 말이지요. 이름처럼 가중나무껍질나방은 가죽나무와는 떼려야 뗄 수 없는 사이입니다. 가중나무는 가죽나무의 다른 이름입니다. 애벌레는 입맛이 까다로워 오로지 가죽나무 잎사귀만 골라 먹고, 애벌레가 다 자라면 가죽나무 껍질을 자잘하게 뜯어내 명주실로 엮어 고치를 짓습니다. 그래서 가중나무껍질나방이라고 부르니 이름 한번 정직합니다.

9월 초, 복더위가 물러가고 아침저녁으로 선선한 바람이 불어옵니다. 이즈음 가죽나무 잎사귀에서는 가중나무껍질나방 애벌레들

가중나무껍질나방 애벌레가 서로 띄엄띄엄 떨어진 채 잎 뒤에 숨어 잎을 먹고 있다.

이 모여 게걸스러운 먹방 잔치를 벌입니다. 대개 어미가 가죽나무 한 그루에 알을 여러 개 낳기 때문에 애벌레도 가죽나무 한 그루에 몇 마리에서 몇십 마리가 함께 삽니다. 모여 산다 해서 천막벌레나방 애벌레처럼 다닥다닥 붙어 사는 게 아니라 알맞게 띄엄띄엄 떨어져 앉아 따로따로 식사를 즐깁니다. 그것도 꼭 잎사귀 뒤에 숨어서 먹습니다. 집을 짓지 않고 온몸을 드러내 놓은 채 잎 위에서 살기 때문에 그나마 잎사귀 뒷면에 숨어 있어야 목숨앗이들 눈을 피할 수 있기 때문입니다. 그런데 애벌레는 먹는 버릇이 안 좋아 가죽나무 잎사귀를 제멋대로 먹습니다. 잎에 구멍을 내기도 하고, 잎 가장자리를 삐뚤빼뚤 뜯어 먹기도 하고, 잎맥만 남기고 너덜너덜하게 먹기도 합니다. 그래서 애벌레들이 먹고 난 가죽나무 잎사귀는 지저분합니다.

가중나무껍질나방
3령 애벌레

노랑 까망 색동옷 입은 애벌레

이렇게 가중나무껍질나방 애벌레는 가죽나무 잎을 욕심껏 먹으면서 허물을 4번 벗고 5령 애벌레 단계까지 자랍니다. 애벌레 몸 색깔은 뇌쇄적일 만큼 아름다워서 한 번만 봐도 기억에 남습니다.

다 자란 애벌레는 몸길이가 45밀리미터쯤 되고, 몸매는 긴 원통형입니다. 언뜻 보면 어디가 머리이고 어디가 배 꽁무니인지 헷갈리지만 가만 보면 가슴다리가 붙어 있는 쪽이 머리입니다. 몸 색깔

가중나무껍질나방
4령 애벌레

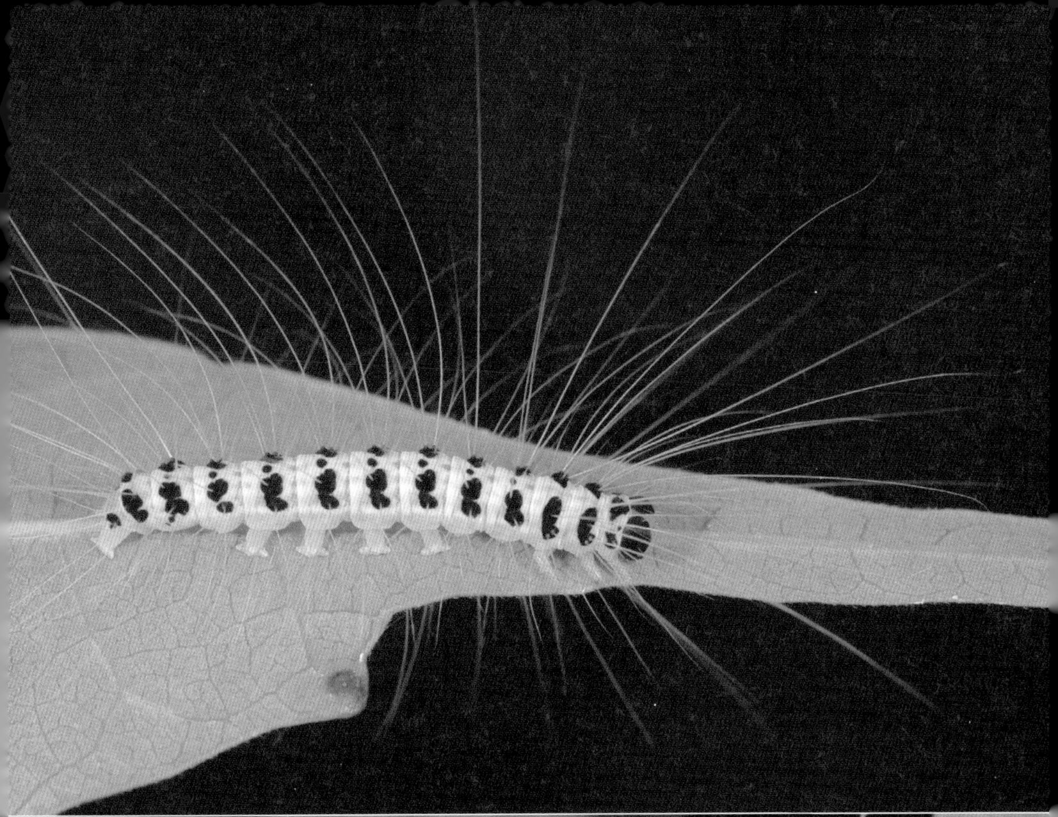

가중나무껍질나방 5령 애벌레

은 노란색과 까만색 띠무늬가 번갈아 나 있어 색동옷을 입은 것 같습니다. 까만색 띠무늬 위에는 하얀색 털이 줄지어 열병식을 하는 것처럼 나 있습니다. 놀랍게도 털 길이는 제 몸길이와 맞먹을 만큼 긴 데다, 모든 털들이 누워 있지 않고 풀 자라듯 똑바로 서 있어 마치 불꽃놀이를 보는 것 같습니다. 털이 얼마나 긴지 사진 찍을 때 카메라 파인더 안에 다 들어오지 않을 정도입니다. 게다가 털을 하나하나 심어 놓은 것처럼 알맞게 사이를 띄워 나 있어 매우 독특합니다. 이 정도면 털이 예술입니다.

더 특이한 건 긴 다리입니다. 나비목 가문 애벌레는 거의 다리가 8쌍입니다. 가슴다리 3쌍, 배다리 4쌍과 꼬리다리 1쌍으로 이뤄졌는데, 가슴다리가 진짜 다리이고 배다리와 꼬리다리는 가짜 다리입니다. 가중나무껍질나방 애벌레는 여느 나방 애벌레보다 가슴다리가 긴 편이지만 배다리와 꼬리다리는 역대급으로 깁니다. 또 배다리와 꼬리다리 끄트머리에는 넓적한 빨판이 있어서 마치 하얀 신발을 신은 것처럼 괴이합니다. 이 '빨판'이 하는 일은 나뭇잎에 딱 달라붙어 떨어지지 않도록 합니다. 다리가 이렇게 잘 발달하다 보니 애벌레는 앞으로도 뒤로도 잘 걸을 수 있습니다.

나무껍질과 똑 닮은 고치 짓기

번데기가 되기 바로 전 가중나무껍질나방 5령 애벌레

9월 중순, 날마다 쉬지 않고 식사 삼매경에 빠져 있던 종령 애벌레가 그 맛있는 잎사귀 밥을 먹지 않습니다. 번데기 될 때가 가까워지자 몸속 호르몬들이 다음 매뉴얼을 이행하도록 진두지휘합니다. 번데기가 되기 전에 애벌레가 해야 할 일은 안전한 고치를 짓는 일입니다. 그래서 애벌레는 고치 짓기에 알맞은 나무껍질을 찾아 돌아다닙니다. 거의 모두 가죽나무 줄기를 고르지만, 번데기 때에는 아무것도 먹을 수 없기 때문에 굳이 먹이식물인 가죽나무만 고집하지는 않습니다. 참나무류나 심지어 나무 난간에서도 고치를 만듭니다.

애벌레는 한참을 오르락내리락하다 예상한 대로 가죽나무 줄기에 자리를 잡습니다. 살아 있는 나무라 줄기 껍질이 단단해서 잘 뜯어지지 않을 것 같지만 전혀 신경 쓰지 않습니다. 애벌레 큰턱은 엄청 튼튼하기 때문에 살아 있는 나무껍질도 잘 뜯어낼 수 있습니다. 애벌레는 가죽나무 줄기 가운데쯤에 자리를 잡은 뒤 큰턱으로

고치를 만들고 있는 가중나무껍질나방 5령 애벌레

나무껍질을 뜯어냅니다. 잘게 잘게 뜯어낸 나무껍질을 입에서 뽑은 명주실과 섞어 나무줄기에 방석처럼 붙입니다. 몸통 절반 윗도리를 왼쪽 오른쪽으로 쉬지 않고 돌리면서 자기가 앉아 있는 줄기 위에 쉼 없이 뜯어낸 나무껍질을 명주실로 붙입니다. 여의치 않으면 몸을 180도 돌려 앉아 가며 똑같은 작업을 되풀이합니다. 몇 시간쯤 지나자, 애벌레 몸이 다 들어갈 수 있는 타원형 방석이 완성됩니다. 마치 멍석을 깐 것처럼 판판합니다.

그런 뒤 타원형 방석 한가운데 앉아 머리를 방석 왼쪽 가장자리와 오른쪽 가장자리 사이를 왕복 달리기하듯 왔다 갔다 휘젓습니다. 이때 명주실을 쉴 새 없이 뽑아내 왼쪽 가장자리와 오른쪽 가장자리를 잇듯이 붙입니다. 작업 순서는 맨 위쪽에서 아래쪽을 향해 뒷걸음질로 내려가면서 공사를 합니다. 몇십 분 똑같은 몸짓으로 아주 꼼꼼하게 정성껏 양쪽 가장자리를 붙입니다. 양쪽 가장자

가중나무껍질나방 고치

바위 밑에 만든 가중나무껍질나방 고치

가죽나무 줄기에 만든 가중나무껍질나방 고치

한 줄기에 고치를 여러 개 지은
가중나무껍질나방

리끼리 잇는 작업을 되풀이하면 타원형 방석 5분의 1쯤이 원통형이 됩니다. 아랫부분을 붙일 때는 공간이 좁습니다. 그럴 때는 재빨리 뒤돌아 자세를 180도 바꾼 뒤 양쪽 가장자리를 붙이는 작업을 계속합니다. 한 시간 넘게 작업하자, 넓은 방석 양쪽 가장자리가 어느 정도 서로 붙어 원통형 고치가 탄생합니다. 여기서 멈추지 않고 애벌레는 고치 속에서 줄곧 명주실을 뽑아 고치 안쪽 벽에 덧대어 붙입니다. 겉에서는 안 보이지만 고치 속에서 애벌레는 고치가 단단해질 때까지 공사를 계속합니다.

가중나무껍질나방
번데기 등 쪽

고치를 만들기 시작한 지 거의 15시간째, 드디어 고치가 완성됩니다. 나무껍질을 조금씩 뜯어내 명주실과 붙인 집이라 겉에서 보기에는 고치가 아니라 꼭 나무껍질처럼 보입니다. 철저한 보호색을 띤 것이지요. 이 정도면 목숨앗이들 눈을 피하는 데 효과 만점입니다. 긴 대장정을 마친 애벌레는 하루 이틀 동안 고치 속에서 푹 쉰 뒤 애벌레 시절 마지막 허물을 벗고 번데기로 탈바꿈합니다. 번데기 배 꽁무니 옆에는 애벌레가 벗은 우글쭈글한 허물이 고스란히 남아 있습니다. 나무껍질에 납작하게 달라붙은 고치 속에서 지내야 하니 번데기 몸매는 윗면과 아랫면에서 꼭 누른 것처럼 납작합니다.

특이하게 고치를 건드리면 고치 속에서 쉬고 있던 번데기가 배 부분을 좌우로 몸부림치듯 흔들어 대며 '쓱쓱쓱' 소리를 냅니다. 배를 세차게 흔들 때마다 배마디가 움츠러들면서 배마디 가장자리에 있는 돌기들과 마찰하며 내는 소리인 것 같습니다. 이렇게 번데기로 2주를 지냅니다.

가중나무껍질나방
번데기 배 쪽

늦가을에 날개돋이한 어른벌레

날개돋이한 뒤 남은 번데기 허물

10월은 늦가을이라 아침저녁으로 제법 쌀쌀해 많은 곤충들이 겨울나기 준비에 들어가는 때입니다. 이즈음 여느 곤충과 달리 가중나무껍질나방은 한살이를 시작합니다. 가중나무껍질나방 애벌레가 고치 속에서 번데기로 탈바꿈한 지 벌써 2주가 지났습니다. 드디어 나무껍질 같은 고치 속에서 어른벌레가 날개돋이해서 세상 밖으로 나옵니다. 갓 날개돋이한 어른벌레는 날개를 말리면서 바로 짝짓기 준비에 들어갑니다. 어른벌레에게 가장 막중한 임무는 대를 잇는 일입니다. 일주일쯤 주어진 짧은 삶 속에서 마음에 드는 짝을 찾아 짝짓기한 뒤 알을 낳아야 하니 마음이 바쁩니다.

고치 언저리에서 몸을 말리며 쉬고 있는 어른벌레를 한참 들여다봅니다. 날개를 편 길이가 70밀리미터쯤 되니 몸집이 꽤 큰 편입니다. 앉아 있는 몸매는 길쭉한 원통처럼 생겨서 평범합니다. 그런데 몸 색깔은 변화무쌍하다 못해 참 오묘합니다. 우선 앞날개 색깔은 온통 올리브색이 도는 잿빛인데 군데군데 하얀 세로무늬와 자잘한 검은 점무늬가 섞여 있어 수수합니다. 반면에 뒷날개 색깔은 온통 주황빛이 도는 뚜렷한 노란색이고 뒤쪽 가장자리는 형광빛이 도는 청람색입니다. 또 몸통도 노란색 바탕에 까만 물방울무늬가 찍혀 있어 이보다 더 화려할 순 없습니다. 특이하게 잿빛 앞다리에는 털들이 북슬북슬 붙어 있는데 다리 안쪽은 노랗습니다.

갓 날개돋이한 가중나무껍질나방이 쉬면서 날개를 말리고 있다.

어른벌레는 독이나 가시같이 자기 몸을 지킬 무기가 하나도 없어 목숨앗이를 만나면 손쓸 틈도 없이 당합니다. 그래서 어른벌레

가중나무껍질나방이 날개를 접고 앉으면 나무껍질 색깔과 비슷해서 몸을 숨길 수 있다.

는 몸 색깔을 이용해 보호색과 경고색 작전을 동시에 씁니다. 우선 가중나무껍질나방 어른벌레는 평상시 앉아 있을 때는 윗날개가 몸통을 다 덮은 채 날개를 접습니다. 이런 자세로 나무줄기에 앉아 있으면 몸 색깔이 희끄무레해서 나무껍질과 비슷한 보호색을 띱니다. 그러다 위협을 느끼면 앞날개 두 장이 스르륵 양옆으로 벌어지는데, 이때 엄청나게 강렬하고 화려한 색깔을 띤 뒷날개와 몸통이 드러나며 '내 몸에는 독이 많아 맛이 없어!'라고 목숨앗이들에게 경고합니다. 가중나무껍질나방을 잡아먹으려던 목숨앗이들은 갑자기 눈앞에 나타난 강렬한 경고색을 보고 '몸이 화려한 걸 보니 맛이 없겠구나!' 하며 사냥을 포기할 수도 있습니다.

이렇게 살아남은 어른벌레는 짝짓기를 한 뒤 알을 낳으면 목숨이 다합니다. 알은 추운 겨울을 난 뒤 이듬해 가을 들머리쯤에나 깨어날 것입니다. 가중나무껍질나방은 한살이 주기가 고작 1년입니다. 우리 둘레에 가중나무껍질나방 애벌레가 먹는 먹이식물인 가죽나무가 많아서 아직까지 알맞은 개체 수를 유지하고 있습니다. 관심만 가진다면 일 년에 한 번은 만날 수 있습니다. 멋진 가을날 멋진 옷을 입고 사는 가중나무껍질나방과 데이트하는 재미도 쏠쏠할 것입니다.

가중나무껍질나방이 날개를 펼치면 강렬한 몸빛이 드러난다.

잎 조각으로 집을 짓는

먹그림나비

먹그림나비 어른벌레

먹그림나비가 나무줄기에 앉아 있습니다.

8월 초순, 경기도 대부도 해솔길을 걷습니다.
바닷바람이 때때로 불어오지만 참으로 무덥습니다.
달려드는 모기들에게 원치 않는 헌혈을 하며
그늘진 숲길을 걷습니다.
얼마쯤 걸었을까,
오솔길 옆에 나도밤나무들이 군데군데 서 있습니다.
"아! 남방 식물인 나도밤나무가 여기까지 북상했구나!" 중얼거리며
나도밤나무만 골라 먹고 사는
푸른큰수리팔랑나비와 먹그림나비를 찾습니다.
역시! 몇 개 잎사귀에 먹그림나비 애벌레 흔적이 보이는군요.
널찍하고 길쭉한 잎사귀 끄트머리에
명주실에 엮인 자잘한 잎 조각들이 매달려 있습니다.
마치 개성 넘치는 모빌 작품을 보는 것 같습니다.
조심조심 '잎 조각 모빌 작품'을 살펴보니,
10밀리미터쯤 되는 작은 애벌레가
잎 조각 사이에 숨어 앉아 있습니다.
바로 먹그림나비 신생아인 1령 애벌레입니다.

먹그림나비 수컷

푸른큰수리팔랑나비 수컷

이 꼭지는 나비목 네발나비과 종인 먹그림나비(*Dichorragia nesimachus*) 이야기입니다.

먹물 그림 같은 먹그림나비

7월 말, 오전 내내 내리던 비가 개자, 먹그림나비 어른벌레 몇 마리가 숲 언저리 포장도로 위에 내려앉아 식사를 하고 있습니다. 그러다 불청객 발소리에 놀라 자귀나무 가지 위로 '쉬익' 날아오릅니다. 이내 다시 바닥에 내려앉아 움푹움푹 파인 포장도로 틈에 고여 있는 빗물을 빨아 마십니다. 물속에는 무기물이 많이 들어 있습니다. 날개를 부채처럼 활짝 펼치고 빨간 빨대 주둥이로 땅에 고인 물을 쭈욱 들이마십니다. 그늘 사이로 햇빛이 이따금 펄럭이는 날개 위를 비출 때마다 날개 색깔은 먹물색, 군청색, 파란색, 옥색, 검은 초록색으로 바뀝니다. 그 모습이 얼마나 아름답고 우아하고 잘 생겼는지 감탄사가 절로 나옵니다.

먹그림나비가 아스팔트에 고인 물을 빨아 먹고 있다.

먹그림나비 어른벌레는 날개 편 길이가 55~65밀리미터쯤 되어서 몸집이 큰 나비 축에 듭니다. 비늘로 덮인 날개는 전체적으로 파란색과 초록색이 감도는 까만색이고 날개 곳곳에 상형 문자 같은 하얀색 무늬가 기하학적으로 흩어져 있어 세련미가 넘쳐 납니다. 마치 흐르는 물에 푼 검은 먹물이 번져 가며 아름다운 무늬를 만든 것처럼 보입니다. 먹물로 그림을 자유자재로 그린 것 같아 이름이 '먹그림나비'입니다. 주둥이는 빨간색이어서 매우 이국적입니다. 더듬이는 나비류 특징인 곤봉처럼 끝이 불룩하고 까맣습니다. 다리는 4개입니다. 주로 골짜기 둘레 숲 언저리에서 살며 매우 빠르게 날아다니고 날개를 접고 앉는 일이 드뭅니다. 활동에 필요한 에너지를 얻기 위해서 오전에 햇빛이 잘 드는 곳에 모여 날개를 양옆으로 활짝 펼치고 앉아 해바라기를 즐깁니다. 특이하게 어른벌레는 꽃꿀보다는 축축한 땅에 고인 진흙물, 짐승 똥, 나뭇진이나

먹그림나비 빨대 주둥이는 빨갛다.

썩은 과일에 자주 날아와 식사를 합니다.

먹그림나비 족보는 나비목 가문에 네발나비과 집안 식구입니다. 그래서 다리가 4개입니다. 어른나비는 기껏해야 일주일에서 열흘 쯤밖에 살지 못합니다. 이 짧은 시간에 타이밍을 기막히게 맞춰야 만날 수 있습니다. 한살이가 한 해에 2번 돌아가서 어른나비를 5~6월, 7~8월에 두 번 만날 수 있습니다. 남부 지방과 서해 중부 지역에서 살고, 나라 밖으로는 일본, 중국, 타이완과 동남아시아 같은 따뜻한 지역에서 삽니다.

합다리나무와 나도밤나무 잎을 먹는 애벌레

먹그림나비 어른벌레는 먹성이 좋아 진흙물이나 짐승 똥처럼 물기만 있으면 잘 먹습니다. 하지만 애벌레는 입맛이 까다로워서 나도밤나무과(科) 식물 잎사귀만 먹습니다. 우리나라에서 자라는 나도밤나무과 식물은 나도밤나무와 합다리나무인데 모두 남방 식물이라 제주도를 비롯한 남쪽 지방과 따뜻한 바닷가 지방에 흔히 자랍니다. 그러다 보니 먹그림나비가 사는 곳도 자연스레 나도밤나무과 식물이 자라는 곳과 겹칩니다. 요즘 온 세계에서 기후 온난화가 기승을 떨면서 먹그림나비는 줄곧 북쪽으로 북쪽으로 올라오고 있습니다. 제주도나 남부 지역을 벗어난 지는 오래고, 요즘에는 충청남도, 경기도 서해안을 따라 북상 진격하고 있습니다. 실제로 먹그림나비를 충청남도 보령, 덕적도 같은 바닷가 가까운 지역과 영흥도나 대부도 같은 경기만 일대 여러 섬 지역에서 만난 적이 많습니다. 다만 사람들을 위해 둘레길 같은 여러 산책 길들이 여기저기 만들어지면서 정기적으로 살충제를 뿌리는 바람에 먹그림나비가 꿈꾸는 '북상의 꿈'에 차질이 빚어지고 있습니다. 그러든 말든 죽는 한이 있더라도 먹그림나비는 먹이식물인 나도밤나무를 찾아 끊임없이 이주할 것입니다. 사람들은 나무를 지나치게 사랑해서 먹그림나비 같은 벌레를 죽이는 한이 있더라도 나무는 절대로 죽이지 않기 때문입니다.

먹그림나비 애벌레가 즐겨 먹는 나도밤나무 잎

집인 듯
집이 아닌 듯

7월, 진흙물을 맛있게 먹으며 영양분을 몸에 모은 어른 먹그림나비 수컷은 짝짓기하면서 자기 유전자를 암컷에게 건넵니다. 짝짓기를 마친 어미는 알 낳을 분만실을 찾습니다. 코 노릇을 하는 더듬이와 다른 감각 기관을 모두 동원해 애벌레가 먹을 밥인 나도밤나무를 찾습니다. 어미는 후각이 예민해서 숲 언저리에서 자라는 나도밤나무가 풍기는 고유한 냄새를 잘 맡습니다. 그러니 분만실 찾는 일은 식은 죽 먹기입니다. 손쉽게 나도밤나무에 도착한 어미는 둘레를 살피면서 길쭉하고 넓데데한 잎사귀 끄트머리에 알을 낳습니다. 그렇게 어미는 나뭇잎을 옮겨 다니며 알을 낳고 또 낳습

먹그림나비 암컷이 나도밤나무 잎에 갓 낳은 알

니다. 알 낳기를 다 마친 어미는 시나브로 몸에 힘이 빠져 서서히 삶을 마감합니다.

먹그림나비 알은 동그랗고 겉에는 돌기가 줄줄이 나 있다.

어미는 죽고 알만 덩그러니 남았습니다. 알은 하얗습니다. 동그란 공처럼 생겼고 겉에 수박 줄무늬 같은 줄 돌기 16개가 세로로 나 있어 매우 아름답습니다. 어미가 알을 낳은 지 일주일쯤 지나면 알에서 애벌레가 깨어나는데, 이때 알 속 애벌레는 알 껍질 정수리 부분을 갉아 먹고 밖으로 나옵니다. 이제부터 힘겨운 애벌레 시절이 시작됩니다. 애벌레가 할 일은 오로지 먹고 성장하는 일입니다. 그런데 밥상이자 집인 나도밤나무 잎사귀 위에서 2~3주를 애벌레로 지내야 하니 늘 두려움에 떱니다. 어딘가

먹그림나비
1령 애벌레 집

에 있을 목숨앗이들에게 언제 들킬지 모르니까 말이죠.

그래서 애벌레는 특단의 조치를 취합니다. 바로 집을 짓고 그 속에서 지내는 것입니다. 다행히 조상 대대로 물려받은 특허 상품인 명주실이 있으니 재료 걱정은 없습니다. 애벌레는 잎사귀 맨 끄트머리로 기어간 뒤 주맥은 놔둔 채 주맥 둘레 잎을 큰턱으로 자잘하게 자릅니다. 자잘하게 오려 낸 여러 개 잎 조각을 입에 있는 아랫입술샘에서 뽑아낸 명주실로 얼기설기 엮어 땅 쪽으로 길게 늘어뜨리면 집이 완성됩니다. 마치 모빌 작품 같기도 하고, '짓다 만 집' 같기도 합니다. 집인 듯 집이 아닌 듯 어설프게 지은 집이지만 효과 만점입니다. 늘어뜨린 잎 조각 사이에 숨어 있으면 눈에 띄지 않으니 목숨앗이들 공격을 피할 수 있습니다. 애벌레는 바람에 흔들거리는 모빌 작품 같은 집에서 1~4령까지 삽니다. 평소에는 잎 조각 사이에 숨어 있다 배고프면 주맥을 타고 기어다니며 주맥 옆

먹그림나비
2~3령 애벌레 집

먹그림나비 3령 애벌레가 집 속에 숨어 있다.

잎살을 먹고 다시 쉴 때는 집으로 돌아옵니다. 애벌레는 2~3주 동안 허물을 4번 벗으면서 5령 애벌레 단계까지 자랍니다.

독특한 매력을 지닌 먹그림나비 애벌레

독특한 건축 솜씨 못지않게 먹그림나비 애벌레는 생김새도 굉장히 색다른 매력을 지니고 있습니다. 애벌레는 허물을 벗을 때마다 몸 색깔과 생김새가 조금씩 달라지는데, 늘 바탕색은 보호색인 풀빛이 도는 올리브색입니다. 1령~4령까지는 흔들리는 잎 조각 집에서 살고, 다 자란 5령 애벌레는 집을 떠나 잎사귀 위에서 당당하게 몸을 드러내 놓고 삽니다.

• 1령 애벌레

온몸은 풀빛이 감도는 올리브색이고 머리는 밤색입니다. 머리에는 돌기가 없습니다. 배와 가슴 옆구리에는 하얀 줄무늬가 직선과 빗금으로 그려져 있습니다.

• 2령 애벌레

먹그림나비 3령 애벌레가 보호색을 띠고 숨어 있다.

온몸은 풀빛이 감도는 올리브색이고 머리는 밤색입니다. 머리에 이슬같이 아주 작은 돌기가 생겼습니다. 배와 가슴 옆구리에는 하얀 줄무늬가 직선과 빗금으로 그려져 있습니다. 빗금 줄무늬가 1

먹그림나비 1령 애벌레

먹그림나비 2령 애벌레

먹그림나비 3령 애벌레

먹그림나비 4령 애벌레

먹그림나비
5령 애벌레

령 애벌레보다 굵습니다.

• 3령 애벌레

온몸은 풀빛이 감도는 올리브색이고 머리도 올리브색입니다. 머리에 짧은 나무토막처럼 생긴 돌기가 있습니다. 배와 가슴 옆구리에는 하얀 줄무늬가 직선과 빗금으로 그려져 있습니다. 빗금 줄무늬가 2령 애벌레보다 더 굵고, 등 맨 꼭대기 부분까지 뻗습니다. 다리가 커져서 잘 보입니다. 배 마지막 마디에 아주 작은 돌기가 생겼습니다.

• 4령 애벌레

온몸은 풀빛이 감도는 올리브색이고 머리도 올리브색이 도는 풀빛입니다. 머리에 제 머리 길이와 맞먹는 기다란 돌기가 있습니다.

얼굴을 앞에서 봤을 때 흐릿한 'H' 글자가 보입니다. 배와 가슴 옆구리에는 하얀 줄무늬가 직선과 빗금으로 나 있습니다. 빗금 줄무늬가 3령 애벌레보다 더 굵고, 등 맨 꼭대기 부분까지 뻗칩니다. 다리가 커져 제법 잘 보입니다. 배 마지막 마디에 있는 아주 작은 돌기가 커졌습니다.

• 5령 애벌레

먹그림나비 4령 애벌레 얼굴에는 흐릿한 'H' 글자가 보인다.

온몸은 풀빛이 감도는 올리브색, 완두콩색, 밤색이 섞여 있어 보호색을 띱니다. 머리는 옅은 밤색이고, 제 머리 길이보다 훨씬 긴 돌기가 휘어진 무소 뿔처럼 자라났습니다. 얼굴을 앞에서 봤을 때 진한 'H' 글자가 그려져 있습니다. 배와 가슴 옆구리에는 하얀 줄무늬가 직선으로 가늘게 나 있습니다. 배 꽁무니는 낭떠러지처럼 깎여 있습니다. 밥을 먹을 때나 옮길 때를 빼고 대부분 명주실을 뽑아 잎사귀와 자기 몸 아랫면을 단단히 붙이고 머리를 푹 수그려 가슴에 집어넣고 엎드린 자세로 쉽니다.

가랑잎을 똑 닮은 번데기

번데기로 탈바꿈할 때가 다가오면 종령 애벌레는 밥을 뚝 끊습

먹그림나비 번데기 옆모습

니다. 번데기 때에는 입 흔적만 있을 뿐 제 기능을 못 해 아무것도 먹을 수 없습니다. 그러니 먹이식물은 필요 없고, 오로지 안전한 곳만 필요할 뿐입니다. 나무줄기나 잎사귀를 돌아다니다 마음에 드는 명당을 찾습니다. 그러다 한 잎사귀가 마음에 들었나 봅니다. 잎사귀 뒷면 주맥에 자리를 잡고 명주실을 뽑아 배 꽁무니 부분과 주맥을 단단하게 묶습니다. 모든 준비가 끝나면 거꾸로 매달린 채 애벌레 때 입었던 허물을 벗고 번데기로 탈바꿈합니다.

번데기 모습도 엄청 이국적입니다. 밤색이라 언뜻 보면 꼭 가랑잎이 붙어 있는 것처럼 보입니다. 특히 가운데가슴 돌기와 2번째 배마디 부분에 독특한 돌기가 있어서 옆에서 보면 마치 동그란 구멍이 뻥 뚫린 것 같습니다. 번데기는 거꾸로 매달린 채 어른벌레가 될 날을 손꼽아 기다립니다.

먹그림나비는 한 해에 한살이가 2번 돌아가는데, 가을에 탈바꿈에 성공한 번데기는 그대로 이듬해 봄까지 겨울잠을 잡니다. 나도 밤나무가 자라는 곳에 가면 이국적인 먹그림나비를 꼭 찾아볼 일입니다.

뽕나무 잎에 세 들어 사는

산골누에나방

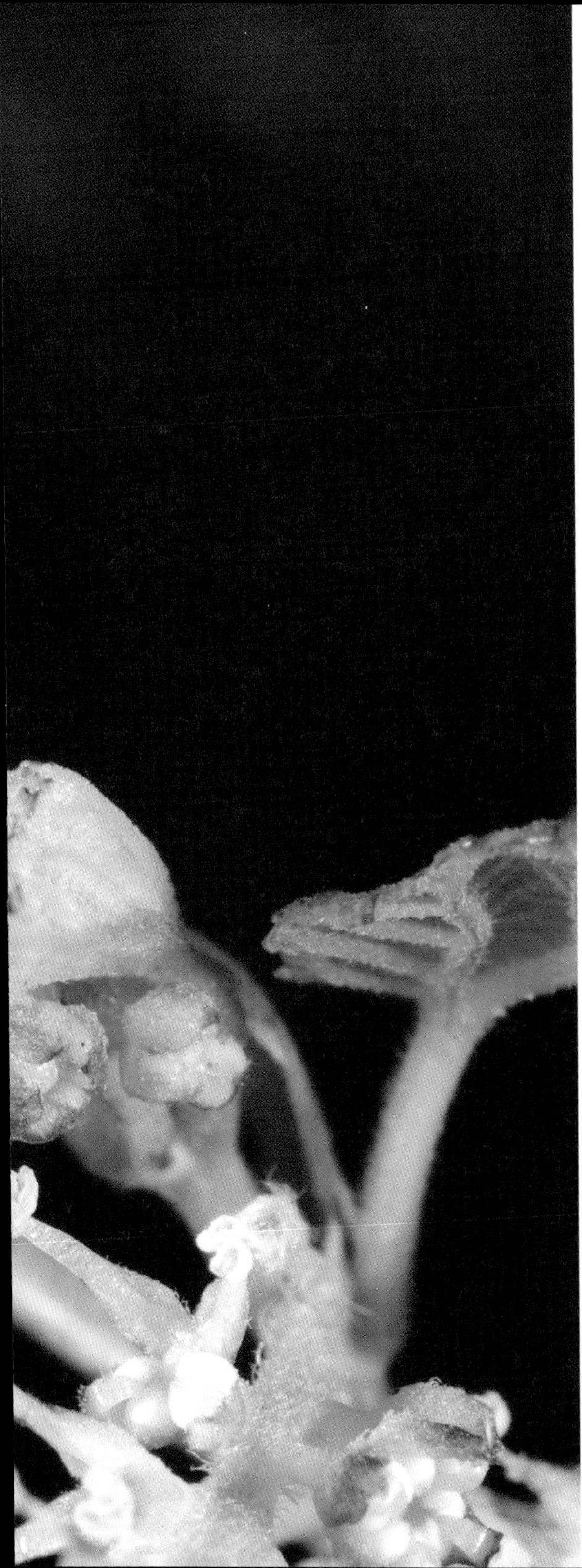

산골누에나방 애벌레

산골누에나방 애벌레가
뽕나무 어린 잎에 새초롬히 앉아 있습니다.

4월 중순, 강원도 가리왕산입니다.

나무마다 새싹들이 돋아나니 온 산이 연둣빛으로 물들기 시작합니다.

야리야리한 잎들이 참 싱그럽습니다.

산길 옆에 병꽃나무 꽃, 미나리냉이 꽃, 제비꽃, 피나물 꽃들이 한창입니다.

덩달아 박새, 동고비, 곤줄박이, 노랑턱멧새 같은 산새들도

나뭇가지 사이를 오가며 지저귑니다.

생기 넘치는 봄 내음에 취해 걷다 보니 뽕나무가 코앞에 있습니다.

가지에는 벌써 파릇파릇한 뽕잎이 돋아났습니다.

막 피려는 뽕나무 꽃봉오리가 몽실몽실 귀여워 들여다보는데,

꽃자루와 이웃한 연한 뽕잎 위에 자그마한 애벌레가 새초롬히 앉아 있습니다.

몸길이가 1센티미터쯤 되어서 몸집이 쪼그만 녀석들이

한두 마리씩 새로 움튼 잎사귀마다 앉아 있네요.

마치 동창회를 여는 것 같습니다. 누굴까요?

깊은 산골에서 이맘때면 뽕나무 잎에서 어김없이 만나는

산골누에나방 애벌레입니다.

병꽃나무

이 꼭지는 나비목 누에나방과 종인 산골누에나방(*Rotunda rotundapex*) 이야기입니다.
그동안 '*Rotunda shini*'가 '*Rotunda rotundapex*'와 유전자 차이가 없다고 알려졌지만,
요즘 DNA 분석 연구 결과 유전자 차이가 크다고 밝혀졌습니다. 그래서 학명에 대한
검토가 필요하지만, 이 책에서는 《한국 곤충 명집》에 나온 표기를 따랐습니다.

추운 산골에서 사는 산골누에나방

산골누에나방 족보는 나비목 가문에 누에나방과 집안입니다. 누에나방과 식구들은 대개 몸집이 제법 커서 중형 나방 축에 들어갑니다. 주로 야행성이라 밤에 나와 돌아다닙니다. 우리나라에는 5종만 살고 있는 소수 종족입니다. 누에나방과 가운데 가장 유명한 대표 선수는 누에나방입니다. 사람들에게 멋진 비단을 안겨 주는 누에나방을 모르는 사람은 없을 것입니다. 오래전부터 중국이 서아시아와 유럽에 비단을 수출할 때 생긴 비단길까지 있으니 누에나방 인기는 하늘을 찌를 정도입니다. 이미 5,000년 넘게 누에에게서 고운 비단을 얻는 것 말고도, 사람들은 누에 생산물을 유전학, 식품, 의학 분야에 이르기까지 중요한 자원으로 활용하고 있습니다. 우리나라는 3,000년 전쯤에 중국에서 누에를 받아 누에치기를 시작했다고 전해집니다. 누에나방은 야생에 사는 나방을 여러 차례

산골누에나방 2령 애벌레가 뽕잎 위에 앉아 있다.

품종 개량한 종인데, 그 기원 종이 바로 멧누에나방입니다. 멧누에나방은 중국 북부 지역과 우리나라에서 살고 있으며, 두 지역에 사는 개체는 유전적으로 매우 비슷합니다. 이는 과거 빙하기 때 서해 바다 높이가 낮아지면서 생물들이 서로 쉽게 오고 갔기 때문에 그런 것 같습니다.

산골누에나방
4령 애벌레

누에나방 친척뻘인 산골누에나방 애벌레도 누에나방에는 못 미치지만 명주실을 술술 뽑아 명주실이 듬뿍 들어 있는 고치를 만듭니다. 산골누에나방 애벌레도 누에나방과 집안 전통대로 엄청 음식을 가려서 오로지 뽕나무 잎만 먹고 삽니다.

산골누에나방이 사는 곳은 거의 사람 발길이 없는 산속이라 운이 좋아야 가끔 만납니다. 그동안 전국 방방곡곡을 다니며 산골누에나방을 만난 곳은 주로 경기도 북부 지역과 강원도 지역으로 기온이 제법 낮은 곳입니다. 몇 년 전에 책을 펴내면서 우리말 이름이 없는 녀석에게 깊은 산골에 사는 습성에 영감을 받아 '산골누에나방'이라는 이름을 지어 줬습니다. 다행히 그 이름은 현재 공식적으로 학계에서 쓰고 있습니다.

산골누에나방 애벌레

4월 말, 뽕나무에서 돋은 새 잎사귀가 무성하게 자랄 때쯤이면 산골누에나방 알에서 애벌레가 깨어납니다. 갓 깨어난 애벌레는

산골누에나방
5령 애벌레

몸길이가 1센티미터쯤 되어서 몸집이 작지만, 본능적으로 뽕잎을 먹으며 굶주린 배를 채웁니다. 애벌레 임무는 먹고 크는 것이기 때문에 눈만 뜨면 뽕잎을 아삭아삭 씹어 먹습니다. 먹다가 배부르면 쉬고, 똥 싸면서 하루가 다르게 폭풍 성장합니다. 애벌레는 몸집이 커지면 허물을 벗고, 또 밥을 먹고 몸집이 커지면 허물을 벗으면서 자랍니다. 1령에서 5령까지 모두 4번 허물을 벗으며 단계별로 크는데, 특이하게도 어렸을 때인 1~4령 애벌레나 다 자랐을 때인 5령 애벌레나 생김새가 거의 비슷합니다.

5월 중순이면 거의 모든 애벌레들이 다 자랍니다. 이때 몸길이는 45밀리미터쯤 되어서 아기 손가락만 합니다. 종령 애벌레는 얼마나 먹성이 좋은지 손바닥만 한 잎을 30분도 채 안 걸려 먹어 치웁니다. 다 자란 애벌레 생김새는 누에나방 애벌레와 똑 닮았습니다.

산골누에나방 애벌레는 몸매가 길쭉한 원통형으로 오동통합니다. 맨눈으로 볼 때 몸에는 털 하나 없이 매끈하고 탄력이 좋습니

산골누에나방 2령 애벌레가 위험을 느끼자 가슴을 부풀리고 있다.

다. 하지만 현미경으로 보면 굉장히 짧은 솜털이 나 있습니다. 몸 색깔은 엄청 독특해서 다른 종과 헷갈릴 일이 전혀 없습니다. 온몸은 우윳빛인데, 크고 작은 까만 물방울무늬가 머리부터 발끝까지 쫙 깔려 있습니다. 그리고 3~5번째 배마디 등 쪽에는 주황색 무늬가 찍혀 있어 매우 매력적입니다. 온몸은 하얀 분가루를 바른 것처럼 곱습니다.

몸에 까만 점무늬가 덮여 있다 보니 잎에 앉아 있으면 어디가 머리고 어디가 배 꽁무니인지 구분이 안 됩니다. 게다가 위험이 닥치면 머리를 가슴 쪽에 집어넣은 뒤 가슴 부분을 부풀립니다. 살살 만져 보면 긴장까지 해서 몸이 엄청 굳어 있습니다. 이런 행동을 하는 까닭은 단 하나, 순전히 자기 몸을 지키기 위해서입니다. 산골누에나방 애벌레에게는 자기 몸을 지킬 마땅한 무기도 없고, 그렇다고 독 물질을 품은 화학 방어 물질도 없습니다. 그러니 도망칠 능력이 없는 힘없는 애벌레가 할 수 있는 거라고는 별 게 없습니다. 그저 머리를 움츠린 뒤 가슴을 부풀려 몸집을 크게 만들어 목숨앗이들을 겁주는 일뿐입니다.

실을 뽑는 산골누에나방 애벌레

날마다 게걸스럽게 먹어 대던 산골누에나방 종령 애벌레가 아무것도 먹지 않습니다. 번데기로 탈바꿈할 때가 다가와 몸속에서 호

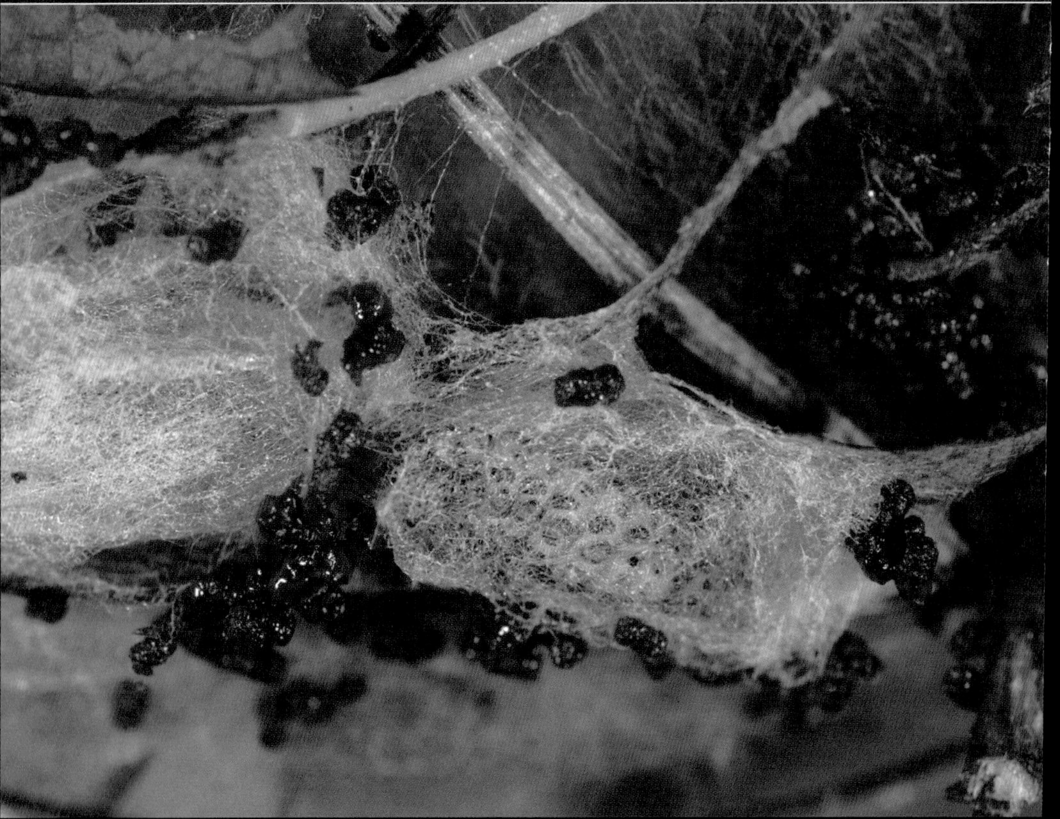

산골누에나방 애벌레가 위험을 느끼자 명주실을 나무에 걸고 아래로 뚝 떨어졌다.

르몬이 바뀌었기 때문입니다. 종령 애벌레는 번데기로 탈바꿈하기 전에 번데기를 지킬 고치를 지어야 합니다. 먼저 녀석은 고치 만들 안전한 곳을 찾아다닙니다. 멀리 가지 않고 자기가 살고 있는 뽕나무 잎에 자리를 잡은 애벌레는 고치를 만들기 시작합니다. 우선 명주실을 입에서 뽑아 뽕나무 잎을 살짝 오므린 뒤 본격적으로 고치를 짓습니다. 고치는 타원형으로 생겼습니다. 입에서 명주실을 뽑고 또 뽑아서 명주실로 자기 몸을 에워쌉니다. 명주실은 입에 있는 아랫입술샘에서 나오는데, 나비목 집안 애벌레들은 누구나 다 아랫입술샘이 있어 명주실을 뽑을 수 있습니다. 놀랍게도 명주실이 나오는 아랫입술샘은 마치 옹달샘 같아서 실을 뽑아도 뽑아도 끊이지 않고 줄곧 나옵니다.

명주실은 얼마나 질긴지 잡아당겨도 잘 끊어지질 않습니다. 또 가느다란 명주실 가닥은 서로 떨어지지 않고 잘 붙습니다. 도대체 명주실은 무엇으로 만들어져 이렇게 성능이 좋을까요? 명주실 원료는 피브로인(fibroin)과 세리신(sericin)이라는 단백질입니다. 명주실 속은 피브로인으로 만들어졌는데 굉장히 질깁니다. 그 피브로인을 세리신이라는 단백질이 젤라틴처럼 감쌉니다. 놀랍게도 세리신은 풀 같은 접착제처럼 끈적끈적해서 피브로인 섬유들이 고치를 지을 때 서로 잘 붙게 해 줍니다.

몇 시간 쉬지 않고 애벌레가 공들여 일을 한 끝에 고치가 완성됩니다. 타원형 고치는 노르스름한 빛을 띠는데 마치 메추리알처럼 생겼습니다. 고치 짓느라 고생한 산골누에나방 애벌레는 하루 이틀 고치 속에서 쉬다 애벌레 때 입었던 허물을 벗고 번데기로 탈바꿈합니다. 번데기는 고치 속에서 15일쯤 지내면서 어른벌레가 되

산골누에나방 애벌레가 고치를 만들고 있다.

산골누에나방 애벌레가 고치를 다 지었다.

기만을 손꼽아 기다립니다.

여름 들머리인 6월이면 고치 속에 있던 번데기에서 어른벌레가 날개돋이한 뒤 고치 밖으로 나옵니다. 어른벌레 몸 색깔은 밤색인데, 친척뻘인 다른 누에나방류와 달리 날개 가장자리가 뾰족하지 않고 동글동글합니다. 또한 몸통도 짧고 매우 뚱뚱합니다. 어른벌레는 짝짓기한 뒤 알을 낳고 삶을 마칩니다. 산골누에나방이 낳은 알은 그대로 겨울을 나고 이듬해에 다시 새로운 삶을 시작할 것입니다.

산골누에나방이 날개돋이해서 나왔다.

솜사탕 같은 고치를 짓는

왕누에나방

왕누에나방 애벌레

왕누에나방 애벌레가 뽕잎을
배불리 먹고 잎 뒤에서 쉬고 있습니다.

뽕나무에는 바람 잘 날이 없습니다.
일 년 내내 때맞춰 여러 곤충들이
세 들어 사느라 전출입이 잦습니다.
잎사귀에서는 산골누에나방, 멧누에나방,
왕누에나방, 미국흰불나방 애벌레가 진을 치고 있고,
눈에 보이지 않는 줄기 속에는
염소하늘소, 점박이염소하늘소 애벌레가 굴을 파며 삽니다.
특히 가을이 다가오면 왕누에나방 애벌레가
뽕나무 잎사귀에 앉아 식사를 즐깁니다.
왕누에나방은 한 해에 단 한 차례 나오는 데다
그리 흔한 편이 아니어서
운이 좋아야 만나는 나방입니다.

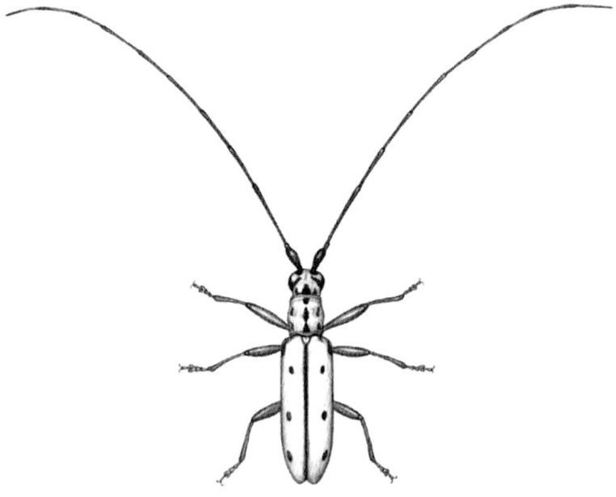

점박이염소하늘소

이 꼭지는 나비목 누에나방과 종인 왕누에나방(*Rondotia menciana*) 이야기입니다.

몸은 작지만
이름은 왕누에나방

누에나방과 집안 후손인 왕누에나방 애벌레를 만나려면 8월 중순에서 9월 중순 사이에 중부 이북 지역에 가야 합니다. 다시 말하면 따뜻한 남쪽 지역에서는 만나기 힘든 종입니다.

8월 중순 강원도 양양에 있는 미천골입니다. 강원도답게 한여름 더위가 가시고 제법 선선한 기운이 돕니다. 골짜기 물을 따라 실타래처럼 엉켰다 풀렸다를 되풀이하는 골짜기 옆 산길을 걷습니다. 발걸음을 옮길 때마다 톡톡 튀는 메뚜기들과 인사하며 걷는데, 길 옆에 뽕나무가 늠름하게 서 있습니다. 길 가운데까지 삐죽이 뻗어 나온 뽕나무 가지를 올려다보니 커다란 뽕잎에 허연 애벌레가 붙어 있습니다. 식사가 끝났는지 이미 뽕나무 잎 가장자리가 파여 있

왕누에나방 4령 애벌레가 기어가고 있다. 뾰족한 돌기가 있는 곳이 배 꽁무니다.

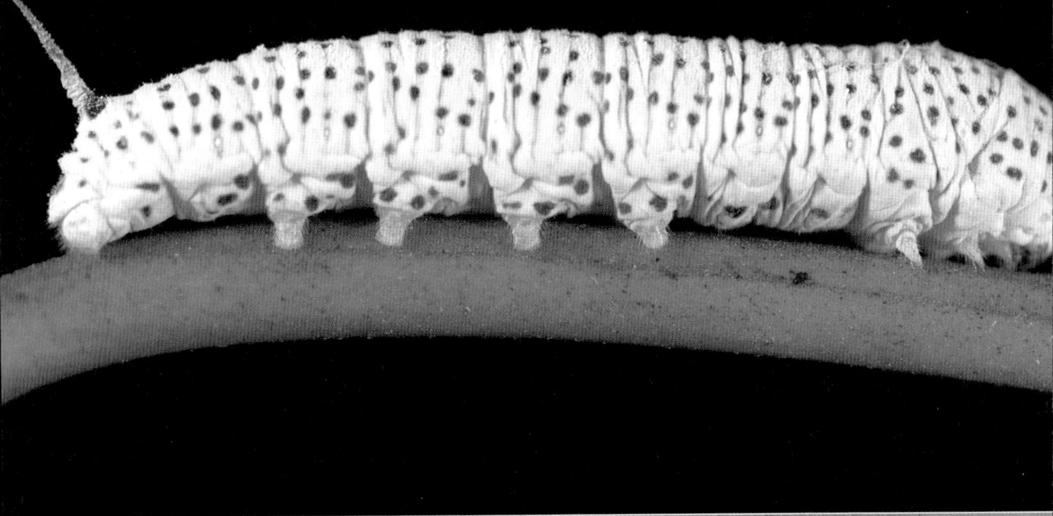

왕누에나방
종령 애벌레

습니다. 딱 봐도 몸매나 몸 크기가 누에나방과 닮았는데, 꼬리에 뿔이 나 있습니다. 혹시 박각시인가? 하고 자세히 들여다보니 누에나방 친척뻘인 왕누에나방 애벌레입니다.

다 자란 왕누에나방 종령 애벌레는 몸길이가 23밀리미터쯤 되어서 몸집이 작습니다. 어떤 까닭인지는 모르지만 덩치가 작고 나름 귀여운데도 이름에 '왕' 자가 들어갔습니다. 애벌레 몸 색깔은 전체적으로 하얗고 목덜미부터 배 꽁무니까지 까만 점 수백 개가 콕콕 찍혀 있습니다. 살갗에는 털이 나 있지 않아 매끈하고, 마치 하얀 분가루를 두껍게 바른 것처럼 뽀얗습니다. 특이하게 배 꽁무니 위쪽에는 기다란 돌기가 붙어 있어서 박각시 애벌레와 헷갈리기 딱 쉽습니다. 이 돌기는 누에나방 돌기보다 2배나 더 깁니다. 애벌레는 밥 먹을 때를 빼고는 대개 머리를 푹 수그리고 있어서 위쪽에서 보면 어디가 머리고 어디가 배 꽁무니인지 잘 알 수가 없습니다. 그럴 때는 얼른 돌기를 찾으면 됩니다. 돌기가 붙어 있는 쪽이 몸 끝부분입니다.

솜사탕 같은 고치를 짓는 애벌레

애벌레는 목숨앗이와 마주했을 때 자기 몸을 지킬 수 있는 무기도 독도 없습니다. 목숨앗이를 만나면 손 한번 쓰지 못하고 잡아먹힐 뿐입니다. 살아남기 위해 할 수 있는 가장 좋은 방법은 잎사귀

왕누에나방은 솜사탕처럼 부드러운 고치를 만든다.

뒤에 숨어 사는 것입니다. 다행히 애벌레로 사는 기간이 2~3주쯤으로 짧은 편이라 이때를 잘 넘기면 됩니다. 애벌레는 허물을 모두 4번 벗고 5령이 될 때까지 잎 뒤에서 뽕잎을 열심히 먹으면서 부쩍부쩍 자랍니다.

9월 중순쯤이면 종령 애벌레가 더 이상 먹지 않고 뽕나무 줄기를 오르락내리락합니다. 번데기로 탈바꿈할 때가 다가왔기 때문입니다. 애벌레는 몸속 호르몬이 시키는 대로 밥을 뚝 끊고, 고치 만들 곳을 찾습니다. 조금 뒤 뽕나무 잎에 자리를 잡고서는 입에서 명주실을 뽑아내 잎을 오므린 뒤 본격적으로 고치를 짓습니다. 완성된 고치는 노란색을 띤 타원형인데, 솜사탕같이 부드럽습니다. 고치를 짓느라 기운이 빠진 애벌레는 고치 속에서 하루 이틀 쉬다 번데기로 탈바꿈합니다.

번데기가 된 지 열흘째, 가을날에 왕누에나방 어른벌레가 날개

왕누에나방 어른벌레

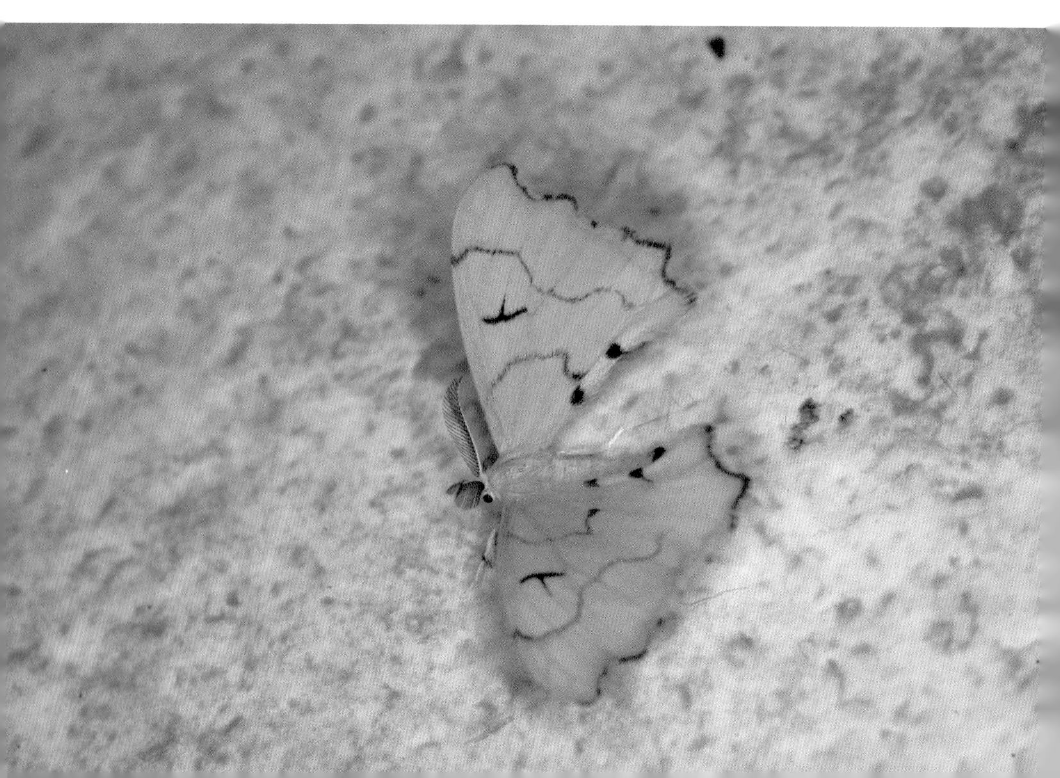

돋이에 성공해 고치를 뚫고 세상에 나왔습니다. 어른벌레는 굉장히 사랑스럽고 예쁩니다. 몸 색깔은 노란색인데 날개에 물결치는 가느다란 띠무늬가 여러 줄 그려져 있어 아름답습니다. 암컷은 짝짓기를 마친 뒤 알을 낳고 삶을 마감합니다.

명주실 집에서 떼 지어 사는

날개검은부채명나방 벼슬집명나방과

날개검은부채명나방 애벌레

날개검은부채명나방 애벌레들이
으름덩굴 잎을 명주실로 엮어
집을 만들었습니다.

9월 초, 열대야가 슬그머니 자취를 감추니
한낮 더위쯤은 견딜 만합니다.
이른 아침에 강원도 춘천에 있는 어느 나지막한 산에 왔습니다.
길섶에는 북방밑들이메뚜기, 사마귀, 검은다리실베짱이,
가시노린재 같은 곤충들이 잎사귀 위에 앉아
해바라기를 하며 체온을 올리고 있습니다.
얼마쯤 걸었을까,
삐죽하게 커 버린 붉나무 가지에
길쭉하고 커다란 방망이 같은 게 걸려 있습니다.
색깔은 거무칙칙합니다.
뭘까? 보아하니 나방 애벌레들이 총출동한 것 같은데……
가까이 다가가 보니 역시 예상했던 대로 나방 애벌레들입니다.
수십 마리가 다닥다닥 겹겹이 포개져 있어
마릿수를 셀 수조차 없군요.
아무리 못 되어도 50마리는 족히 넘을 것 같습니다.

검은다리실베짱이 암컷

이 꼭지는 나비목 명나방과 종인 벼슬집명나방(*Locastra muscosalis*)과
날개검은부채명나방(*Eulophopalpia pauperalis*) 이야기입니다.

벼슬집명나방은
명나방과 집안 식구

저 많은 녀석들이 어찌 떨어지지 않고 저리 붙어 공중에 떠 있을까? 걱정스러운 마음에 가만히 들여다보니 명주실로 천막을 치고 그 속에 들어앉아 있군요. 천막 친 모습이 참으로 독특합니다. 천막 안에 모여 있는 녀석들은 누굴까요? 이름도 낯선 벼슬집명나방입니다.

벼슬집명나방 족보는 명나방과(科) 집안에 집명나방아과(亞科) 식구입니다. 명나방과는 비단명나방아과, 집명나방아과, 부채명나방아과, 알락명나방아과 이렇게 4개 아과로 나뉩니다. 우리나라에는 모두 137종쯤이 살고 있습니다. 명나방과 곤충은 몸길이가 12~37밀리미터쯤 되어서 소형에서 중형 축에 듭니다. 배에는 고막이 있어 소리를 들을 수 있습니다. 앉아 있을 때 비단명나방아과

어린 벼슬집명나방 애벌레들이 지은 명주실 천막집

와 집명나방아과는 앞날개가 배를 거의 덮지 않거나 일부만 덮습니다. 반면에 부채명나방아과와 알락명나방아과 나방은 앞날개가 배를 다 덮습니다. 밤에 나와 돌아다니며 불빛에 잘 날아오지만, 몇몇 종은 낮이나 저물녘에 돌아다니기도 합니다.

거의 모든 명나방과 애벌레들은 명주실로 잎을 엮어 집을 만든 뒤 그 속에서 잎을 먹습니다. 하지만 집을 짓지 않은 채 잎 가장자리를 먹거나, 벌집에 들어가서 왁스층을 먹거나, 썩은 동식물을 먹는 애벌레도 있습니다. 이렇게 명나방과 애벌레들이 먹고사는 방법은 여러 가지입니다. 그래서인지 영어 이름도 'Bee moths, Corn borers, Flour moths'처럼 여럿 있습니다. 명나방과 식구 가운데 사람들이 지내는 곳과 겹쳐 살면서 사람들과 경쟁을 벌이는 바람에 경제적으로 중요한 해충으로 낙인찍힌 종이 많습니다.

'명(螟)나방'이란 이름에서 '명(螟)'은 '구멍을 뚫는다'는 뜻입니다. 따라서 명나방은 마디 속에 들어가 사는 나방 애벌레를 뜻하는 것으로 여겨집니다. 실제로 일제 강점기에 사용한 명충(螟蟲)은 절충(節蟲)이라는 뜻이었는데, 애벌레가 식물 줄기 속에 살면서 마디를 끊어 놓는 습성이 있다는 걸로 풀이됩니다.

벼슬집명나방 애벌레
밥

벼슬집명나방 어른벌레는 여름 곤충이고, 애벌레는 가을 곤충입니다. 벼슬집명나방 어른벌레는 6월 말에서 8월 사이에 나옵니다. 어른벌레는 짝짓기한 뒤 알을 낳는데, 애벌레가 나와 먹고살 밥집을 일부러 찾아가 알을 낳습니다. 그건 애벌레가 입맛이 까다로워서 아무 식물이나 먹지 않고 밥을 가려 먹기 때문입니다. 애벌레가 좋아하는 밥은 가래나무, 옻나무나 붉나무, 가죽나무 잎사귀입니다. 이 식물들은 우리 둘레 산과 들에 널려 있습니다. 어미가 먹이 식물에 알만 낳아 준다면 애벌레는 애벌레 시절 내내 굶을 걱정 없이 배부르게 먹을 수 있습니다. 끼니 걱정은 하지 않아도 됩니다.

명주실 천막 치고
평생 모여 사는 애벌레

앞서 말했듯이 벼슬집명나방 애벌레는 가을 곤충이라 한 해 중 8월에서 9월에 나옵니다. 8월 말, 어미가 붉나무 잎에 낳은 수십 개 알에서 애벌레들이 깨어납니다. 첫째, 둘째, 셋째, 넷째 애벌레……. 어미가 한곳에 모아 낳은 수십 개 알에서 한꺼번에 수십 마리 애벌레들이 잇달아 깨어납니다. 1령 애벌레들은 본능적으로 너나 나나 할 것 없이 잎사귀 한곳으로 모입니다. 애벌레들은 절대로 혼자 사는 법이 없이 수십 마리가 뭉쳐서 함께 살기 때문입니다. 이때 애벌레들이 뿜는 집합페로몬이 한몫합니다.

한자리에 모인 애벌레들은 누가 먼저랄 것도 없이 붉나무 잎사귀를 먹습니다. 밥집은 자기가 태어난 붉나무 잎이니 멀리 가지 않

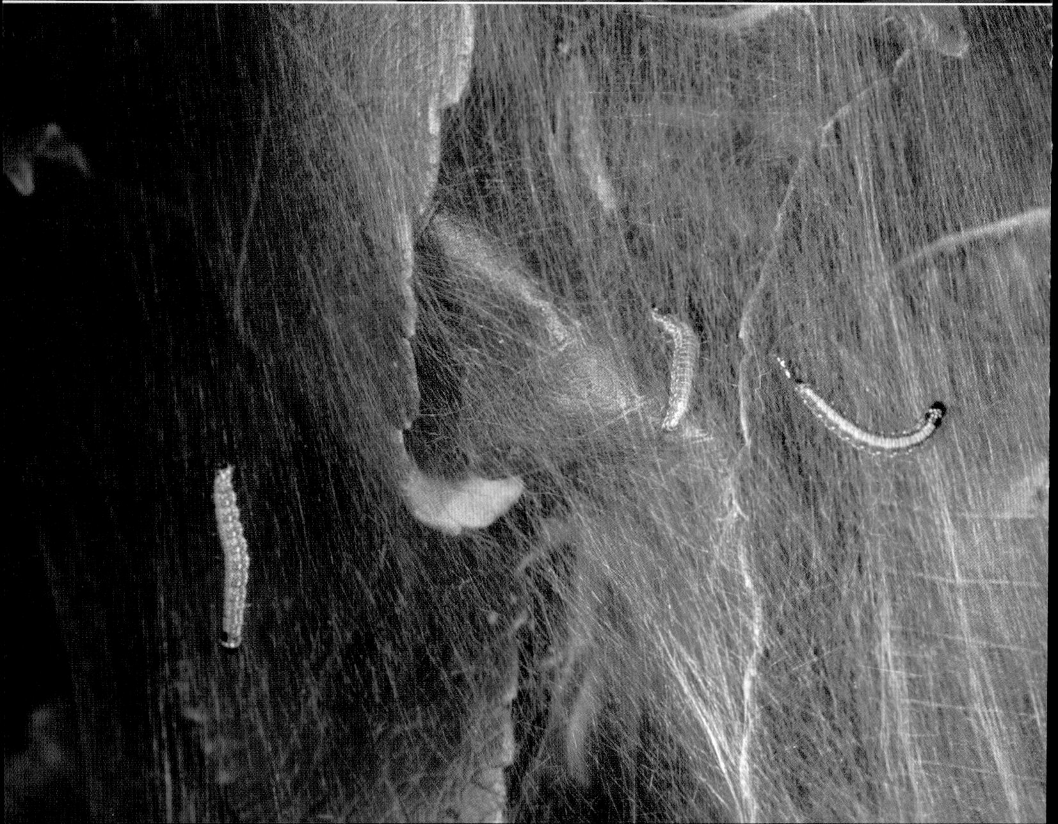

명주실로 친 천막집 안에 벼슬집명나방 중간 애벌레들이 살고 있다.

아도 됩니다. 어미가 밥을 가리는 자식을 위해 미리 먹이식물에 알을 낳아 두었기 때문에 아주 손쉽게 배를 채울 수 있습니다. 그런데 놀랍게도 애벌레들은 누가 시킨 것도 아닌데 저마다 입에서 명주실을 뽑아 집을 짓습니다. 모여 살려면 안전한 집이 필요하기 때문입니다. 집은 어떻게 지을까요? 복잡하게 짓지 않고 매우 원초적이면서 단순하게 짓습니다. 재료는 오로지 명주실뿐입니다. 모든 나비목 애벌레는 명주실을 만들어 내는데, 신이 있다면 신이 내린 으뜸 선물이지요. 나비목 가문 후손인 벼슬집명나방 애벌레도 입에서 명주실을 술술 뽑아내 자기 몸과 잎사귀를 에워쌉니다. 그게 집 짓는 기술 전부입니다. 한 마리 한 마리가 짓는 집 형태가 지극히 원시적이고 단순하지만 수십 마리가 지은 집을 전체적으로 보면 대단히 견고하고 독특합니다. 애벌레들이 힘을 모아 지은 집은 마치 잎사귀에 친 천막 같습니다.

명주실로 친 천막 같은 '잎사귀 요새' 속에서 애벌레들은 안전하게 밥을 먹고 똥도 쌉니다. 똥들은 명주실에 이리 걸리고 저리 걸려 있어 좀 지저분합니다. 대가족이다 보니 붉나무 작은 잎사귀들은 금방 동이 납니다. 그러면 집을 넓히는 공사를 하는데, 이 또한 매우 원시적으로 합니다. 그저 명주실을 주둥이 아랫입술샘에서 뽑아 가까이에 있는 다른 잎사귀와 이미 지은 집을 다 에워쌉니다. 수십 마리가 함께 일하니 금세 잎을 에워싼 커다란 천막집이 완성됩니다. 이렇게 애벌레들은 대가족을 이루며 잎사귀에 명주실 천막을 쳐 놓고 먹고, 싸고, 쉬고, 자고, 허물을 벗으며 함께 지냅니다. 먹을 잎이 또 다 떨어지면 또 명주실을 뽑아 바로 옆에 있는 잎을 에워싸듯 붙이는 식으로 집을 줄곧 넓게 넓게 늘립니다.

명주실로 친 집에서 사는 어린 벼슬집명나방 애벌레

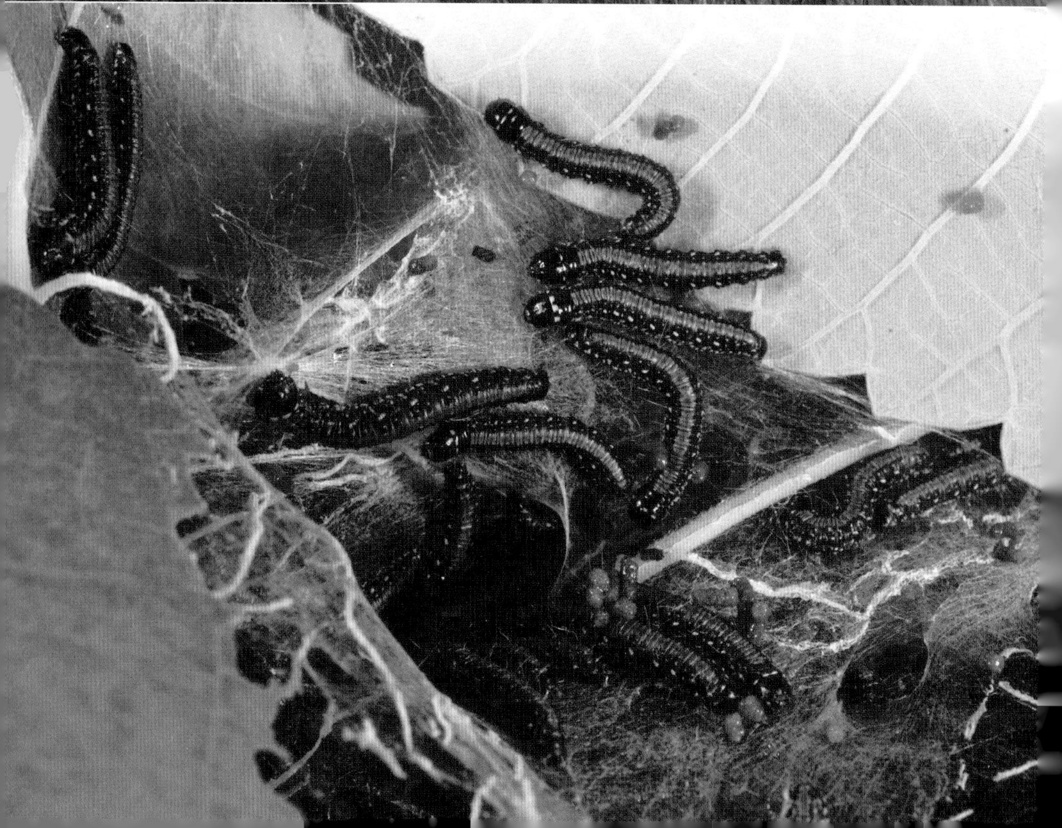

벼슬집명나방
4령 애벌레

애벌레는 허물을 모두 4번 벗으면서 명주실 천막집 속에서 무럭무럭 자랍니다. 그래서 애벌레가 클 때마다 '잎사귀 뭉치' 집은 시나브로 커집니다. 어린 애벌레 때는 잎사귀 뭉치 집이 작지만, 몸이 부쩍부쩍 자라는 중간 애벌레 때부터는 잎사귀 뭉치 집이 매우 커서 눈에 잘 띕니다.

벼슬집명나방 애벌레 생김새

벼슬집명나방 애벌레는 명주실 천막집 속에 살다 보니 모습을 잘 드러내지 않습니다. 애벌레는 기다란 원통형으로 생겼습니다. 초기 어린 애벌레는 온몸 색깔이 연한 베이지색이고 머리는 까맣습니다. 자라면서 몸 색깔은 시나브로 옅은 밤색을 띠며 무늬 색깔이 뚜렷해집니다.

다 자란 종령 애벌레는 몸길이가 30밀리미터쯤 되어서 눈에 금방 띕니다. 온몸은 까맣고 등 한가운데에는 황톳빛을 띤 기다란 띠무늬가 가슴 부분에서 배 꽁무니 가까이까지 고속도로처럼 시원하게 나 있습니다. 옆구리에는 작고 하얀 물방울무늬가 흩어져 있습니다. 머리와 옆구리에는 하얀색 긴 털이 듬성듬성 나 있습니다. 하지만 맨눈으로 볼 때 살갗에는 털들이 거의 나지 않아 매끈해 보이고 윤기가 살짝 돕니다.

명주실로 친 천막집 여기저기에 애벌레들이 싼 똥이 걸려 있다.

다 자란 애벌레는 밥을 끊고 땅으로 내려가 가랑잎 더미 속이나 포슬포슬한 흙 속으로 들어가 겨울을 보냅니다. 이듬해 봄이면 가랑잎 더미 속이나 흙 속에서 살짝 납작한 타원형인 붉은 밤색 고치를 짓고 그 속에서 번데기로 탈바꿈합니다. 그리고 6월에서 8월 사이에 어른벌레로 날개돋이해 세상에 나옵니다. 이렇게 벼슬집명나방 한살이는 한 해에 한 번 돌아갑니다.

다 자란 벼슬집명나방 종령 애벌레

명주실 천막집은 왜 만들까

왜 벼슬집명나방 애벌레들은 잎사귀 뭉치로 명주실 천막집을 짓고 모여 살까요? 그건 자기 몸을 지키기 위해서입니다. 저마다 혼자 살면 먹이 경쟁이 적어서 살아남기에 더 유리하지만, 목숨앗이를 만나면 쥐도 새도 모르게 잡아먹힐 가능성이 큽니다. 애벌레에게는 자기 몸을 지킬 독도 없고, 날개가 없다 보니 코앞에 목숨앗이가 나타나도 도망칠 수가 없습니다. 그러니 개미, 침노린재, 기생벌과 새 같은 목숨앗이들 밥이 되기 딱 좋습니다. 가진 거라고는 명주실뿐이니 저마다 명주실을 뽑아 천막을 친 뒤 그 속에서 숨어 살면 목숨앗이들 눈을 따돌리는 데 그나마 도움이 됩니다. 더구나 모여 살면 목숨앗이 눈에 먹잇감으로 보이지 않고 단순히 '잎사귀 뭉치'로 보일 수도 있습니다. 비록 함께 살고 함께 먹어야 하니 먹이 경쟁에서 부담이 따르지만 다행히 이때는 먹이식물이 매우 무성하게 자라 배곯을 걱정은 없습니다.

벼슬집명나방 종령 애벌레들이 붉나무 잎에 잔뜩 모여 살고 있다.

기생벌이 벼슬집명나방 천막집을 어슬렁거리고 있다.

하지만 허점은 어디에나 있는 법. 기생벌이 벼슬집명나방 애벌레 보금자리인 명주실 천막집을 찾아옵니다. 아마 애벌레들이 내는 독특한 냄새를 맡고 왔을 테지요. 기생벌은 기다란 더듬이를 쉼 없이 흔들면서 먹잇감인 애벌레들을 눈여겨봅니다. 배 꽁무니에는 기다란 주삿바늘처럼 무시무시하게 생긴 산란관이 삐쭉이 나와 있습니다. 애벌레들이 명주실로 단단하게 보호벽을 쳐 놓았기 때문에 냉큼 쳐들어갈 수 없습니다. 한동안 잎사귀와 잎사귀를 이어 만든 명주실 천막집 둘레를 어슬렁거립니다. 이렇게 빙빙 돌며 기회를 엿보다 사정거리에 있는 애벌레를 발견하면 곧바로 배 꽁무니에서 길게 튀어나온 송곳 같은 산란관을 애벌레 몸에 꽂아 알을 낳습니다. 결국 기생벌에게 당한 벼슬집명나방 애벌레 몸속에서는 기생벌 애벌레들이 자랍니다.

이렇게 자연 생태계는 먹고 먹히는 생존의 현장입니다. 생산자인 식물은 1차 소비자인 풀을 먹는 곤충에게 밥이 되고, 그 곤충은 동물을 먹는 곤충이나 거미 같은 2차 소비자에게 밥이 되며, 나중에는 모두 3차 소비자의 밥이 됩니다. 누가 먹혀 손해 보고 누가 잡아먹고 이익을 봤다는 개념이 아닙니다. 자연 생태계가 균형 있게 돌아가기 위해서는 어제의 사냥꾼이 오늘은 사냥감이 될 수도 있습니다. 치열한 생존 게임에서 이기는 자만이 다음 세대를 이어갈 수 있습니다.

기생벌이 벼슬집명나방 애벌레 몸에 알을 낳을 기회를 엿보고 있다.

으름덩굴에 명주실 집 짓는 날개검은부채명나방

날개검은부채명나방도 벼슬집명나방처럼 명주실 천막집을 짓고 삽니다. 성격이 남달라서 꼭 으름덩굴 잎으로만 명주실로 엮어 집을 짓고 그 속에서 삽니다.

9월 말, 숲길을 걷다 보면 숲 언저리에서 다른 식물 위를 타고 올라가는 으름덩굴을 자주 만납니다. 운이 좋으면 으름덩굴 잎사귀를 뭉쳐 만든 아기 주먹만 한 '명주실 천막집'과 만날 수 있습니다. 귀엽게 생긴 으름덩굴 잎사귀를 끌어다 명주실로 엮은 천막집 속에는 이름도 낯선 날개검은부채명나방 애벌레 수십 마리가 모여 삽니다. 날개검은부채명나방 애벌레가 먹는 먹이식물은 으름덩굴 잎입니다.

작은 으름덩굴 잎에 어린 날개검은부채명나방 애벌레들이 살고 있다.

어린 애벌레 때는 수십 마리가 모여도 몸이 작은 탓에 으름덩굴 잎사귀 한두 장만으로 집을 지어도 좁지 않습니다. 잎에 모인 애벌레들은 저마다 입에서 명주실을 뽑아 자기 몸과 잎사귀를 엮습니다. 수십 마리가 함께 명주실을 뽑아 자기 몸을 에워싸니 금세 잎과 잎이 엮인 명주실 천막집이 완성됩니다. 애벌레들은 그 속에서 밥 먹고, 똥 싸고, 허물을 벗는 모든 일상생활을 다 합니다. 하지만 식구가 많으니 잎이 금방 동납니다. 그러면 바로 옆 잎사귀를 끌어와 입에서 뽑은 명주실로 꼼꼼하게 다시 엮고 붙입니다. 애벌레가 클수록 명주실 천막집도 덩달아 커져 아기 주먹만 합니다.

어린 애벌레 때는 큰턱이 약해서 잎살만 갉아 먹지만 몸집이 커지는 중간 애벌레 이후부터는 온 잎사귀를 몽땅 아삭아삭 씹어 먹습니다. 그래서 명주실 천막집 속에는 잎맥만 남은 잎들이 남아 있을 때가 많습니다. 또 애벌레들이 싼 똥들이 명주실 벽에 다닥다닥

커다란 명주실 집 속에 날개검은부채명나방 종령 애벌레들이 살고 있다.

날개검은부채명나방 어린 애벌레들이 함께 옆 잎사귀를 끌어와 집을 넓히고 있다.

달라붙거나 집 안에 소복하게 쌓입니다. 그래서 날개검은부채명나방 애벌레가 사는 집은 아주 지저분합니다.

다 자란 날개검은부채명나방 애벌레는 몸길이가 20밀리미터쯤 됩니다. 몸 색깔은 굉장히 세련되어서 도회적인 느낌이 물씬 풍깁니다. 온몸은 까만데 베이지색 세로줄 무늬가 규칙적으로 많이 그려져 있습니다. 몸에는 듬성듬성 난 하얀 털들을 빼고는 거의 털이 나지 않아 살갗이 매끈합니다.

10월 초가 되면 다 자란 종령 애벌레들이 땅바닥으로 후드득후드득 떨어져 가랑잎 더미 속이나 포슬포슬한 흙 속으로 들어가 이듬해 4월까지 긴 겨울을 납니다. 애벌레 몸으로 10월부터 이듬해 4월까지 여섯 달 동안 겨울나기를 하니 꽤 긴 편입니다. 이듬해 4월이 지나면 고치를 짓고 그 속에서 번데기로 탈바꿈한 뒤, 6월에서 8월 초 사이에 어른벌레로 날개돋이합니다. 이렇게 날개검은부채명나방 한살이는 한 해에 한 번 돌아갑니다.

종령 애벌레들이 싼 똥이 명주실에 잔뜩 걸려 있다.

쑥 잎사귀로 집 짓는

작은멋쟁이나비

작은멋쟁이나비

작은멋쟁이나비가
꿩의비름 꽃에 살포시 앉아 있습니다.

새파란 가을 하늘을 머리에 이고 걷는데,
발아래가 쑥밭입니다.
어디를 가나 쌔고 쌘 게 쑥이니 그냥 지나치려는데,
쑥 잎 몇 장이 명주실로 얼기설기 엮여
꽃봉오리처럼 부풀어져 있는 게 보입니다.
누가 살고 있을까?
쪼그리고 앉아 엮인 잎사귀 집 틈으로 들여다보니
작은멋쟁이나비 애벌레입니다.
작은멋쟁이나비 어른벌레는 워낙 흔해
온 나라 어디를 가나 쉽게 만나지만
애벌레는 숨어 살아서 일부러 찾지 않으면 만날 수 없습니다.
그런 작은멋쟁이나비 애벌레를
동해 바닷가 길섶에서 우연히 만나니
반갑기만 합니다.

작은멋쟁이나비 수컷

작은멋쟁이나비 암컷

이 꼭지는 나비목 네발나비과 종인 작은멋쟁이나비(*Vanessa cardui*) 이야기입니다.

알록달록 화려한 날개옷 입은 작은멋쟁이나비

아침 일찍부터 먼 길을 달려 동해 바다에 도착했습니다. 9월 바다! 정말 파랗습니다. 검푸른 바닷물이 출렁일 때마다 새하얀 파도가 산산이 부서집니다. 바닷바람이 휘익 불어오니 모래 언덕 둘레에 피어 있는 가을꽃들이 죄다 한쪽으로 휩쓸립니다. 덩달아 꽃들 위에 앉아 있던 나비들도 날아오릅니다. 오늘따라 유난히 작은멋쟁이나비가 많이 눈에 띕니다.

추운 겨울만 빼고 봄, 여름, 가을 내내 볼 수 있는 나비는 그리 많지 않습니다. 거의 모든 나비들은 한 해에 한살이가 한 번 돌아가기 때문에 만날 수 있는 기회는 딱 한철뿐입니다. 하지만 작은멋쟁이나비는 한살이가 한 해에 여러 차례 돌아가기 때문에 이른 봄 3

작은멋쟁이나비가 란타나 꽃에 날아와 빨대 주둥이를 꽃 속에 넣고 꿀을 빨아 먹고 있다.

작은멋쟁이나비 날개 윗면에는 아주 화려한 무늬가 나 있다.

월부터 늦가을 11월까지 자주 만납니다. 더구나 작은멋쟁이나비는 어른벌레로 겨울을 납니다. 이런 일은 나비 세계에서 흔치 않은 일입니다. 추운 남극 지역을 빼고 우리나라를 비롯해 온 세계에 살고 있는데, 유럽에 사는 작은멋쟁이나비들은 장거리 여행도 마다하지 않는다고 합니다. 특히 지중해 지역에 사는 작은멋쟁이나비들은 무리를 지어 지중해를 건너 스칸디나비아반도 북쪽 지역까지 날아 이동한다니 그저 입만 벌어집니다.

작은멋쟁이나비는 족보상 나비목 가문에 네발나비과 집안 식구입니다. 그래서 여느 곤충들과 달리 다리가 4개입니다. 마침 보랏빛 란타나 꽃에 반해 어른벌레가 너울너울 날아와 꽃 위에 살포시 내려앉습니다. 돌돌 말아 머리 아래쪽에 감춰 두었던 철사같이 가느다란 빨대 주둥이를 쭉 펼쳐 란타나 꽃 속에 쏘옥 집어넣습니다. 그러고는 방아 찧듯 머리를 위아래로 움직이며 꽃꿀을 맛있게 빨아 마십니다. 식사 삼매경에 빠진 녀석을 가까이서 지긋이 바라보니 이름처럼 날개에 잔뜩 멋을 부렸습니다.

작은멋쟁이나비는 날개 편 길이가 50밀리미터쯤 되어 몸집이 큽니다. 몸 색깔은 굉장히 화려하고 무늬가 복잡해서 조목조목 설명하기 어려울 정도입니다. 날개는 여러 색깔 비늘로 덮여 있는데, 재미있게도 윗면과 아랫면 색깔이 다릅니다. 윗면은 오렌지색 바탕에 여러 모양으로 된 검정 무늬와 하얀 무늬가 여기저기 콕콕 박혀 있습니다. 아랫면은 회색, 밤색과 까만색이 얼룩얼룩 섞여 있어 추상화를 그려 놓은 것 같습니다. 날개 가장자리 부분에는 동그란 눈알 무늬가 5개 그려져 있습니다. 또한 머리부터 배 끝까지는 누런 밤색 털들이 소복소복 쌓여 있습니다.

작은멋쟁이나비 날개 아랫면은 거무칙칙하고 가장자리에 동그란 무늬가 5개 있다.

쑥 잎에 알을 낳는 암컷

작은멋쟁이나비 어른벌레에게 주어진 삶은 길어야 열흘입니다. 이 기간에 어른벌레는 알을 낳으며 대를 이어야 합니다. 암컷은 서둘러 마음에 드는 짝을 골라 짝짓기를 합니다. 짝짓기를 마친 암컷은 알 낳을 곳을 찾습니다. 하지만 알을 아무 곳에나 낳으면 안 됩니다. 애벌레가 입맛이 까다로워서 쑥이나 아욱만 골라 먹기 때문입니다.

암컷은 더듬이와 다른 감각 기관을 모두 동원해서 애벌레가 먹을 밥집인 쑥을 찾아 나섭니다. 쑥은 풀을 뜯어 먹는 동물을 막기 위해 치네올(cineol), 튜존(thujone), 휀콘(fenchon) 같은 독 물질을

작은멋쟁이나비 애벌레가 쑥 잎을 얼기설기 명주실로 엮어 집을 지었다.

만들어 냅니다. 이 독 물질에는 독특한 냄새가 납니다. 암컷은 그 냄새를 좇아 쑥을 찾습니다. 다행히 쑥은 햇빛 드는 곳이면 어디나 잘 자라니 고생하지 않고 금방 찾을 수 있습니다.

쑥밭에 도착한 암컷은 쑥 잎에 완두콩빛 알을 낳습니다. 알을 하나 낳고 잎을 옮겨 또 하나 낳습니다. 그렇게 하나씩 하나씩 정성들여 알을 낳습니다. 알 낳느라 지친 암컷은 시나브로 힘을 잃고 짧은 삶을 마칩니다.

쑥 잎을 얼기설기 엮어 집 짓는 애벌레

어미가 알을 낳은 지 일주일이 넘었습니다. 드디어 알에서 애벌레가 깨어났습니다. 애벌레는 본능적으로 쑥 잎 한 귀퉁이에 앉아 집을 짓기 시작합니다. 입에서 명주실을 술술 뽑아 잎 왼쪽과 오른쪽 가장자리를 엮습니다. 명주실을 내뿜으며 수십 수백 번도 넘게 머리를 휘저으면 쑥 잎이 서서히 오므라듭니다. 잎 가장자리끼리 알맞게 잘 엮이면 애벌레는 그 속에 들어가 지냅니다. 잎사귀 집은 1령 애벌레가 들어가고도 남을 만큼 넓습니다. 녀석은 집 안에서 몸을 감쪽같이 숨기고 자기 집 벽을 먹습니다. 아직 큰턱이 억세지 않아 잎살만 살살 갉아 먹습니다. 그러다 몸집이 커지면 허물을 벗으며 자랍니다.

잎사귀 집을 다 먹으면 옆 잎사귀로 이사를 가 다시 집을 짓습니다. 나이가 많아질수록 몸집이 커져서 이제 잎사귀 한 장짜리 집은 좁습니다. 이때는 잎사귀를 여러 장 끌어와 명주실로 얼기설기 엮습니다. 애벌레는 집 짓는 솜씨가 엉망이라 마구잡이로 잎사귀들을 겹쳐 붙이고 엮습니다. 일정한 규칙이 없이 아무렇게나 명주실을 붙이고, 붙인 데 또 붙이며 집을 짓습니다. 얼기설기 계획 없이 지은 집이지만 성능은 좋습니다. 겹겹이 쳐진 명주실과 잎사귀 덕분에 애벌레를 노리는 목숨앗이들은 마음대로 집 안으로 들어오지 못하기 때문입니다.

2주쯤 되는 애벌레 시절 내내 애벌레는 잎을 엮어 만든 집에서 지냅니다. 낮에는 주로 쉬고, 밤이 되면 맛있는 식사를 합니다. 머리와 윗몸을 집 밖으로 슬그머니 내밀고 집 옆에 있는 잎을 먹기도 하고, 집 안에 틀어박혀 자기 집 지붕과 벽을 먹기도 합니다. 몸이 커 갈수록 잎사귀 집에는 똥들이 소복이 쌓입니다. 어떤 때는 집을 감싸는 명주실에도 시커먼 똥들이 주렁주렁 매달려 있기도 합니다. 애벌레는 엉성하게 지은 잎사귀 집에서 모두 4번 허물을 벗고 5령 애벌레 단계까지 큽니다.

다 자란 애벌레는 몸길이가 40밀리미터쯤 될 만큼 몸집이 꽤 큰 편입니다. 온몸은 까맣고 등 가운데에 노란 선이 나 있습니다. 또 몸 마디마디에 노란색과 주황색 반점이 찍혀 있습니다. 몸통에는 무섭게 생긴 가시가 잔뜩 돋은 돌기들이 줄지어 서 있습니다. 집 안에서 쉴 때는 J자처럼 몸을 구부립니다.

작은멋쟁이나비 2령 애벌레

작은멋쟁이나비 3령 애벌레

작은멋쟁이나비 4령 애벌레

작은멋쟁이나비 5령 애벌레

작은멋쟁이나비 5령 애벌레

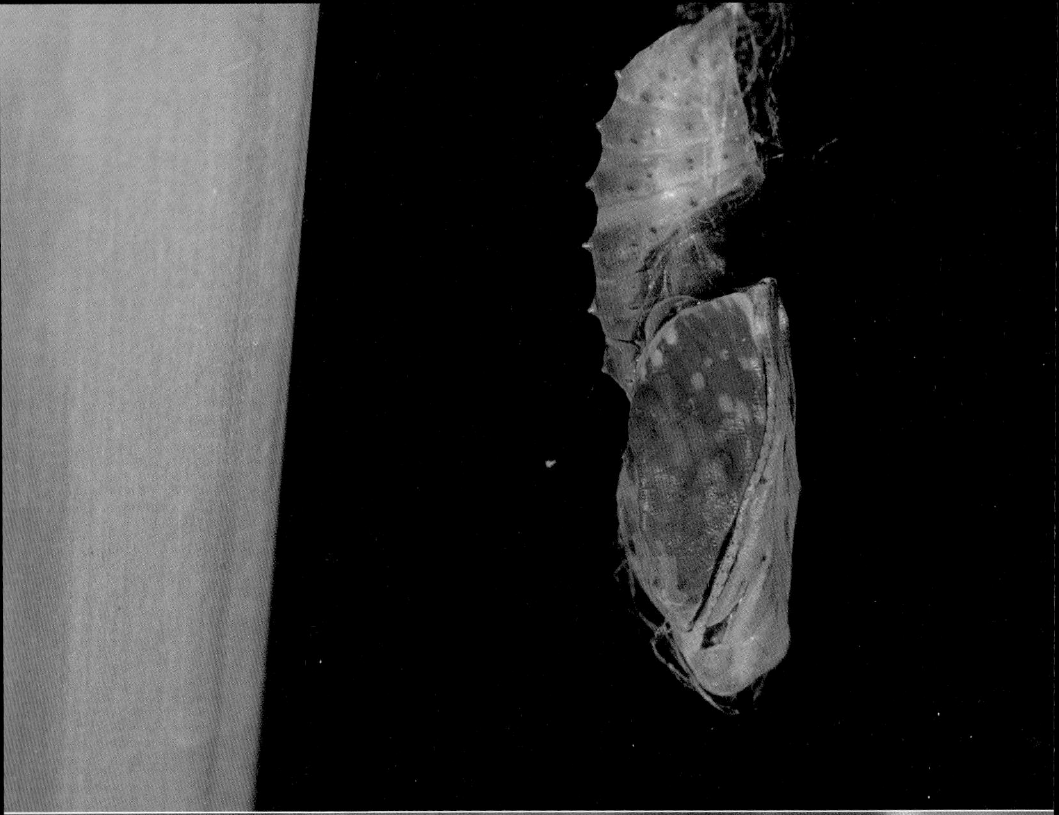

날개돋이하기 바로 전 번데기

거꾸로 매달리는 번데기

번데기를 만들 때가 다가오면 애벌레는 밥을 뚝 끊습니다. 애벌레 시절 내내 지냈던 집을 떠나 번데기를 만들 안전한 곳를 찾아 헤맵니다. 풀 줄기를 고른 애벌레는 이제 본격적으로 번데기로 탈바꿈할 채비를 합니다. 우선 명주실을 뽑아 풀 줄기에 자기 배 꽁무니를 묶습니다. 비바람이 불어도 떨어지지 않게 단단하게 붙이고 또 붙입니다. 그런 뒤 풀 줄기에 거꾸로 매달린 채 허물을 벗고 번데기로 탈바꿈합니다. 번데기 색깔은 분홍빛이 도는 밤색입니다. 번데기는 어른벌레가 되는 날을 기다리며 풀 줄기에 물구나무서듯이 거꾸로 대롱대롱 매달려 지냅니다.

번데기가 된 지 열흘이 지났습니다. 드디어 어른벌레가 날개돋이에 성공해 번데기에서 빠져나옵니다. 작은멋쟁이나비는 한 해에 한살이가 여러 차례 돌아가지만, 가을에 날개돋이한 어른벌레는 겨울잠을 잔 뒤 이듬해 봄에 한살이를 시작합니다.

막 날개돋이해서 날개를 펼치며 몸을 말리고 있는 작은멋쟁이나비

손가방 같은 고치 짓는

유리산누에나방

유리산누에나방 고치

매화나무 꽃 사이에 마치 손가방처럼 생긴
풀빛 유리산누에나방 고치가 매달려 있습니다.

4월 초입니다.

경기도 양평에 있는 연구소에서 봄맞이 마당 청소를 합니다.

연구소 뜰에는 큰개불알풀, 냉이, 꽃다지, 미선나무 꽃들이 피어나

봄 햇살을 만끽하고 있습니다.

뒤꼍에 자리 잡은 매화나무 꽃도 활짝 피어나

은은한 향기를 풍깁니다.

일손을 놓고 잠시 꽃구경 삼매경에 빠져 있는데,

매화나무 가지에 웬 나방 고치가

꽃들 사이에서 마치 꽃인 양 매달려 있습니다.

곱기도 하지만 모양이 특이해서 멀리서도 금방 알아봅니다.

완두콩빛이 고운 유리산누에나방 고치입니다.

다가가 속이 텅 빈 고치를 살살 흔들어 보니

들릴 듯 말 듯 달그락달그락 소리가 납니다.

지난가을 어른벌레로 날개돋이할 때 남긴

번데기 껍질이 고치 벽과 부딪치는 소리입니다.

유리산누에나방 암컷

유리산누에나방 수컷

이 꼭지는 나비목 산누에나방과 종인 유리산누에나방(*Rhodinia fugax*) 이야기입니다.

몸집이 큰
유리산누에나방

유리산누에나방은 몸길이가 60밀리미터쯤 되고, 날개를 편 길이가 80~100밀리미터나 되어서 몸집이 큰 대형 곤충입니다. 야행성이라 주로 여름부터 가을 사이에 불빛에 날아오는데, 몸집이 워낙 커서 금방 눈에 띕니다. 암컷과 수컷은 날개 색깔로 알아볼 수 있습니다. 암컷은 날개 바탕색이 짙은 노란색인데 가장자리 가까이에 붉은빛을 띠는 밤색 띠무늬가 기하학적으로 그려져 있습니다. 수컷은 날개 바탕색이 짙은 밤색이고, 군데군데 옅은 밤색을 띤 기하학적 무늬가 그려져 있습니다. 암컷과 수컷 모두 날개에 유리처럼 투명한 눈알 무늬가 찍혀 있어 이름을 '유리산누에나방'이라고 지었습니다. 우리나라를 포함하여 일본, 중국, 러시아 극동 지역에서 삽니다.

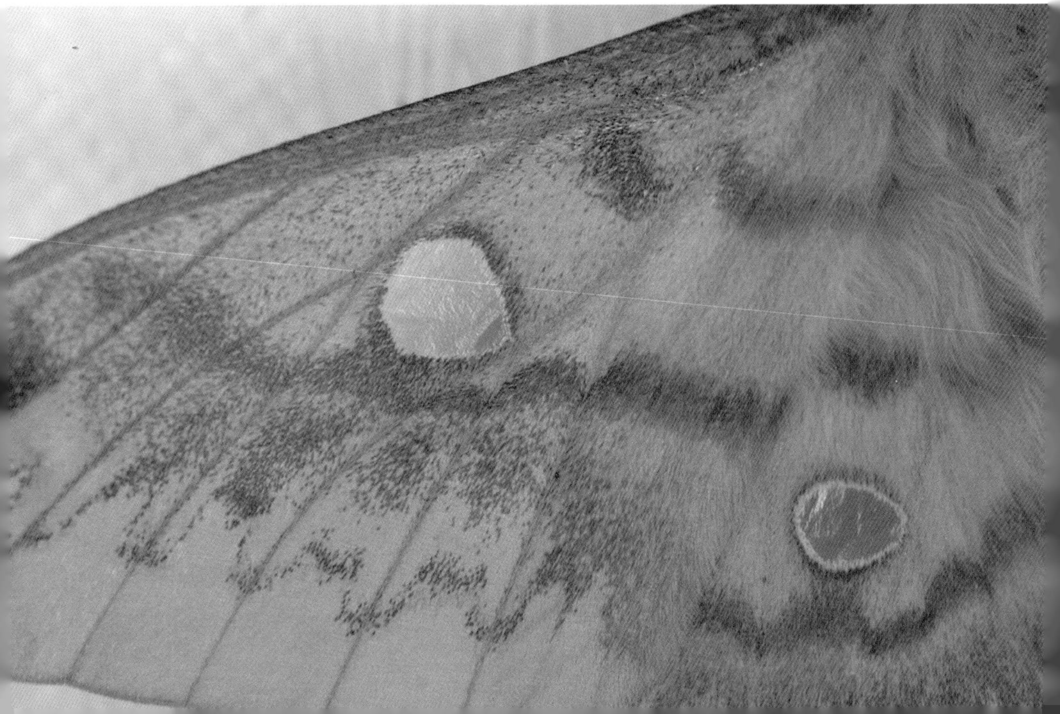

유리산누에나방 날개에 있는 투명한 눈알 무늬

유리산누에나방
수컷 더듬이

유리산누에나방은 산누에나방과 집안 소속

유리산누에나방은 나비목 가문에 산누에나방과 집안 식구입니다. 우리나라에 사는 산누에나방과 가족은 모두 13종입니다. 대표적인 종으로 참나무산누에나방, 긴꼬리산누에나방, 옥색긴꼬리누에나방, 유리산누에나방, 밤나무산누에나방, 네눈박이산누에나방과 가중나무고치나방을 꼽을 수 있습니다.

산누에나방과 특징은 몸집이 크다는 것입니다. 날개를 편 길이가 아무리 못 되어도 100밀리미터쯤 되어서 마치 작은 새를 보는 것 같습니다. 거의 야행성이라 밤에 불빛으로 잘 날아옵니다. 어른벌레 머리에는 털이 소복이 덮여 있고 배는 짧은 편입니다. 더듬이는 짧은 편인데 수컷 더듬이는 넓적하고 화려한 깃털처럼 생겼고,

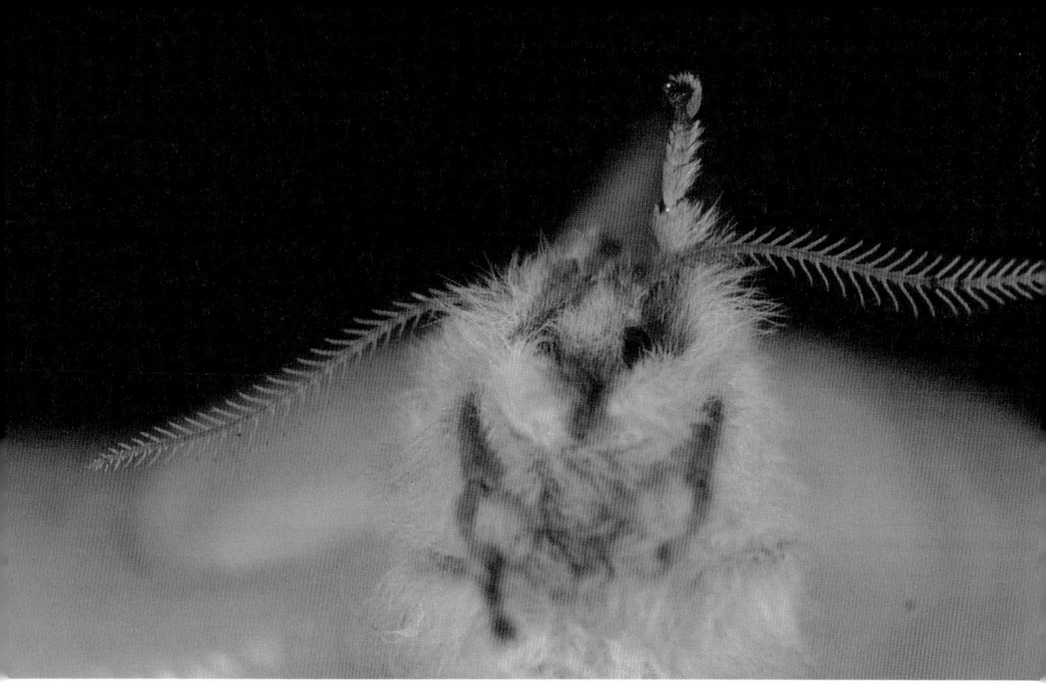

유리산누에나방
암컷 더듬이

암컷 더듬이는 양 갈래로 나뉜 빗살처럼 생겼습니다. 수컷은 더듬이가 더 요란하게 크고 화려하기 때문에 앞이 잘 안 보이는 깜깜한 밤에도 암컷이 풍기는 페로몬 냄새를 잘 맡을 수 있습니다. 특이하게 주둥이는 퇴화해서 아무것도 먹지 않고 애벌레 때 몸에 모아 둔 영양분으로만 목숨을 이어갑니다. 날개에는 눈알 무늬가 그려져 있어 목숨앗이들 공격을 어느 정도 따돌립니다.

가을에 돌아다니는
유리산누에나방 어른벌레

유리산누에나방 어른벌레는 고작 일주일쯤밖에 못 삽니다. 유리산누에나방은 여름부터 가을 사이에 어른벌레로 날개돋이하는데, 어른벌레가 가장 전성기일 때는 가을입니다. 이때는 낮과 밤 온도 차이가 심해서 밤이 되면 꽤 춥습니다. 그래서 웬만한 나방들은 이미 겨울 준비에 들어갔는데, 유리산누에나방은 유독 밤이슬이 차가운 밤에 나와 한살이를 시작하니 좀 짠한 감정이 듭니다. 그래서인지 유리산누에나방 어른벌레는 빨대 주둥이가 아예 없어 밥을 먹지 않고 애벌레 때 몸에 모아 둔 에너지를 씁니다. 온도가 내려가는 때이니 먹는 것은 건너뛰고, 어른벌레에게 가장 큰 임무인 짝짓기에만 온 힘을 쏟으려는 전략입니다.

해가 지고 어둠이 내리면 암컷은 나무줄기나 잎에 앉아 배를 살짝 들어 올리고서는 배 꽁무니를 미세하게 파르르 떨면서 페로몬을 내뿜습니다. 물론 깜깜해서 안 보이지만 어디엔가 있을 수컷을 유혹하기 위해서이지요. 눈으로 보이지 않지만 배 꽁무니가 움직

유리산누에나방
암컷 배

일 때마다 성페로몬 물질은 공중으로 흩뿌려져 바람을 타고 떠다닙니다. 수컷이 페로몬 냄새를 맡아야 비로소 결혼이 성사됩니다. 페로몬 물질은 공기 중에 낮은 농도로 떠다니기 때문에 냄새를 잘 맡으려면 면적이 넓은 더듬이가 유리합니다. 그래서 수컷 더듬이는 화려한 깃털처럼 넓적해서, 더듬이 표면적이 암컷보다 3배 정도 더 넓습니다. 얼마 안 걸려 가까이에 있던 수컷 더듬이에 암컷이 뿜어낸 페로몬 냄새가 딱 걸려듭니다. 그러자 수컷은 흥분해서 바람을 마주 안고 냄새가 풍기는 진원지를 찾아 바삐 지그재그로 날아갑니다. 암컷을 찾은 수컷은 재빨리 다가가 암컷을 건드리며 구애를 한 끝에 짝짓기에 성공합니다. 방해를 받지 않으면 유리산누에나방 부부는 춥고 깜깜한 가을밤에 오랫동안 사랑을 나눕니다.

짝짓기를 마친 뒤, 암컷은 알을 낳습니다. 알은 나무줄기에 몇십 개를 낳는데 몸집이 크다 보니 알도 큽니다. 알 크기가 2밀리미터쯤 되어서 다른 알보다 엄청 크기 때문에 맨눈으로도 잘 보입니다. 알은 타원형이고 거무칙칙한 잿빛을 띱니다. 가끔 암컷은 급한 나머지 자기가 번데기 시절 지냈던 고치 겉에 알을 낳기도 합니다. 요즘은 곤충 애호가들이 실내에서 유리산누에나방 애벌레를 키우기도 하고, 산에 있는 고치를 따 가기도 합니다. 이때 실내에서 날개돋이한 암컷을 밖에 놓아주지 않으면 짝짓기를 못 해 수정이 되지 않은 난자만 배란시켜 알을 낳는 비극이 일어납니다. 이렇게 수정이 안 된 알은 환경 적응에 실패할 확률이 매우 큽니다. 곤충이 사라지고 있는 요즘, 야생에 있는 애벌레를 데려오거나 고치를 따 가져오면, 그 고치 주인공 대를 끊는 짓이라는 것을 마음속 깊이 새기고 또 새겨야 할 것입니다.

유리산누에나방이 자기가 나온 고치 위에 알을 낳았다.

알을 다 낳은 암컷은 이제 죽음을 감지합니다. 얼마 남지 않은 운명의 시간을 받아들인 채 시름시름 앓으며 삶을 마감합니다. 어미는 죽고 알들만 남아 추운 겨울을 맞습니다. 알은 그대로 따뜻한 봄이 올 때까지 겨울잠을 잡니다.

봄, 알에서 애벌레 깨어나다

5월 초, 춥고 긴 겨울이 지나고 따스한 봄이 무르익어 갑니다. 봄꽃들이 피어나 숲 바닥과 길섶을 수놓을 즈음, 나뭇가지에 붙어 있는 유리산누에나방 알에서 하나둘 애벌레가 깨어납니다. 알이 크니 갓 태어난 1령 애벌레 몸도 무척 커서 눈에 잘 띕니다. 1령 애벌레는 몸 색깔이 까맣고 듬성듬성 털들이 줄지어 났습니다. 이제부터 그 누구 도움 없이 혼자 살아야 하는 애벌레는 본능적으로 새로 돋아나 보들보들한 잎사귀를 베어 오물오물 씹어 먹습니다. 애벌레에게 주어진 가장 큰 임무는 먹는 일입니다. 쉬고 자는 것 빼고 오로지 살아 있는 동안 먹으면서 몸을 키워야 합니다. 다행히 먹성이 좋아 식물을 가리지 않고 잎이란 잎은 다 먹습니다. 참나무류와 장미과, 느릅나무과, 자작나무과 식물 들을 가리지 않고 닥치는 대로 먹습니다. 그 가운데 유난히 떡갈나무, 신갈나무, 갈참나무, 상수리나무 같은 참나무과 식물 잎을 먹는 모습을 자주 봅니다.

갓 깨어난 1령 애벌레가 보들보들한 싹을 갉아 먹고 있다.

26도쯤 되는 실내에서는 애벌레가 한 달쯤 자랍니다. 애벌레는

유리산누에나방 1령 애벌레

유리산누에나방 2령 애벌레

유리산누에나방 3령 애벌레

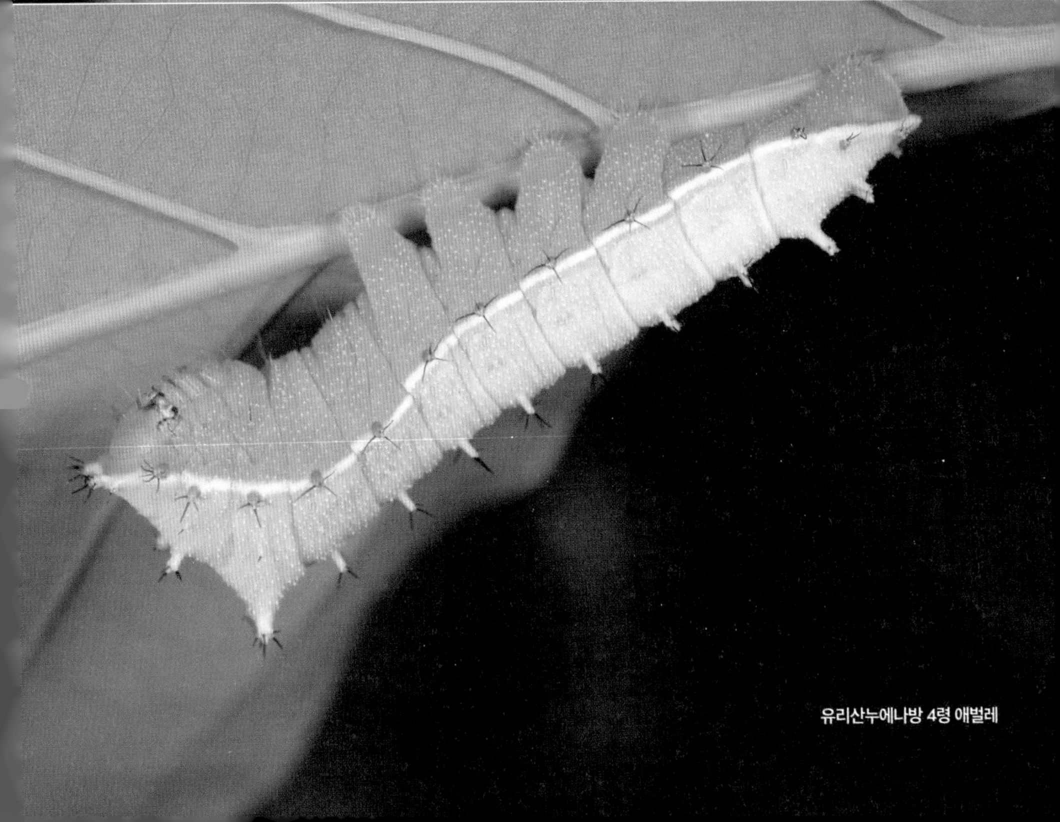

유리산누에나방 4령 애벌레

유리산누에나방
5령 애벌레
옆쪽 모습

한꺼번에 성장하는 게 아니라 1령, 2령, 3령, 4령, 5령 단계로 자랍니다. 1령 애벌레가 게걸스럽게 먹다가 몸이 불어나면 첫 번째 허물을 벗고 2령 애벌레가 됩니다. 2령 애벌레가 또 먹다가 몸집이 커지면 허물을 벗고 3령 애벌레가 됩니다. 이렇게 허물을 4번 벗고 5령이 되면 애벌레는 다 자란 종령이 됩니다. 만일 애벌레가 단계 단계마다 살갗 껍질인 허물을 벗지 않으면 도리어 허물에 갇혀 죽습니다. 허물은 큐티클이라는 성분으로 되어 있는데, 사람으로 치면 뼈에 해당됩니다. 비록 두께는 아주 얇지만, 강한 산성 용액에도 녹지 않을 만큼 엄청 단단하고 질기기 때문입니다.

애벌레 몸 색깔도 허물을 벗을 때마다 조금씩 바뀝니다. 어렸을 때인 2령, 3령 애벌레는 완두콩빛 바탕에 까만 줄무늬가 섞여 있고, 다 자라 종령 애벌레가 되면 옅은 풀색으로 바뀝니다. 몸빛이 풀색을 띠는 덕분에 애벌레는 풀색 잎 뒤에 앉아 있으면 목숨앗이들 눈에 잘 띄지 않습니다. 이런 걸 '보호색'이라고 합니다.

마침 넓적한 갈참나무 잎 뒷면에 다 자란 종령 애벌레가 길게 뻗치고 앉아 밥을 먹고 있습니다. 몸집이 얼마나 큰지 어른 손가락만 한데, 어림짐작으로 재어 봐도 5센티미터가 족히 넘습니다. 몸무게도 무거워서 애벌레가 움직일 때마다 갈참나무 잎도 휘어집니다. 평소에는 머리를 움츠려 앞다리 쪽으로 수그리고 있기 때문에 얼굴을 좀처럼 볼 수가 없습니다. 밥을 먹을 때에야 움츠렸던 머리를 꺼내고서는 잎을 한 입씩 한 입씩 베어 씹어 먹습니

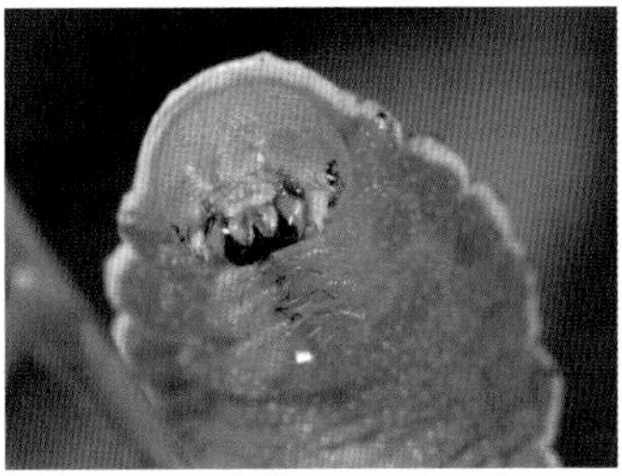
종령 애벌레 얼굴 모습

유리산누에나방
5령 애벌레
등 쪽 모습

다. 그런 모습이 귀여워서 손끝으로 살짝 건드렸더니 식사를 멈추고 반항을 합니다. 오른쪽 옆구리를 건들면 오른쪽으로 홱 돌리고, 왼쪽 옆구리를 건들면 왼쪽으로 홱 돌리고, 배 꽁무니 쪽을 건들면 몸을 크게 휘두릅니다. 몸이 긴장해서 굳은 것처럼 단단해졌습니다. 미안한 마음에 얼른 손을 떼고 목숨앗이들에게 들키지 않게 녀석을 잎사귀로 가려 주고 자리를 뜹니다.

풀빛 비단 고치 짓는 애벌레

6월 말은 유리산누에나방 번데기 철입니다. 어른 손가락만큼 자란 종령 애벌레가 번데기로 탈바꿈하려고 준비합니다. 엄청났던 식탐이 싹 사라져 잎을 거들떠보지 않고 나무줄기나 잎사귀를 오르락내리락합니다. 고치 만들 곳을 고르는 중입니다. 고치는 번데기가 안전하게 지내는 방으로 명주실을 이용해 애벌레가 직접 만듭니다. 그래서 고치를 '번데기 방'이라고도 합니다. 알기 쉽게 정리하면 고치를 짓는 주체는 애벌레이고, 고치에서 생활하는 주체는 번데기입니다.

한참을 돌아다닌 끝에 애벌레가 고치 짓기에 알맞은 나무줄기를 찾았습니다. 이제 본격적으로 고치를 짓기 시작합니다. 재료는 명주실인데, 집을 지을 때 입에 있는 아랫입술샘에서 술술 나옵니다. 반면에 거의 모든 곤충은 아랫입술샘에서 침이 나옵니다.

맨 먼저 유리산누에나방 애벌레는 나무줄기에 터를 잡는 공사를 합니다. 입에서 가늘고 고운 명주실을 뽑아 줄기에 고치를 매달 끈을 길게 만듭니다. 명주실을 수백 가닥 뽑아서 줄기에 붙이니 가방 끈처럼 생긴 긴 끈이 나무줄기에 매달렸습니다. 얼마나 야무지게 동여맸는지 바람이 불어도 떨어지지 않습니다. 그러고서는 자기 몸을 감싸는 타원형 고치를 짓기 시작합니다. 입에서 명주실을 뽑고 또 뽑아서 자기 몸을 감쌉니다. 쉬지도 않고 수백 번, 아니 수천 번도 넘게 머리를 온 사방으로 움직이며 명주실을 뽑아 자기 몸을 감싸며 고치를 짓습니다. 정말이지 그 많은 명주실이 끊임없이 나오는 걸 보면 명주실이 나오는 아랫입술샘은 퍼내고 퍼내도 마르지 않는 샘물 같습니다. 명주실은 하도 가늘어서 여러 가닥이 엮여야 비로소 우리 눈에 보이는데, 신기하게도 유리산누에나방 애벌레가 뽑은 명주실은 완두콩색입니다. 보통 다른 나방들이 뽑아낸 명주실은 하얀색인데 말이지요. 어마어마하게 뽑은 명주실들은 서로 찰싹 달라붙고 겹치면서 시나브로 고치 겉이 두터워집니다.

몇 시간 뒤, 애벌레가 쉬지 않고 열심히 일한 끝에 드디어 완두콩빛 고치가 완성되었습니다. 고치는 어느 공예품에도 뒤지지 않을 만큼 예쁘고 독특합니다. 마치 자그마한 손가방 같습니다. 얼마나 꼼꼼하게 명주실을 엮어 놨는지 물샐틈없이 완벽합니다. 고치 맨 윗부분은 나중에 어른벌레가 되어 고치 밖으로 잘 탈출할 수 있게 뚫어 놓았고, 집 아랫부분도 자그마한 구멍을 뚫어 놓았군요. 고치 색깔까지 보호색인 풀색을 띠어 자기를 호시탐탐 노리는 목숨앗이들 눈을 따돌릴 수 있습니다. 흠잡을 데가 하나도 없습니다.

고치를 짓느라 기진맥진한 애벌레는 고치 속에서 이틀쯤 죽은 듯이 쉽니다. 그런 뒤 애벌레 때 입었던 허물을 벗고 번데기로 탈바꿈합니다. 고치 속 번데기 배 꽁무니 쪽에는 쪼그라진 애벌레 허물이 놓여 있습니다. 바람이 살랑살랑 불 때마다 손가방 같은 고치는 그네처럼 살짝살짝 흔들립니다. 그래도 번데기는 고치 속에서 어른벌레가 될 날을 손꼽으며 여름을 잘 넘깁니다.

송장벌레와 기생파리 고치를 공격하다

철벽같이 단단하고 안전할 것만 같은 비단 고치에 비상이 걸렸습니다. 그새 목숨앗이들 공격을 받았는지 고치 옆구리에 구멍이 뚫려 있습니다. 분명히 번데기가 희생되었을 터, 이 기회를 놓칠 목숨앗이들이 아닙니다. 번데기 냄새를 맡고 마침 쉬파리류가 날아오고 개미도 뒤질세라 기어 옵니다. 무엇보다 시체 전문가인 넉점박이송장벌레가 득달같이 날아와 아예 고치에 뚫린 구멍 속으로 들어갑니다. 넉점박이송장벌레는 하반신만 내놓고 윗몸은 고치 속에 파묻은 채 유리산누에나방 번데기를 열심히 먹고 있습니다. 쉬파리는 흘러나오는 번데기 육즙과 송장벌레가 식사 중에 흘리는 부스러기를 핥아 먹습니다. 그렇게 유리산누에나방이 애쓴 대 잇기 작업은 허무하게 끝이 났습니다.

유리산누에나방 고치는 큰 데다 나뭇가지에 걸려 있어 산길을 걷다 보면 유난히 눈에 잘 띄는데, 가끔 구멍이 난 고치와 만납니

넉점박이송장벌레가 번데기를 파먹고 있다.

다. 그 고치 속에는 대부분 기생파리 애벌레인 구더기가 살고 있습니다. 먹고 먹히는 세계가 생태계이다 보니 이런 일은 허다하게 많습니다. 그 힘으로 거대한 생태계 바퀴는 균형 있게 돌아갑니다.

겨울에 더 아름다운 풀빛 고치

가을이 되자, 우여곡절을 겪으며 살아남은 번데기가 어른벌레로 날개돋이합니다. 어른벌레는 고치 밖으로 나온 뒤 훨훨 날아갑니다. 고작 일주일쯤밖에 주어지지 않은 시간 동안 짝짓기를 한 뒤 알을 낳고 삶을 마감할 것입니다.

그런데 겨울이 되면 아무도 살지 않는, 속이 텅 빈 완두콩빛 고치가 나뭇가지에 매달린 채 아름다운 자태를 뽐냅니다. 아기 주먹만 한 함박눈이 내려 온 세상을 새하얗게 만드는 겨울날, 눈 쌓인 산길을 걷다 보면 잎사귀 떨군 나무에 대롱대롱 매달린 유리산누에나방 고치가 사람들 발걸음을 붙잡습니다. 하얀 눈까지 덮여 있으면 얼마나 청초한지 감탄사가 절로 나옵니다. 비록 유리산누에나방 번데기가 살다 나간 빈집이지만 고치 색깔이 방금 새로 만든 것처럼 맑고 환합니다. 고치를 명주실로 나뭇가지에 얼마나 칭칭 동여맸는지 힘껏 당겨 보아도 떨어지지를 않습니다. 톡톡 쳐 보니 고치 속에서 달그락달그락 번데기 껍질 흔들리는 소리가 맑고 경쾌하게 들립니다.

유리산누에나방 고치 속에 기생파리 애벌레가 잔뜩 들어 있다.

김밥처럼
돌돌 말아 집 짓는

장미색들명나방

장미색들명나방 애벌레 집

쪽동백나무 잎에 장미색들명나방 애벌레들이
잔뜩 잎을 말아 집을 지어 놓았습니다.

8월 말입니다. 장대 같은 비가 밤새 내리더니
새벽녘에야 비가 잦아듭니다.
찜통더위가 주춤한 틈을 타 아침 일찍 춘천에 있는 어느 야산에 갑니다.
비 온 뒤라 습도가 높지만 꾹 참고 나뭇잎들이 우거진 숲길을 걷습니다.
길옆 풍게나무 잎에는 홍점알락나비가 새초롬하게 앉아 있고,
거북꼬리 잎에는 암청색줄무늬밤나방,
아까시나무 잎에는 배얼룩재주나방,
개머루 잎에는 열점박이별잎벌레 같은
늦여름 곤충들이 죄다 나왔습니다.
하나하나 눈 맞추며 인사 나누는데,
저만치 떨어진 산자락에 서 있는 쪽동백나무들이 심상치 않습니다.
세상에! 나뭇가지에 달린 잎사귀들이 돌돌 말려 있습니다.
한두 개가 아닙니다.
나무 한 그루에 달린 잎사귀들 대부분이 말려 있습니다.
그뿐 아닙니다.
이웃한 몇 그루 쪽동백나무에 달린 잎들도 죄다 말려 있습니다.
저 많은 잎을 저리도 정교하게 말다니!
누구 솜씨일까요?
바로 장미색들명나방 애벌레입니다.

홍점알락나비

열점박이별잎벌레

이 꼭지는 나비목 풀명나방과 종인 장미색들명나방(*Patania harutai*) 이야기입니다.

장미색들명나방
족보

장미색들명나방은 나비목(目) 가문에 풀명나방과(科) 집안 식구입니다. 풀명나방과 어른벌레는 몸길이가 11~50밀리미터쯤 되는데, 종에 따라 몸 크기가 많이 차이 납니다. 앉아 있을 때 풀명나방아과(亞科) 가족은 앞날개가 배를 다 덮지만, 다른 아과 종들은 앞날개가 배 일부만 덮습니다. 어른벌레는 야행성이라 거의 밤에 활발하게 돌아다니고 불빛에 잘 날아옵니다. 몇몇 종은 해 질 무렵에도 나와 돌아다닙니다. 애벌레는 종에 따라 몸을 드러낸 채 잎 가장자리를 먹기도 하고, 명주실로 잎사귀를 엮어 집을 만들고 그 속에서 지내기도 합니다. 번데기는 대개 땅바닥이나 포슬포슬한 흙바로 아래에서 만듭니다. 우리나라에 사는 풀명나방과 곤충은 244종쯤 되어서 대가족을 이룹니다.

장미색들명나방 애벌레가 집을 돌돌 마는 데 쓰인 하얀 명주실

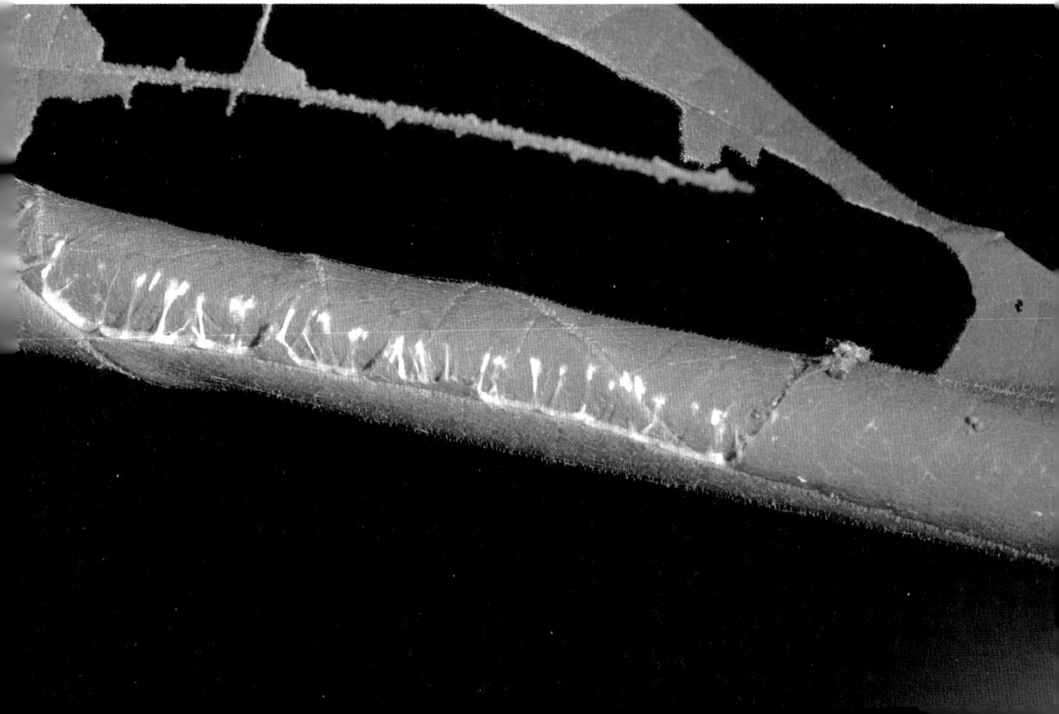

그 가운데 장미색들명나방은 날개를 편 길이가 25밀리미터로 제법 몸집이 작은 축에 듭니다. 어른벌레는 6~8월 여름에 날개돋이해 짝짓기한 뒤 알을 낳습니다. 애벌레는 8~9월 여름부터 겨울잠을 자고 이듬해 4월 봄까지 여러 달 동안 살며 성장합니다. 애벌레는 심한 편식쟁이라 쪽동백나무 잎사귀만 골라 먹습니다.

장미색들명나방 애벌레가 둥글게 말아 놓은 집

김밥처럼 돌돌 말아 집 짓는 애벌레

찜통더위가 한창인 7월 말, 어른벌레로 날개돋이한 장미색들명나방 어른벌레가 짝짓기한 뒤 알을 낳습니다. 알은 애벌레 먹이식물인 쪽동백나무 잎사귀에 낳습니다.

열흘쯤 지난 뒤 알에서 장미색들명나방 애벌레가 깨어납니다. 1령 애벌레가 할 일은 오로지 먹는 일입니다. 다행히 어미가 배려해 준 덕분에 애벌레는 주식인 쪽동백나무 잎을 찾으러 다닐 필요가 없습니다. 태어난 곳이 바로 밥집인 쪽동백나무이기 때문입니다. 애벌레는 쪽동백나무 잎 한가운데 앉아 밥을 먹습니다. 아직 어려서 부드러운 잎살만 갉아 먹습니다. 그런데 애벌레는 밥을 먹기 전에 안전한 집을 짓습니다. 잎사귀 위에서 온몸을 다 드러내 놓고 밥을 먹었다간 온 사방에서 호시탐탐 노리고 있는 목숨앗이들에게 제삿밥이 되는 건 시간문제입니다. 그래서 조상 대대로 물려받은 기술로 제 몸보다 열 배도 훨씬 넘는 큰 집을 짓습니다.

장미색들명나방 애벌레가 쪽동백나무 잎을 잔뜩 말아 놓았다.

집 짓는 재료는 명주실뿐입니다. 보통 나비목 애벌레들은 아랫입술샘이 가슴에 이르기까지 매우 크게 발달했습니다. 애벌레들은 이곳에서 명주실을 뽑아냅니다. 그래서 아랫입술샘을 '명주실샘' 또는 '실샘'이라고 합니다.

애벌레는 목숨앗이들 눈을 피해 잎사귀 뒷면에 앉아 명주실샘에서 뽑은 명주실로 잎 가장자리를 잎 안쪽으로 붙입니다. 한곳에서 쉴 새 없이 머리를 좌우로 휘저으며 왕복 달리기 하듯 명주실을 뽑아 붙이고 또 뽑아 붙이기를 수십 번 넘게 되풀이합니다. 몇십 가닥이 합쳐지면 제법 굵은 명주실이 만들어져 잎 가장자리와 안쪽이 서로 딱 붙습니다. 그런 뒤 1센티미터쯤 옮겨 앉아 또 머리를 수십 번 좌우로 휘저으며 명주실을 뽑아 잎 가장자리와 잎 안쪽을 붙입니다. 그러면 명주실 수십 가닥이 단단하게 합쳐져 잎 가장자리가 안쪽으로 말리듯 접힙니다.

그렇게 애벌레는 일정한 간격을 두고 명주실을 뽑아 잎 가장자리와 잎 안쪽을 붙이다 보면 주맥을 중심으로 한쪽 면이 다 접힙니다. 그다음 다시 명주실을 뽑아 반대쪽 잎 가장자리를 이미 접힌 곳과 붙이며 맙니다. 한 땀 한 땀 바느질하듯이 정성껏 붙이고 또 붙입니다. 몇 시간 넘게 명주실을 뽑으며 똑같은 동작을 되풀이하다 보면 꼬마김밥처럼 원통형으로 동그랗게 말린 집이 완성됩니다. 어른 손바닥만 한 쪽동백나무 잎을 멍석 말듯이 정교하게 말아 놓은 솜씨가 대단합니다.

돌돌 말아 놓은 잎은
사는 집이자 밥집

집을 지은 뒤 애벌레는 원통처럼 생긴 집 속으로 들어가 그 속에서 지냅니다. 이제 구중궁궐 같은 깊숙한 잎사귀 굴속에 숨어 있으니 새나 침노린재, 말벌 같은 목숨앗이들 눈에 띌 일이 거의 없습니다. 철통같이 보안이 유지되는 안전 가옥인 셈입니다. 애벌레는 안전 가옥에서 지내는 동안 집 밖으로 나오는 법이 없습니다. 배고프면 사는 집이자 밥집인 잎사귀를 먹고, 집 안에서 쉬고, 자고, 똥도 쌉니다. 그래서 애벌레가 살았던 빈집에는 좁쌀같이 동글동글한 똥들이 수북이 쌓여 있습니다.

애벌레는 힘들여 지은 집이 안전하다고 여기지 않으면 바로 옆 잎으로 옮겨 가 또다시 집을 짓습니다. 그래서 돌돌 말린 잎사귀 집들 중에는 빈집이 제법 많습니다. 집이자 밥집인 돌돌 말린 잎을

장미색들명나방
어린 애벌레

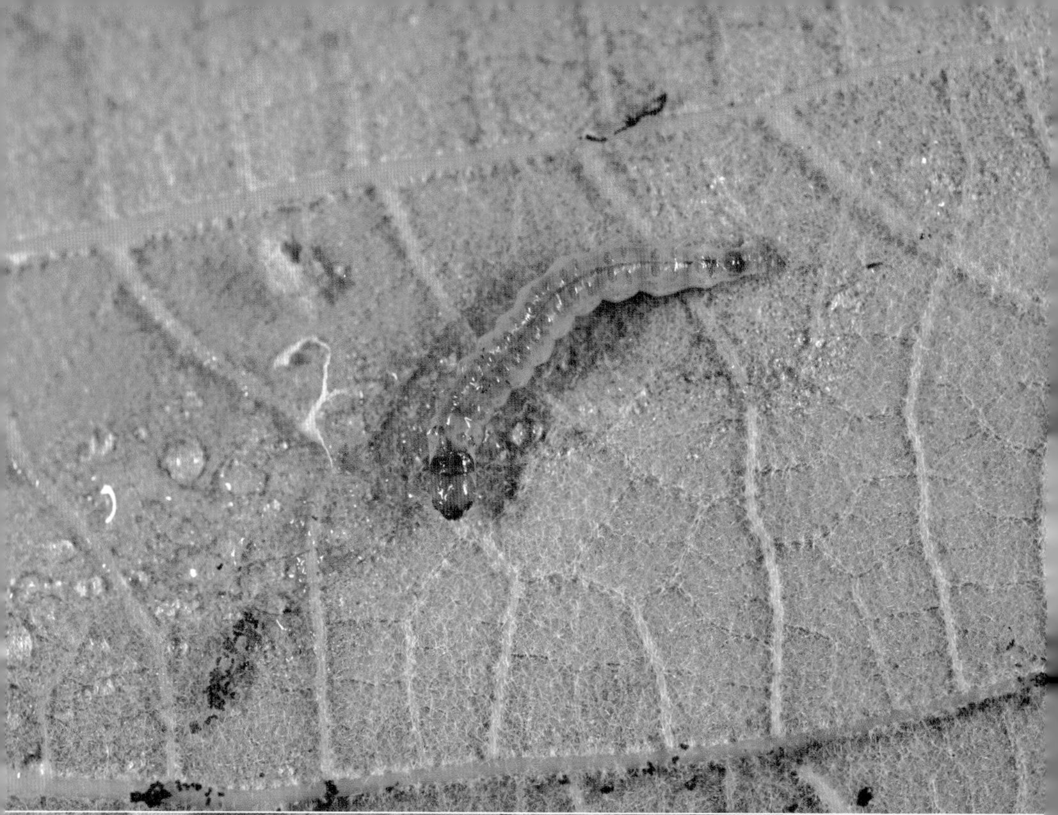

장미색들명나방
중간 애벌레

다 먹지 않았는데도 다른 잎으로 옮기는 걸 보면 목숨앗이를 피하기 위해서인 것으로 여겨집니다.

투명한 애벌레

애벌레는 평생을 돌돌 말린 잎사귀 집에서 숨어 지내기 때문인지 생김새나 몸 색깔이 눈에 확 띌 만큼 화려하지도, 매력적이지도 않습니다. 그저 있는 듯 없는 듯 수수합니다. 어린 애벌레들은 종종 몇 마리가 모여 한 잎사귀 집에서 살지만, 애벌레가 커 가면서 혼자 사는 것 같습니다. 다 자란 애벌레는 몸길이가 25밀리미터쯤 되고, 생김새는 길쭉합니다. 온몸은 연한 완두콩빛이 도는 아이보리색을 띠는데 머리와 머리 뒤쪽 등 방패는 밤색입니다. 살갗은 투명해서 몸속이 살짝 들여다보입니다. 게다가 만지기만 해도 터질 것처럼 야들야들하고 윤이 반들반들 납니다. 몸 옆구리 쪽에는 기다란 털들이 듬성듬성 일정한 간격을 두고 가로수처럼 나 있지만, 몸 전체로 보면 털이 거의 없어 매끈합니다. 이렇게 연약해 보이는 애벌레 몸속에서 제 몸보다 훨씬 큰 잎을 돌돌 말 수 있는 명주실이 나오니 생각만 해도 경이롭습니다.

장미색들명나방
종령 애벌레

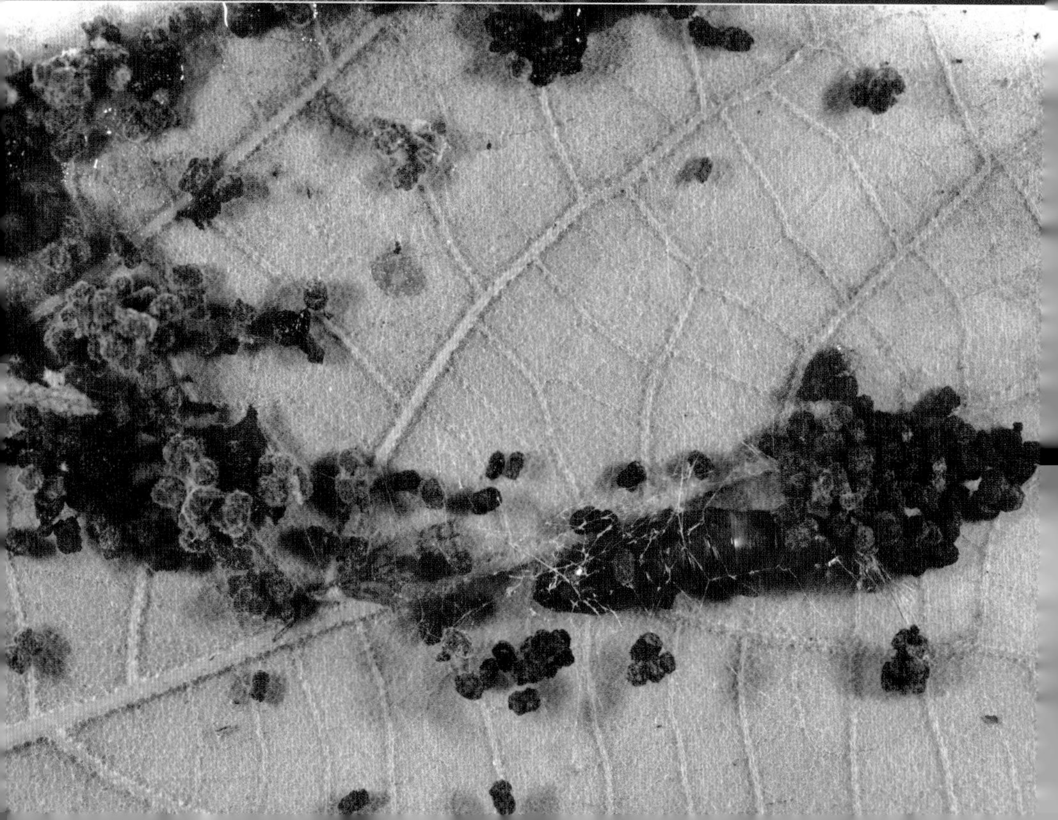

겨울을 나는 애벌레

애벌레가 돌돌 말아 만든 잎사귀 집에서 지내는 동안 시간은 덧없이 흘러 가을도 깊어갑니다. 애벌레는 추운 겨울을 어떻게 지낼까요? 그저 돌돌 말린 잎사귀 집 속에서 겨울잠에 들어갑니다. 다만 겨울에는 광합성 활동이 멈춰 잎사귀 집은 말라 밤색으로 바뀝니다. 또 식물들은 가을이 되면 거의 잎을 바닥으로 떨굽니다. 지혜로운 장미색들명나방 애벌레는 이런 이치를 누가 알려 주지 않아도 이미 알고 있습니다. 돌돌 말린 집을 지을 때 미리 잎자루와 줄기를 명주실로 칭칭 동여매 안전 가옥인 잎사귀 집이 떨어지지 않게 단단히 붙들어 놓습니다. 그 덕에 겨울바람이 불어도 바싹 마른 원통 모양 잎사귀 집은 줄기에 매달려 있습니다. 명주실 힘도 대단하지만, 그 명주실을 도구로 쓸 줄 아는 애벌레도 대단합니다.

겨울을 무사히 넘기고 봄이 오면 쪽동백나무에도 물이 올라 새로운 잎사귀가 돋아납니다. 이때를 기다리고 기다리던 장미색들명나방 애벌레는 새잎으로 옮겨 가 굶주린 배를 채웁니다. 그러다가 잎사귀가 넓적하게 다 자라면 예전처럼 원통 모양으로 돌돌 말아 집을 짓고 그 속에서 밥을 먹습니다. 그리고 그 집 속에서 때맞춰 번데기로 탈바꿈하고, 6~8월 초쯤 여름에 어른벌레로 날개돋이합니다. 따라서 장미색들명나방의 한살이 첫 시작점은 어른벌레로 날개돋이하는 여름입니다.

메추리알 닮은
고치 만드는

참나무산누에나방

참나무산누에나방

어스름 저녁 무렵
참나무산누에나방 수컷이 나와
나무줄기에 붙어 있습니다.

5월 초입니다. 제주도 곶자왈 숲길을 걷습니다.
잘 알려지지 않은 곳이라 사람 발길이 뜸해 한적합니다.
적막을 깨고 휘파람새들이 자리를 옮겨 다니며
예쁘고 매력적인 노래를 부릅니다.
휘파람새 노랫소리를 흉내 내며
어슬렁어슬렁 오솔길을 걸으며 곤충을 찾습니다.
기후 탓인지, 개발 탓인지, 때를 못 맞춘 탓인지
곤충들이 가뭄에 콩 나듯 보입니다.
어두컴컴한 곶자왈 숲이니 그러려니 하며 마음을 접는데,
햇빛 세례를 받은 연한 종가시나무 잎사귀들이
벌레에 먹힌 흔적이 보입니다.
서둘러 다가가 보니 과연 낯익은 나방 애벌레 몇 마리가
종가시나무 잎을 게걸스럽게 먹고 있습니다.
불청객이 쳐다보는 줄도 모르고
잎 가장자리를 아삭아삭 잘도 씹어 먹는 녀석은
참나무산누에나방 중간 애벌레입니다.
육지에서만 봤던 녀석을
머나먼 남쪽 땅 제주도에서 보니 반갑기만 합니다.

참나무산누에나방

이 꼭지는 나비목 산누에나방과 종인 참나무산누에나방(*Antheraea yamamai*) 이야기입니다.

눈알 무늬가 뚜렷한 참나무산누에나방

참나무산누에나방 어른벌레는 한 해에 딱 한 번, 늦여름에서 가을 사이에 볼 수 있습니다. 몸집이 워낙 커서 녀석이 불빛을 향해 날아와 바닥에 부딪치듯 푸더덕푸더덕 요란하게 날갯짓하다 앉습니다. 야행성이라 낮에는 나뭇잎 뒤에 숨어 있다가 밤에 나와 돌아다닙니다. 특히 불빛을 향해 초저녁부터 날아오는데, 어느 때부터 숲속에 도로가 나고 건물들이 들어서면서 개체 수가 줄어들고 있습니다.

참나무산누에나방 어른벌레는 몸이 엄청 커서 몸길이가 60밀리미터쯤 되고, 날개를 편 길이가 130밀리미터쯤이나 됩니다. 한마디로 대형 나방입니다. 어른벌레는 여름부터 가을 사이에 만날 수 있는데 주로 밤 8시에서 10시 사이에 힘차게 돌아다닙니다. 특이

참나무산누에나방 수컷 노란색 색변이

하게 입이 퇴화해서 아무것도 먹지 않고 오로지 짝짓기를 한 뒤 알 낳는 일에만 힘을 쏟습니다. 머리에는 털이 북슬북슬 덮여 있고 배는 짧고 뚱뚱한 편입니다. 더듬이는 암컷과 수컷이 서로 다르게 생겼습니다. 수컷 더듬이는 화려한 깃털처럼 넓적하고, 암컷 더듬이는 소박하게 양쪽으로 갈라진 빗처럼 생겼습니다. 수컷 더듬이가 암컷보다 훨씬 더 큽니다. 수컷 더듬이가 더 넓은 까닭은 깜깜한 밤에 암컷이 내뿜는 성페로몬 향기를 잘 포착하기 위해서입니다.

참나무산누에나방 수컷 분홍색 색변이

날개 색깔은 온통 노란데 그 위에 수십 개 세로줄 무늬와 여러 겹 물결무늬가 멋들어진 추상화처럼 그려져 있습니다. 그런데 어른벌레 날개는 색변이가 있어서 바탕색이 누런 밤색인 것도 있고 분홍색인 것도 있습니다. 날개에는 무섭게 생긴 눈알 무늬가 찍혀 있습니다. 아무 일 없을 때는 날개를 반쯤 펼치고 다소곳이 앉아 있는데, 이때 앞날개가 뒷날개를 살짝 덮는 바람에 뒷날개에 있는 눈알 무늬가 가려집니다. 그러다 위험한 일이 벌어지면 앞날개를 위쪽으로 스르륵 움직입니다. 그럼 앞날개에 가려졌던 뒷날개 눈알 무늬가 온전한 모습을 드러냅니다. 이렇게 뒷날개 가운데에는 뚜렷하고 화려한 눈알 무늬가 부릅뜬 올빼미 눈처럼 박혀 있습니다. 눈알 무늬가 하도 뚜렷해서 금방이라도 툭 튀어나올 것만 같습니다. 이 눈알 무늬는 새 같은 목숨앗이들을 겁줘서 쫓아 버리는 데 큰 역할을 합니다.

참나무산누에나방은 나비목 가문에 산누에나방과 집안 식구로 애벌레 먹이식물은 참나무과 식물 잎사귀입니다. 우리나라에 사는 산누에나방과 가족은 모두 13종입니다. 이 집안 나방들은 거의 모두 몸집이 아기 손바닥만 하게 큽니다. 참나무산누에나방은 우리

참나무산누에나방 수컷 더듬이

참나무산누에나방
암컷 노란색 색변이

나라뿐만 아니라 일본, 중국, 타이완과 러시아 극동 지역에서도 삽니다.

알로
겨울잠을 자다

참나무산누에나방 어른벌레는 앞서 말한 것처럼 주둥이가 퇴화해서 먹는 걸 포기하고 곧바로 짝짓기 작업에 들어갑니다. 삶이 허락된 시간은 고작 일주일인 데다 낮과 밤 기온 차이가 큰 가을밤에 번식 프로젝트를 진행해야 하니 마음이 급합니다. 서둘러 암컷은 본능대로 성페로몬을 내뿜고, 수컷은 표면적이 넓은 더듬이로 암컷이 유혹하는 향기를 맡습니다. 어두운 밤, 수컷은 맞바람을 무릅쓰고 숲속을 가로질러 향기 진원지인 암컷을 찾아와 짝짓기에 성공합니다.

일생일대 최대 목표인 짝짓기에 성공한 암컷은 수컷으로부터 받은 정자와 자기 난자를 수정시켜 알을 낳습니다. 알은 내년 봄에 태어날 새끼들 밥집인 참나무류 나뭇가지에 수십 개를 겹쳐 덩어리처럼 낳습니다. 어른벌레 몸집이 크니 알도 큰 건 당연한 이치입니다. 알은 타원형으로 생겼고, 가장 큰 알 지름이 2밀리미터쯤 되어서 관심만 가지면 맨눈에도 잘 보입니다. 알은 최대 7달 동안 나뭇가지에서 겨울잠을 잡니다. 이때 단백질이 부족한 새들에게 먹이가 될 확률이 큽니다.

참나무산누에나방
암컷 분홍색 색변이

봄, 알에서 애벌레 깨어나다

참나무산누에나방
어린 애벌레

지역마다 차이는 있지만 5월 초면 참나무산누에나방 알에서 애벌레가 깨어납니다. 갓 깨어난 애벌레를 1령 애벌레라고 합니다. 곤충들은 한꺼번에 폭풍 성장을 못 하기 때문에 허물을 벗으면서 단계별로 자랍니다. 허물을 벗을 때마다 '령' 단계가 하나씩 올라갑니다. 이를테면 알에서 깨어나면 1령, 1령 애벌레가 허물을 벗으면 2령 애벌레, 2령 애벌레가 허물을 벗으면 3령 애벌레입니다. 이렇게 참나무산누에나방 애벌레는 모두 4번 허물을 벗고 마지막 단계인 5령 애벌레가 되는데, 그 뒤로는 더 이상 자라지 않습니다. 허물을 벗는 까닭은 몸 표피 세포인 살갗이 질기고 단단한 큐티클 재질로 만들어졌기 때문입니다. 큐티클은 질기지만 신축성이 없어서 애벌레가 허물을 벗지 않으면 이 큐티클 살갗에 갇혀 죽습니다.

애벌레는 전용 밥집인 갈참나무 줄기에 앉아 갈참나무 잎사귀를 먹으며 무럭무럭 자랍니다. 먹이식물이 온 나라 어디에서나 자라는 갈참나무, 신갈나무, 졸참나무, 떡갈나무, 종가시나무 같은 참나무과 식물이다 보니 굶어 죽을 걱정은 없습니다.

마침 참나무산누에나방 애벌레가 숲길 옆에 자라는 갈참나무 잎사귀 뒷면에 붙어 밥을 먹고 있습니다. 몸 색깔과 크기를 보니 종령 애벌레이군요. 다 자란 종령 애벌레는 몸길이가 70밀리미터쯤 되고 몸이 통통해서 마치 어른 손가락을 보는 것 같습니다. 몸 색깔은 보호색인 풀색을 띠고 있는데, 숨구멍과 숨구멍 위에 난 가로 줄무늬가 누렇습니다. 또 배다리와 꼬리다리, 그리고 그 윗부분이

참나무산누에나방
중간 애벌레

참나무산누에나방
종령 애벌레

밤색이라 비슷하게 닮은 긴꼬리산누에나방 애벌레와 구분이 됩니다. 아주 짧은 털과 긴 털이 섞여 듬성듬성 알맞게 붙어 있습니다. 특이하게 숨구멍 바로 위쪽에 진주알처럼 아름다운 돌기가 3개 붙어 있습니다.

메추리알 같은 고치 짓다

6월 말, 종령 애벌레가 밥을 딱 끊습니다. 몸집이 큰 만큼 식사량이 엄청났던 대식가가 갑자기 돌변해 거식증에 걸린 것처럼 아무것도 먹지 않습니다. 그 까닭은 단 하나, 번데기로 탈바꿈할 때가 다가왔기 때문입니다. 번데기로 탈바꿈하기 전에 애벌레 마지막 임무인 고치 짓는 일이 남았습니다. 종령 애벌레는 고치 지을 명당을 찾느라 이리저리 돌아다닙니다. 녀석은 멀리 가지 않고 자기가 살던 본거지인 갈참나무 잎들 사이에 자리를 잡고 터 잡는 작업을 합니다. 서둘러 가슴다리로 둘레에 있는 잎사귀와 연한 줄기를 몸 쪽으로 끌어온 뒤 명주실을 입에서 뽑아 끌어온 잎들을 얼기설기 엮습니다. 그렇게 몇십 분 작업한 끝에 어느 정도 아늑한 공간이 만들어지면 이제 본격적으로 얼기설기 엮은 잎사귀들 안쪽에 타원형 고치를 짓기 시작합니다.

긴꼬리산누에나방
애벌레

우선 녀석은 입에서 명주실을 뽑아 자기 몸을 감쌉니다. 몸을 이리저리 움직이며 명주실을 뽑고 또 뽑아 자기 몸을 두르고 또 두릅

참나무산누에나방 애벌레가 고치를 짓고 있다. 아직 속에 든 애벌레 모습이 보인다.

니다. 쉬지도 않고 수백 번, 아니 수천 번도 넘게 살풀이춤을 추듯 머리를 움직여 고치를 짓습니다. 한 시간쯤 지나니 어설프지만 달걀처럼 생긴 고치 형태가 잡힙니다. 가느다란 명주실을 여러 겹 겹쳐 만든 고치지만 아직은 엉성합니다. 속이 다 들여다보여 열심히 일하고 있는 애벌레 몸이 고스란히 다 보입니다. 여기서 멈추지 않고 녀석은 젖 먹던 힘까지 다 짜내어 명주실을 뽑아 틀이 잡힌 고치 안쪽 벽에 덧댑니다. 시간이 갈수록 시나브로 녀석 모습은 엷어지고 고치는 두꺼워집니다. 그렇게 몇 시간 뒤, 드디어 고치가 완성되었습니다. 갈참나무 잎들 사이에 메추리알만 한 고치가 끼어 있습니다. 고치는 완두콩빛이 도는 노란색을 띠지만 때때로 연한 완두콩색일 때도 있습니다.

고치를 짓느라 힘을 다 쓴 애벌레는 고치 속에서 이틀쯤 꼼짝도 하지 않고 쉽니다. 그런 뒤 애벌레 시절 마지막 옷을 벗고 번데기로 탈바꿈합니다. 번데기 배 꽁무니 쪽에는 아무렇게나 쪼그라진 애벌레 허물이 놓여 있습니다. 번데기는 안전한 고치 속에서 거의 2달쯤 여름을 보냅니다. 그러고는 늦여름에서 가을 사이에 어른벌레로 날개돋이해 숲속을 날아다니며, 부모가 그랬듯이 짝짓기를 하고 알을 낳으며 세대를 이어갑니다.

참나무산누에나방 고치

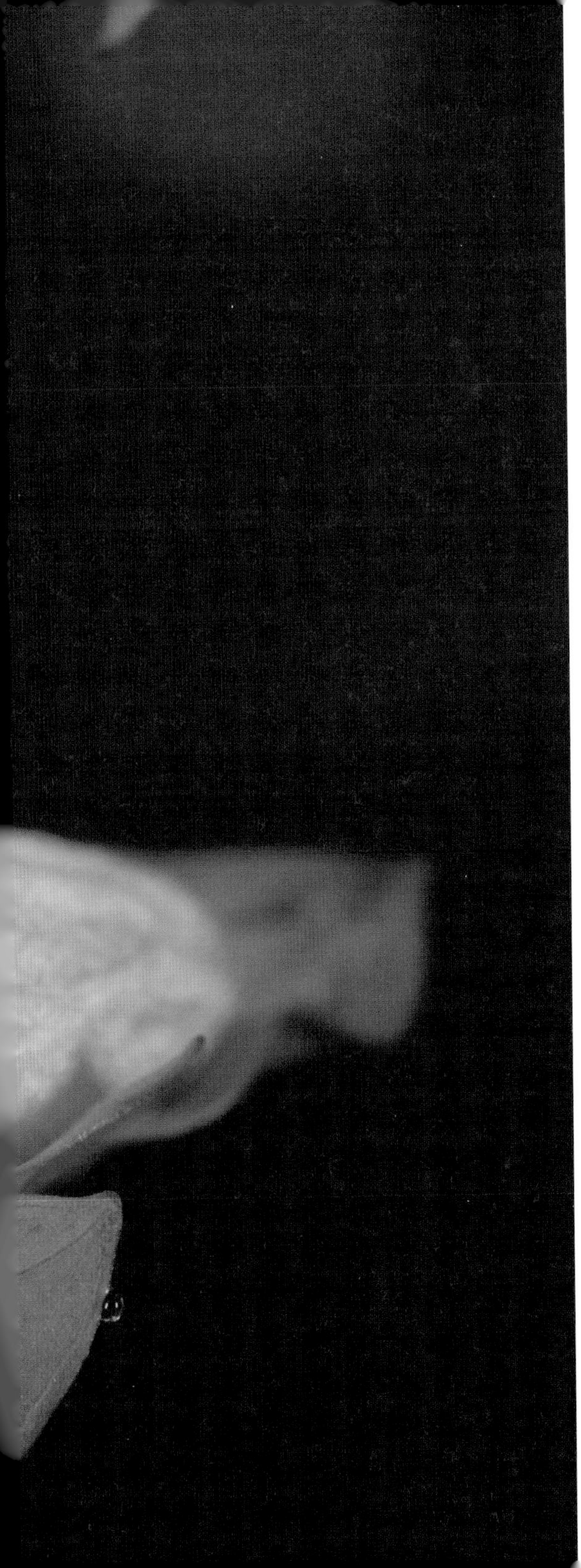

겹겹이 천막 치는

천막벌레나방

천막벌레나방 고치

천막벌레나방 고치 옆구리에
구멍이 뚫린 채 기생을 당했습니다.

4월 중순, 제주도에 있는 어느 목장에 왔습니다.

소들이 떼를 지어 넓은 들판에서 한가롭게 풀을 뜯습니다.

소들이 싸 놓은 똥들을 뒤쫓으며 똥 곤충을 찾습니다.

질척거리는 소똥 위에 똥파리들이 빙 둘러앉아 똥 식사를 하고

똥 속에서는 뿔소똥구리가 똥을 모으느라 바쁩니다.

유쾌하지 않은 소똥 특유의 냄새가 거슬려

숨을 쉬었다 참았다 하며 걷는데,

코앞에 앙상하게 가시 돋친 찔레나무가 서 있습니다.

"이상하다, 무성하게 돋아나야 할 초록 잎들이 왜 없지?

죽은 것 같지는 않은데……."

잠시 멈춰 들여다봅니다.

역시!

길게 내뻗은 줄기들 사이에 하얀 천막 그물이 겹겹이 쳐 있군요.

그 천막 그물 위와 천막 속에는

자그마한 애벌레들이 와글와글 모여 있습니다.

누굴까요?

이른 봄부터 나뭇가지에

멋진 텐트를 치고 사는

천막벌레나방 애벌레입니다.

찔레나무

이 꼭지는 나비목 솔나방과 종인 천막벌레나방(*Malacosoma neustria testacea*) 이야기입니다.

천막벌레나방 별명은 텐트나방

천막벌레나방 족보는 나비목 가문에 솔나방과 식구입니다. 우리나라에 살고 있는 솔나방과 곤충은 23종쯤 됩니다. 솔나방과 종들은 중형 또는 대형 나방입니다. 날개를 편 길이가 25~92밀리미터쯤 되어서 몸집 크기가 다양합니다. 특이하게 솔나방과 애벌레들 몸은 북슬북슬한 털들로 덮여 있어 마치 털북숭이처럼 보입니다. 애벌레 기간이 긴 데다 몸집까지 커서 먹는 양이 어마어마하게 많습니다.

그 가운데 천막벌레나방은 멋진 천막을 치고 사는 것으로 유명합니다. 어른벌레는 날개 편 길이가 31~40밀리미터쯤 되어서 몸집이 큰 축에 속합니다. 몸 색깔은 암컷과 수컷이 살짝 다른데, 암

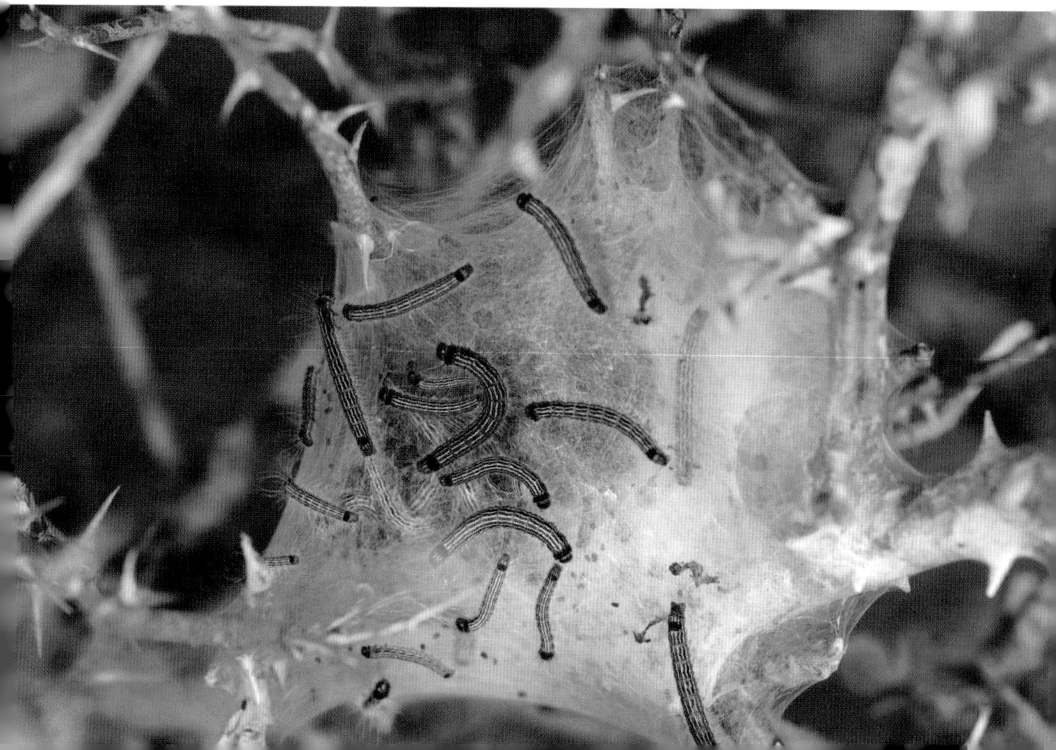

천막벌레나방 2~3령 애벌레들이 찔레나무에 명주실로 천막을 짓고 있다.

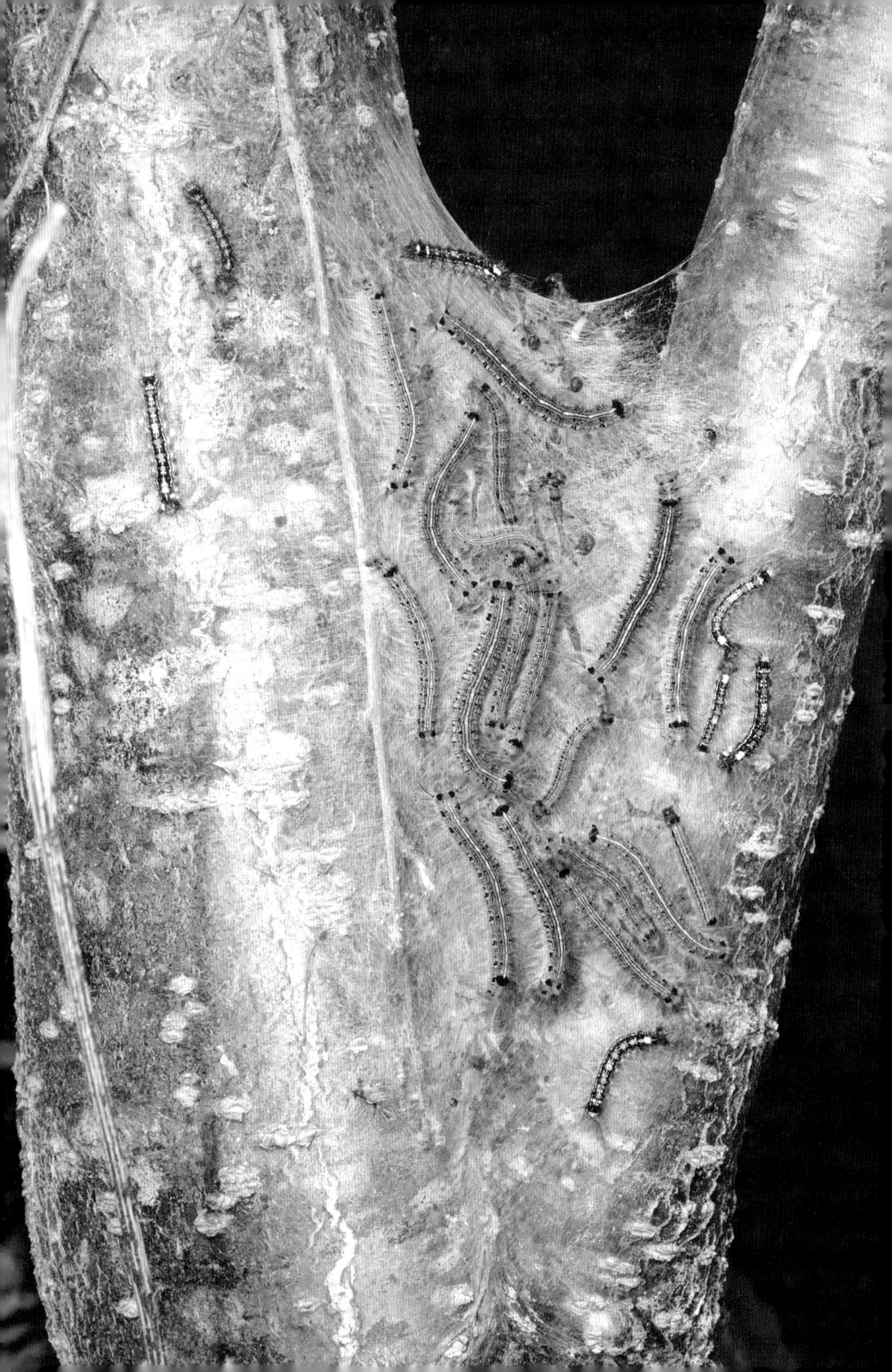

천막벌레나방 4령 애벌레들이 모여 천막을 치고 있다.

컷은 날개 색깔이 온통 붉은빛이 도는 밤색이고, 앞날개에 넓고 짙은 밤색 띠무늬가 있습니다. 반면에 수컷은 온 날개가 옅은 밤색인데 앞날개에 밤색 선이 2개 그려져 있습니다. 천막벌레나방은 한살이 주기가 1년입니다. 그래서 어른벌레, 애벌레, 알과 번데기는 1년에 한 차례만 볼 수 있습니다.

천막벌레나방 애벌레는 입맛이 그리 까다롭지 않아서 장미과, 참나무과, 버드나무과 식물 잎사귀를 먹는다고 알려졌습니다. 실제로 야외 관찰을 하다 보면 천막벌레나방 애벌레를 찔레나무, 살구나무, 자두나무 같은 장미과 식물에서 자주 마주칩니다. 특이하게 애벌레는 먹이식물 잎과 줄기에서 무리를 지어 함께 지내는데, 저마다 명주실을 뽑아 마치 천막을 치듯이 집을 짓고 삽니다. 그래서 이름에 '천막'이라는 말이 들어가고, 또 '텐트나방'이란 별명도 붙었습니다.

꼼꼼하게 천막 치는 애벌레

4월, 낮이 길어지고 햇살이 따뜻해지니 곤충들이 한 해 자식 농사를 시작하느라 바쁩니다. 산자락 어디에서나 자라는 찔레나무도 단골 곤충 손님을 맞느라 떠들썩합니다. 찔레나무 줄기에는 지난해 천막벌레나방 암컷이 낳아 둔 알들이 수십 개 붙어 있었는데, 그 알에서 애벌레들이 깨어납니다. 애벌레들에게 첫 번째 임무이자 마지막 임무는 먹고 성장하는 일입니다. 한꺼번에 깨어난 애벌레들은 약속이나 한 것처럼 잎사귀가 붙은 줄기로 모입니다. 집합 페로몬을 내어 한자리에 모인 녀석들은 누가 먼저랄 것도 없이 어린 찔레나무 잎을 먹습니다.

이때 애벌레들은 미리 약속한 것처럼 본능에 저장된 매뉴얼대로 저마다 입에 있는 아랫입술샘에서 명주실을 뽑아 천막을 치기 시작합니다. 잎사귀와 잎사귀 사이, 줄기와 줄기 사이, 잎사귀와 줄기 사이에 빨랫줄을 매어 놓는 것처럼 명주실로 얼기설기 엮습니다. 애벌레들은 쉬지 않고 이미 쳐 놓은 명주실 위에 또 명주실을 뽑아 붙입니다. 몇십 분 넘게 수십 마리가 한꺼번에 명주실을 뽑아 천막을 치니 얼기설기 엮었던 집 벽이 촘촘해져 철옹성처럼 보입니다. 집 안이 보이지 않을 만큼 명주실로 집 벽을 에워싸고 에워쌉니다. 심지어 날카로운 찔레나무 가시도 명주실로 덮어 버립니다. 드디

천막벌레나방 애벌레들이 명주실로 천막을 치고 그 속에서 살고 있다. 찔레나무 잎은 몽땅 사라져 줄기만 앙상하게 남았다.

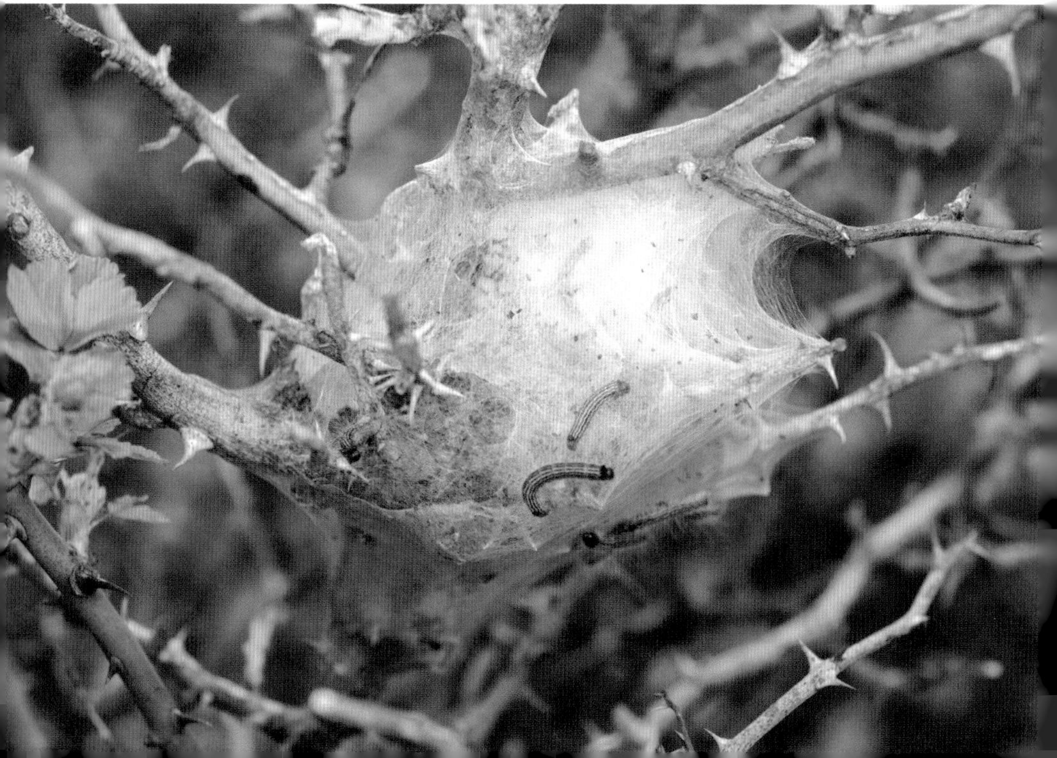

어 찔레나무 줄기에 주먹만 한 명주실 천막집이 완성됩니다. 천막집 색깔은 순백색입니다. 마치 새하얀 천이 찔레나무 줄기를 빙 둘러 감싸 만든 집처럼 보입니다. 아무리 수십 마리 애벌레들이 함께 만든 합작품이라고 하지만 미물인 '벌레'가 뽑아낸 명주실 천막집이 이리 견고해도 되는 것일까! 혼잣말로 감탄만 합니다. 정말이지 철옹성이 부럽지 않습니다. 여러 겹으로 겹겹이 에워싼 집이라 목숨앗이들이 감히 넘볼 수 없으니 효과 만점입니다. 새나 거미들이 애벌레를 공격하려면 겹겹이 싸인 명주실을 뚫어야 하는데, 명주실 방어벽이 완벽해서 그리 만만한 일이 아닙니다.

애벌레들은 힘을 합쳐 마련한 으뜸 안전 가옥 속에서 단 한 번도 바깥으로 나가지 않고 합숙 생활을 합니다. 주로 낮에는 천막집 안에서 쉬고, 밤이면 집 안에 있는 천막집 속에서 잎사귀를 먹고, 쉬고, 똥 싸고, 때맞춰 허물을 벗습니다. 그래서 명주실에 똥들이 여기저기 지저분하게 달라붙어 있습니다.

대가족이 모여 살다 보니 찔레나무 잎사귀는 금세 동이 납니다. 그러면 애벌레들은 이웃한 줄기로 옮겨 또 입에서 명주실을 뽑아 명주실 천막집을 넓힙니다. 애벌레가 커 갈수록 천막집은 점점 더 커집니다. 그러니 애벌레들이 자리 잡은 찔레나무 잎은 몽땅 사라져 앙상한 줄기만 남을 수밖에 없습니다. 그래도 '네가 이기나 내가 이기나 어디 보자' 하며 찔레나무는 꿋꿋하게 새싹을 내며 생명을 이어갑니다.

5령 애벌레
뿔뿔이 흩어지다

천막벌레나방 애벌레는 1령 애벌레 때부터 허물을 3번 벗은 4령 애벌레 때까지만 천막에 모여 함께 지냅니다. 그러다 다 자란 종령인 5령 애벌레가 되면 형제자매와 헤어져 비로소 정들었던 천막집을 떠나 뿔뿔이 흩어집니다. 4령 애벌레들이 지냈던 명주실 천막집 속에는 애벌레가 벗어 놓은 허물만 남아 있습니다.

혼자 독립한 5령 애벌레는 저마다 흩어져 찔레나무, 자두나무 같은 장미과 식물 잎을 즐겨 먹습니다. 자유롭게 이 잎사귀 저 잎사귀를 옮겨 다니며 양껏 밥을 먹습니다. 다 자란 애벌레는 몸길이가 50밀리미터쯤 될 만큼 몸집이 큽니다. 무엇보다 몸 색깔이 알록달록 엄청 화려합니다. 온몸은 까만데, 등 쪽에는 주황색 세로 줄무늬가 뚜렷하게 그려져 있고, 머리와 옆구리는 잿빛이 도는 하늘

천막벌레나방
5령 애벌레 옆쪽

천막벌레나방
5령 애벌레 등 쪽

색입니다. 또 머리 뒤쪽과 배 꽁무니 부분에는 까만 털 다발이 뭉쳐 있고, 옆구리에는 긴 털들이 수북하게 나 있습니다.

6월 중순이 되면 종령 애벌레는 나뭇가지 사이나 잎사귀에 명주실을 뽑아 럭비공처럼 갸름하게 생긴 노란색 고치를 짓습니다. 그리고 고치 속에서 번데기로 탈바꿈합니다. 번데기로 탈바꿈한 지 2주 뒤인 6월 말 이후에 번데기에서 어른벌레가 날개돋이해 바깥세상으로 나옵니다. 밖으로 나온 어른벌레는 곧바로 짝짓기한 뒤 애벌레 먹이식물 나뭇가지에 넓은 나선형 반지 모양으로 알을 무더기로 낳습니다. 천막벌레나방은 알을 많이 낳아서 알 개수가 200~300개쯤 됩니다. 알은 그대로 겨울을 납니다. 알로 지내는 기간이 무려 9달이 넘습니다.

잎사귀 한 귀퉁이를
접어 집 짓는

큰각시들명나방

큰각시들명나방

큰각시들명나방이 박주가리 잎에
살포시 앉아 있습니다.

9월, 찜통 같은 무더위가 선선한 바람 한 방에 맥을 못 춥니다.
서울 도심에 있는 난지한강공원 생태습지원을 걷습니다.
마주치는 사람이 거의 없어 한산해서 좋습니다.
햇볕에 몸을 맡기고 풀밭 길을 뚜벅뚜벅 걷는데
잠자리들이 하트 모양으로 이어진 채 연못가 풀잎에 앉아 사랑을 속삭입니다.
풀밭 곳곳에는 박주가리가 한창입니다.
어디서나 흔한 박주가리 풀은 욕심이 많아
늘 다른 식물을 휘감으며 타고 올라가 햇볕을 독차지합니다.
오늘따라 한 귀퉁이가 접힌 박주가리 잎이 많이 보입니다.
마치 종이접기라도 한 듯이 정교하게 접었습니다.
접힌 곳을 들여다보니 마치 바느질하듯 명주실로 한 땀 한 땀 붙여 놓았습니다.
누가 이리도 간결하고도 정교한 집을 지었을까요?
이름도 예쁜 큰각시들명나방 애벌레입니다.

박주가리

이 꼭지는 나비목 풀명나방과 종인 큰각시들명나방(*Glyphodes quadrimaculalis*) 이야기입니다.

이름처럼 어여쁜 큰각시들명나방

큰각시들명나방 족보는 나비목 가문에 풀명나방과 집안 식구입니다. 우리나라에 사는 풀명나방과 가족은 244종쯤 되는데, 그 가운데 큰각시들명나방 어른벌레는 미모가 가장 뛰어납니다. 날개를 편 길이가 33밀리미터쯤 되어 몸집이 아담하고 단아합니다. 몸 색깔은 하얀색과 검은색이 섞여 흑백 조화가 돋보입니다. 날개는 마치 비단처럼 은은하게 광택이 나는데, 하얀 비단 천에 검고 굵은 선으로 그림을 그린 것처럼 아름답습니다. 아마도 이런 아리따운 어른벌레 모습을 보고 이름에 '각시'라는 말을 넣은 것 같습니다.

어른벌레는 초여름인 6월에 많이 보입니다. 주로 밤에 나와 돌아다니고, 낮에는 잎사귀 뒷면에 비스듬하게 붙어 앉아 쉽니다. 큰

박주가리 꽃

각시들명나방 애벌레는 밥을 아주 심하게 가려서 좋아하는 식물만 골라 먹습니다. 먹이식물은 바로 독성 많은 박주가리입니다. 어미는 반드시 애벌레 밥집인 박주가리 잎에 알을 낳습니다. 그래서 큰각시들명나방은 박주가리 풀이 자라는 곳이면 어디서나 터를 잡고 삽니다. 우리나라를 포함해 일본, 중국, 러시아 극동 지역에서 만날 수 있는 흔한 나방입니다.

먹이식물은
독성 강한 박주가리

박주가리는 곁에 기댈 풀이나 나무가 있으면 줄기를 길게 뻗어 휘휘 감아 올라가는 덩굴 식물입니다. 여름 내내 분홍색 꽃을 피우다 가을이 되면 럭비공처럼 생긴 열매가 맺힙니다. 열매 속에는 길고 하얀 털이 달린 씨앗이 가득 들어 있는데, 열매가 익어 터지면 씨앗이 바람을 타고 멀리 날아갑니다. 그런데 박주가리 잎사귀에는 하얀 물질을 내뿜는 유관 조직이 있습니다. 그래서 잎에 상처가 나면 하얀 우유 같은 즙이 방울방울 맺힙니다. 그래서 서양에서는 박주가리를 '밀크위드(milkweed)'라고 합니다. 이 하얀 물질은 '카디악 글리코사이드(Cardiac glycoside)'라는 성분인데, 독성이 매우 강합니다. 박주가리가 이런 독성 물질을 품은 까닭은 초식 동물이 자기 몸을 마음 놓고 먹지 못하게 하기 위해섭니다. 그런데도 이상하게 큰각시들명나방 애벌레는 독성이 많은 이 독한 박주가리 잎을 아무리 먹어도 아무 탈이 없습니다. 조상 대대로 박주가리가 가진 독 물질에 내성을 키워 왔기 때문입니다.

잎을 접어 집 짓는 애벌레

큰각시들명나방 애벌레는 4번 허물을 벗으면서 5령 애벌레가 될 때까지 박주가리 잎을 먹고 삽니다. 영리하게도 애벌레는 밥을 먹을 때 몸을 드러내지 않고 잎사귀 집을 짓고 그 속에 숨어 삽니다. 집을 짓는 방법은 굉장히 간결합니다. 잎사귀 한 귀퉁이를 접어 잎사귀 안쪽에 붙이거나 잎을 말기만 하면 됩니다. 이때 잎을 붙이는 재료는 명주실인데, 명주실은 입에 있는 아랫입술샘에서 만들어 냅니다.

몇 시간 작업 뒤 잎사귀 집이 완성되면 애벌레는 집 속에서 지냅니다. 비록 집 모양이 단순하지만 사방이 막혀 목숨앗이들을 따돌리는 데는 최고입니다. 애벌레는 집이자 밥인 잎사귀 집을 먹고, 똥도 싸고, 잠도 자고, 허물을 벗기도 합니다. 잎사귀 집 밖으로 나오지 않으니 때때로 집 속에는 좁쌀 같은 똥들이 쌓이기도 합니다. 열심히 먹으며 크다가 먹을 게 줄어들면 기어서 옆에 있는 잎사귀로 이사를 갑니다. 이웃 잎사귀에 도착하자마자 곧바로 다시 집을 짓습니다. 명주실을 뽑아내 잎사귀 한 귀퉁이를 잎 안쪽에 붙입니다. 집이 완성되면 그 속에 들어가 또 잎사귀 집을 뜯어 먹습니다.

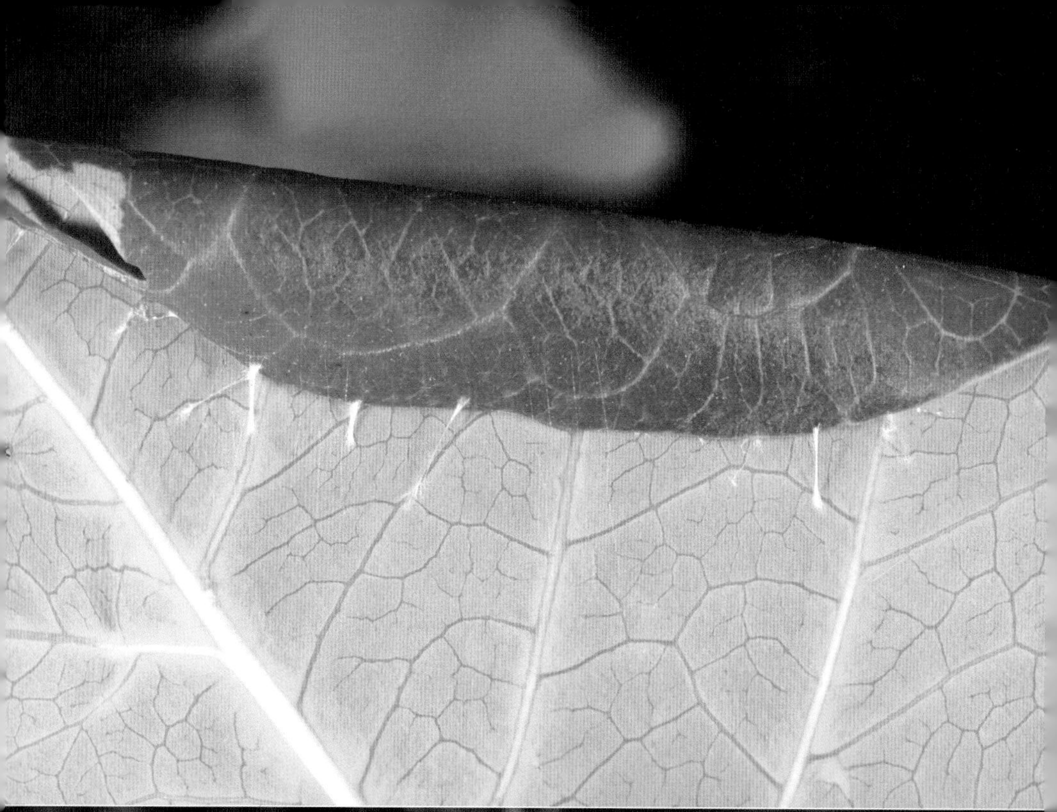

큰각시들명나방 어린 애벌레가 박주가리 잎을 접어 집을 지었다.

그렇게 애벌레는 번데기가 되기 전까지 집을 짓고 박주가리 잎을 먹으며 하루하루 성장합니다.

투명한 애벌레

운 좋게도 새잎으로 이사 와 집을 짓고 있는 애벌레를 만났습니다. 몸집이 큰 걸 보니 다 자란 종령 애벌레로군요. 인기척을 느꼈는지 애벌레가 바짝 긴장을 하고 몸을 재빠르게 움직이며 접힌 잎사귀 틈으로 도망치려 애씁니다. 미안한 마음에 한 걸음 뒤로 물러서 잠잠해지길 기다리며 몸을 꼼꼼히 들여다봅니다.

다 자란 큰각시들명나방 애벌레는 몸길이가 20밀리미터쯤 됩니다. 생김새는 긴 원통형으로 굉장히 늘씬합니다. 온몸은 우윳빛이 도는 풀색인데 머리는 노랗습니다. 특이하게 머리와 가슴 옆쪽에 까만 점이 귀엽게 찍혀 있습니다. 몸통에는 가늘고 긴 털이 듬성듬성 나 있지만 털이 거의 덮여 있지 않아 언뜻 보면 매끈합니다. 살갗에는 윤기가 자르르 흐르고, 살갗이 연약하고 투명해서 몸속 신경절과 공기가 통하는 기관이 훤히 들여다보입니다.

큰각시들명나방 다 자란 애벌레가 박주가리 잎을 크게 접어 집을 만들었다.

큰각시들명나방 어린 애벌레

큰각시들명나방 중간 애벌레

큰각시들명나방 5령 애벌레

번데기가 되기 바로 전 몸빛이 빨갛게 바뀐 5령 애벌레

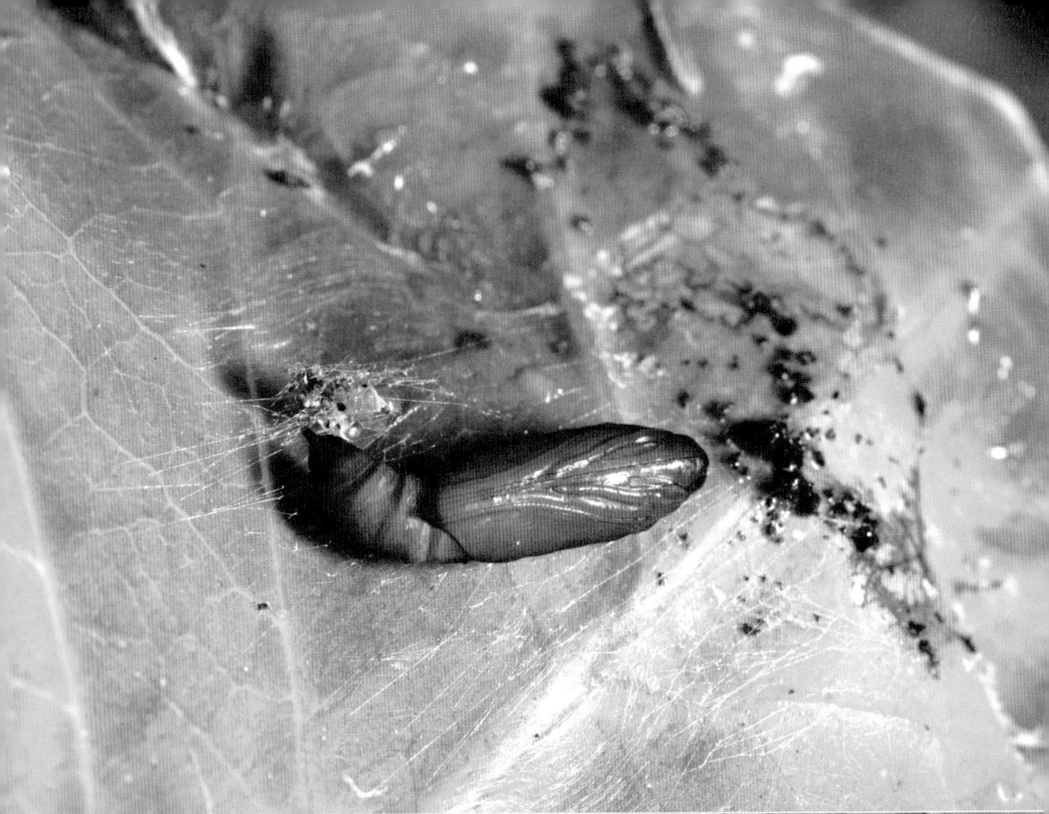

큰각시들명나방
번데기 앞쪽

번데기도
잎사귀 집 속에서 만들다

종령 애벌레가 게걸스럽게 먹던 식사를 딱 멈춥니다. 번데기가 될 때가 되었기 때문입니다. 신기하게 이때 애벌레 몸 색깔은 분홍색을 띠고, 몸길이도 살짝 짧아졌습니다. 애벌레는 자기가 지내던 잎사귀 집이나 새로 이사한 잎에서 번데기를 만듭니다. 어떤 경우든 잎사귀를 접으면서 명주실로 얼기설기 붙여 아늑한 공간을 만듭니다. 그런 뒤 잎사귀 집 속에서 명주실로 자기 몸을 에워싸면서 엉성하게나마 고치를 짓습니다. 고치가 완성되면 비로소 번데기로 탈바꿈합니다. 개체에 따라 그해에 날개돋이하는 경우도 있고, 번데기로 겨울을 난 뒤 이듬해 여름 들머리에 날개돋이하는 경우도 있습니다.

큰각시들명나방
번데기 등 쪽

2장

잎사귀나 꽃가루로 집 짓는 곤충

거북꼬리 잎을
돌돌 말아 집 짓는

꼬마혹등목거위벌레

꼬마혹등목거위벌레

꼬마혹등목거위벌레가 고개를 푹 숙이고
거북꼬리 잎을 씹어 먹고 있습니다.

온 산이 초록색으로 물드는 5월 말입니다.
이맘때면 온갖 곤충들이 쏟아져 나와
그야말로 숲속 오솔길은 '곤충 풍년'입니다.
사람 발길이 뜸한 숲길을 걸으며
꽃과 잎사귀에 앉아 식사하는 곤충들과 눈인사하느라 바쁩니다.
오늘따라 길가에 즐비하게 늘어선 거북꼬리 풀에 눈이 갑니다.
거위벌레 요람이 대롱대롱 매달려 있네요.
너무 흔해서 평소에는 그냥 지나친 게 미안해
요람을 한참 들여다봅니다.
'어찌 저리 다부지게 잘 말아 올렸을까?'
새삼스럽게 감탄하고 있는데,
바로 옆 잎사귀에서 거위벌레 한 마리가
잎 위로 머리를 푹 수그려 박고 밥을 먹느라 정신이 없습니다.
누굴까요?
바로 요람 집 건축주인 꼬마혹등목거위벌레입니다.

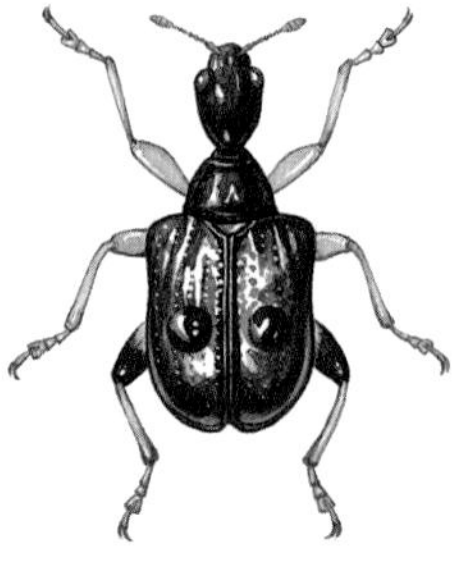

꼬마혹등목거위벌레

이 꼭지는 딱정벌레목 거위벌레과 종인 꼬마혹등목거위벌레(*Phymatapoderus flavimanus*) 이야기입니다.

꼬마혹등목거위벌레 vs. 느릅나무혹거위벌레

식사 삼매경에 빠진 꼬마혹등목거위벌레를 한참 동안 들여다봅니다. 배가 어지간히 고팠나 봅니다. 불청객이 코앞에 있는 줄도 모르고 주둥이 큰턱을 잎사귀에 박고 오물오물 씹어 먹고 있습니다. 어느덧 잎에 구멍이 나자, 녀석은 바로 옆자리로 옮겨 또 머리를 잎에 푹 수그려 박고 식사를 합니다. 목이 길기 때문에 밥을 먹으려면 늘 목을 푹 수그려야 하니 이만저만 불편한 게 아닙니다. '이때다!' 하고 밥 먹는 녀석 몸을 꼼꼼히 살핍니다.

꼬마혹등목거위벌레는 몸길이가 5.5~5.8밀리미터쯤 되어서 몸집이 작은 편입니다. 온몸은 까만데 더듬이와 다리만 옅은 노란색이라 굉장히 세련되고 귀티가 납니다. 특이하게 사람 허벅지에 해

꼬마혹등목거위벌레 어른벌레

당하는 뒷다리 넓적다리마디가 까매서 종을 구분하기 좋습니다. 살갗은 참기름을 바른 것처럼 반지르르 광택이 납니다. 머리는 작고 역삼각형이고, 앞가슴등판은 삼각형이라 목이 굉장히 길어 보입니다. 겹눈은 동그랗고 바깥쪽으로 튀어나와 깜찍합니다. 더듬이는 모두 11마디로 이뤄졌는데, 마지막 4마디가 곤봉처럼 부풀어 있습니다. 딱지날개와 딱지날개가 덮고 있는 가운데가슴, 뒷가슴, 배는 사각형인 데다 머리보다 커서 무척 다부지게 보입니다. 왼쪽과 오른쪽 딱지날개가 맞대고 있는 봉합선 부분에는 옴폭 파인 홈이 줄지어 세로로 나 있고, 그 홈 줄 사이가 볼록 솟아 있습니다. 뭐니 뭐니 해도 꼬마혹등목거위벌레가 가진 매력 포인트는 딱지날개에 붙은 혹입니다. 크고 작은 몇 개 혹들이 딱지날개에 올록볼록 나 있지만, 가운데쯤에 솟은 혹 두 개가 엄청 커서 맨눈으로도 잘 보입니다. 이렇게 딱지날개 등에 혹이 달려 있고, 목이 길며, 몸이 꼬마처럼 작다고 '꼬마혹등목거위벌레'라는 이름이 붙었습니다. 하나하나 새겨보면 기억하기 쉬운 이름입니다.

많은 사람들이 '느릅나무혹거위벌레'와 '꼬마혹등목거위벌레'를 헷갈려 합니다. 하지만 느릅나무혹거위벌레 학명은 *Phymatopoderus latipennis*(Jekel, 1860)이고, 꼬마혹등목거위벌레 학명은 *Phymatopoderus flavimanus*(Motschulsky, 1860)이어서 두 종은 엄연히 다른 종입니다. 두 종은 같은 속(genus)에 속해 있어서 사람으로 치면 사촌 사이로 가까운 친척이라 생김새가 많이 닮았습니다. 종이 다르니 유전자 차이는 당연히 크겠지만, 맨눈으로 보는 생김새 차이는 느릅나무혹거위벌레 배는 노랗고, 꼬마혹등목거위벌레는 까맣습니다.

실제로 몇 년 전까지만 해도 여러 가지 보고서나 책에 꼬마혹등목거위벌레를 '느릅나무혹거위벌레'로 잘못 기록한 적이 많습니다. 국립 생물자원관에서 펴낸《국가 생물 종 목록》에도 느릅나무혹거위벌레가 이름을 올렸지만 확실하지 않습니다. 2021년에 펴낸《한국 곤충 명집》에는 '꼬마혹등목거위벌레'만 실려 있습니다. 따라서 우리나라에는 느릅나무혹거위벌레는 살지 않는 것으로 보입니다.

꼬마혹등목거위벌레 밥은 거북꼬리 풀

지구 온난화와 사람들 등쌀에 밀려 곤충들이 점점 사라져 가고 있습니다. 그럼에도 꼬마혹등목거위벌레는 아직까지 흔해서 숲길 어디서나 잘 마주치는 녀석입니다. 마침 아기 손톱만 한 꼬마혹등목거위벌레가 손바닥만큼 커다란 거북꼬리 풀잎에 앉아 밥을 먹고 있군요. 여느 곤충에 비해 목이 긴 편이라 잎사귀를 먹으려면 여섯 다리를 양옆으로 힘껏 펼쳐 뻗은 뒤 머리를 푹 수그려야 합니다. 그 모습이 우스꽝스럽기도 하고 한편으로는 안쓰럽기도 합니다. 재미있게도 녀석은 잎 가장자리를 먹는 게 아니라 안쪽에서 식사를 합니다. 용케도 질긴 잎맥을 피해 잎맥 사이 잎살만 씹어 먹습니다. 한참을 먹고 나니 잎에 구멍이 뻥 뚫립니다. 그러자 얼른 옆자리로 옮겨 앉아 머리를 수그려 잎에 대고 맛나게 또 잎을 뜯어

꼬마혹등목거위벌레가 잎 여기저기에 구멍을 뚫으며 씹어 먹고 있다.

먹습니다. 녀석은 한곳에 진득이 앉아 먹지 않고 질긴 잎맥을 이리저리 피해 다니며 잎살만 갉아 먹기 때문에, 녀석이 먹고 난 거북꼬리 잎사귀는 일부러 뚫어 놓은 것처럼 구멍이 여러 개 나 있습니다. 이렇게 꼬마혹등목거위벌레 어른벌레는 아기가 자랄 요람 집을 만들기 위해 이 잎 저 잎 옮겨 다니면서 배부르게 밥을 먹고 영양을 보충합니다.

풀을 먹는 초식성 곤충인 꼬마혹등목거위벌레는 입맛이 까다로워서 아무 식물이나 먹지 않고 오로지 쐐기풀과 집안 모시풀속(*Boehmeria* Genus)에 속한 식물 잎사귀만 골라 먹습니다. 모시풀속 식물로는 모시풀, 왕모시풀, 개모시풀, 거북꼬리, 좀깨잎나무 따위가 있습니다. 이 풀들은 숲 언저리나 길가에 흔하게 자라 기꺼이 꼬마혹등목거위벌레에게 밥집이 되어 줍니다. 어른벌레와 애벌레 모두 모시풀속 식물을 먹는데, 어른벌레는 잎 위에 앉아 구멍을 내며 먹고, 애벌레는 잎을 돌돌 말아 올린 요람 집 속에서 겹겹이 겹쳐진 잎을 먹습니다.

꼬마혹등목거위벌레 암컷은 한 해에 단 한 번만 아기가 자랄 요람 집을 만들며 번식합니다.

제 몸보다 훨씬 큰 잎사귀로 집 짓기

배불리 밥을 먹은 꼬마혹등목거위벌레는 요람 집을 짓고 알 낳을 채비를 합니다. 여느 거위벌레류처럼 꼬마혹등목거위벌레도 모성애가 강한 암컷이 요람 집을 직접 짓고, 부성애가 없는 수컷은 집 짓는 일에 전혀 간섭하지 않고 힘을 보태지도 않습니다. 어미는 잘 짜인 매뉴얼대로 집 짓기 준비에 골몰합니다. 요람 집 짓기에 앞서 우선 집 지을 재료인 먹이식물을 찾아야 합니다. 꼬마혹등목거위벌레 어미는 어떻게 먹이식물을 찾아낼까요? 거북꼬리는 초식 동물들이 자신을 뜯어 먹지 못하게 방어 물질을 뿜어내는데, 꼬마혹등목거위벌레 암컷은 더듬이 같은 감각 기관을 모두 동원해 거북꼬리 풀이 풍기는 그 특유한 냄새를 맡고 날아옵니다. 다행히 거북꼬리는 숲길 언저리에 흔하게 자라기 때문에 쉽게 찾아갈 수 있습니다.

꼬마혹등목거위벌레 어미가 숲길에 즐비한 거북꼬리 군락지에 도착하자마자, 잎을 요모조모 살피며 사전 점검에 들어갑니다. 기껏해야 6밀리미터쯤밖에 안 되는 녀석이 어른 손바닥만 한 잎 위

꼬마혹등목거위벌레 암컷이 거북꼬리 잎을 이리저리 둘러보며 집 지을 곳을 찾고 있다.

를 종종걸음으로 걸어 다닙니다. 잎사귀 위와 아래, 왼쪽과 오른쪽을 누비고 다니는 모습이 마치 널따란 호수를 가로지르는 나룻배 같습니다. 걸어 다니며 잎 생김새는 어떤지, 잎이 두꺼운지 얇은지, 잎이 큰지 작은지를 살피고, 심지어 벌레 먹은 흔적이 있는지 없는지를 꼼꼼히 따집니다. 이때 혹시라도 잎이 마음에 안 들면 미련 없이 포기하고 다른 잎으로 날아갑니다. 심지어 잎을 마름질하고 있을 때도 알맞지 않다고 생각되거나 목숨앗이들에게 방해를 받으면 미련 없이 버리고 다른 잎을 찾아 옮겨 갑니다.

잎을 고를 때는 암컷 몸 조건, 특히 머리와 가슴, 다리 크기가 어느 정도 영향을 줍니다. 튼튼한 주둥이와 우람한 근육질 다리를 가진 암컷은 어떤 잎이든 거뜬하게 말아 올릴 수 있어서 억세고 커다란 잎을 골라도 큰 어려움이 없습니다. 하지만 몸집이 작고 다리 근육이 부실한 암컷은 부드럽고 작은 잎을 골라야 덜 고생하며 요람 집을 지을 수 있습니다.

J자처럼
잎 자르기

온 정성을 다해 꼼꼼하게 잎을 살핀 끝에 꼬마혹등목거위벌레는 부드럽고 큼지막한 잎을 고릅니다. 거북꼬리 잎사귀에는 주맥 1개, 오른쪽 옆맥 1개, 왼쪽 옆맥 1개, 이렇게 잎맥이 모두 3개 있습니다. 꼬마혹등목거위벌레는 딱 한 개 잎맥만 남겨 두고 잎맥 2개를

꼬마혹등목거위벌레 암컷이 잎을 오리고 있다.

오릴 것입니다.

자, 이제부터 녀석의 마름질 솜씨를 구경해 볼까요? 우선 녀석은 잰걸음으로 거북꼬리 잎 길이의 1/7쯤 되는 잎자루 가까이, 주맥을 중심으로 왼쪽 옆 가장자리 쪽으로 걸어갑니다. 여섯 다리를 양옆으로 다부지게 뻗치고 앉은 뒤 머리를 푹 수그리고 잎을 오리기 시작합니다. 주맥 쪽으로 뒷걸음치면서 큰턱을 오므렸다 펼쳤다 하며 차근차근 오립니다. 물론 어떤 녀석은 주맥을 중심으로 오른쪽 옆 가장자리부터 오리기도 합니다. 아무런 설계도도 없이 그저 본능적인 감각만으로 오리고 또 오립니다. 주맥 옆에 있는 왼쪽 옆맥을 지나고, 거침없이 주맥까지 오리더니, 잇달아 주맥을 지나 반대편인 오른쪽 잎까지 둥그스름하게 오리다가 오른쪽 옆맥 가까이에서 딱 멈춥니다. 마름질 작업 끝! 이제 더 이상 마름질 작업을 하지 않습니다. 그래서 녀석이 온 정성을 기울여 작업한 마름질 선은 한 개뿐입니다. 잎을 다 오리지 않았기 때문에 녀석이 지은 요람 집은 대부분 땅바닥으로 떨어지지 않습니다. 드디어 요람 집 짓는 밑바탕 작업인 마름질이 끝났습니다. 놀랍게도 녀석이 자른 흔적은 부드럽게 휘어진 J자처럼 생겼습니다. 거의 30분쯤 걸려 작업한 것치고는 너무 훌륭합니다. 직선으로 곧게 자르는 것도 힘들 텐데, 살짝 휜 J자 모양으로 마름질하다니! 정말 예술성이 대단한 재단사입니다.

이렇게 꼬마혹등목거위벌레처럼 잎사귀 한쪽 옆 가장자리부터 시작해 J자처럼 휘어지게 오리다가 반대편 옆 가장자리에서 멈추는 마름질을 전문 용어로 '곡재형(曲裁型)'이라고 하고, 영어로는 'CC type(Curved cutting type)'이라고 합니다.

잎 말아 올리기와 짝짓기

꼬마혹등목거위벌레 암컷이 잎 끄트머리를 말아 올리기 시작했다.

마름질 작업이 끝나자, 꼬마혹등목거위벌레는 잎사귀 뒷면으로 갑니다. 주맥을 타고 오르락내리락하면서 주둥이 큰턱으로 씹어서 주맥에 상처를 냅니다. 이때 반드시 잎사귀 앞면이 아니라 뒷면에 흠집을 냅니다. 아무리 커 봤자 6밀리미터 남짓한 녀석이 제 몸길이에 수십 배나 되는 거북꼬리 잎 주맥을 왕복 달리기 하듯 왔다 갔다 하는 것도 힘든데, 촘촘한 간격으로 흠집까지 내야 하니 중노동입니다. 뿐만 아닙니다. 주맥 옆 잎맥도 씹어서 상처를 냅니다. 이렇게 주맥과 주맥 옆 잎맥에 상처를 내면 물이 오고 가는 길이 막혀 시간이 지나면서 잎이 시듭니다. 그러면 아기가 살아갈 요람 집을 돌돌 말아 올리기가 더 쉬워집니다.

바로 그때 어디선가 수컷 한 마리가 요람 집 짓는 현장에 날아옵니다. 여전히 암컷은 부지런히 주맥 위아래를 오르내리며 물길을 막는 작업에 몰두하고 있습니다. 수컷은 일하고 있는 암컷 둘레를 맴돕니다. 잎맥 물막이 일을 하는 암컷을 도와주면 좋으련만, 한량처럼 일은 안 하고 호시탐탐 암컷과 짝짓기할 기회만 노립니다. 수컷이 암컷 눈치를 살피며 머뭇머뭇하더니 이내 암컷 등에 올라탑니다. 하지만 이상하게도 암컷은 그런 수컷을 뒷다리로 걷어차 밀어내지 않습니다. 도리어 기다렸다는 듯 아무 저항 없이 수컷을 순순히 받아들입니다. 한참 동안 꼬마혹등목거위벌레가 요람 집 짓는 현장인 거북꼬리 잎에서 무덤덤하게 사랑을 나눕니다.

짝짓기가 끝난 뒤 수컷은 어디론지 가 버리고, 암컷만 커다란 잎

집 짓는 중에 암컷과 수컷이 짝짓기하고 있다.

에 남아 못다 한 요람 집 짓는 일에 다시 정신을 쏟습니다. 물길 막는 작업을 어느 정도 마무리하자, 암컷은 잎 가장 아래쪽으로 갑니다. 그러고는 주맥에 앉아 우람한 다리로 잎 끄트머리를 쥐어짜듯 꽉 쥐니 잎이 주맥을 기준으로 안쪽으로 오므라들며 접힙니다. 이렇게 접으니 이제 잎 뒷면 주맥이 바깥쪽으로 나옵니다.

이제 잎 끝부분을 꾹꾹 누르며 본격적으로 잎을 말아 올리기 시작합니다. 순전히 근육질 다리로 잎을 꾹꾹 누르며 천천히 힘겹게 잎을 맙니다. 이때 멍석 말듯이 빙글빙글 말면서 올라가는 것이 아니라, 주맥 양쪽 잎 가장자리 부분을 자기 쪽으로 끌어다 요람 집 틈에 끼워 넣으며 말아 올립니다. 이렇게 하지 않으면 돌돌 말아 올린 요람이 풀어집니다. 고난도 작업을 접착제도 하나 없이 주둥이와 다리 힘만으로 척척 해내다니! 그 위대함은 아무리 칭송해도 모자람이 없습니다.

알을 여러 개 낳는 꼬마혹등목거위벌레

요람 집을 두세 번 말아 올리자, 암컷이 잎 말아 올리기 작업을 멈춥니다. 알을 낳기 위해서입니다. 꼬마혹등목거위벌레 암컷은 요람 집을 지으면서 알을 낳습니다. 녀석은 이미 두세 번 말아 올린 요람 집 가운데에 앉아 주둥이를 대고서는 요람 집에 구멍을 내기 시작합니다. 동그랗게 구멍이 뚫리자 몸자세를 180도 바꾸어

꼬마혹등목거위벌레 암컷이 알을 낳은 뒤 다시 잎을 말아 올리고 있다.

산란관을 구멍에 꽂고 알을 낳습니다. 알은 정확하게 요람 집 가운데 부분에 낳습니다. 특이하게 꼬마혹등목거위벌레는 목거위벌레아과에 속하는 여느 거위벌레들과 달리 요람 집 한 채에 꼭 알을 한 개만 낳는 건 아닙니다. 거의 모든 거위벌레류는 요람 집 한 채에 알을 단 한 개만 낳지만, 꼬마혹등목거위벌레는 한 개에서 세 개까지 알을 낳습니다. 거위벌레 연구자가 조사한 자료를 보니, 요람 집 한 채에 알을 한 개 낳은 경우는 35퍼센트, 알을 두 개 낳는 경우는 45퍼센트, 알을 세 개 낳는 경우는 20퍼센트라고 합니다. 따라서 거의 모든 꼬마혹등목거위벌레 암컷은 요람 한 채에 두 개 넘는 알을 낳는 '복수 산란'을 좋아하는 셈입니다. 실제로 집에서 키워 보니, 요람 집 한 채에서 어른벌레 두 마리가 날개돋이한 적이 있습니다. 애벌레 몸 크기에 비해 요람 집이 크다 보니 애벌레 두 마리가 먹이 경쟁 없이 무사히 살아남은 것으로 생각됩니다.

꼬마혹등목거위벌레 알

원기둥 모양 요람 집

알을 낳은 뒤 꼬마혹등목거위벌레는 본격적으로 잎을 말아 올립니다. 이제부터는 시간과의 싸움입니다. 묵묵히 '젖 먹던 힘'까지 쏟아 내며 아기가 살아갈 요람 집을 짓습니다. 잎을 마는 도중에 뒤돌아보지 않고 앞만 보며 일을 합니다. 드디어 J자처럼 자른 마름질 선까지 말아 올렸습니다. 이제 녀석은 말아 올리는 작업을 멈추고 마무리 작업이 들어갑니다. 여태껏 공들여 말아 올린 요람 집이 풀리지 않게 하려면 꼼꼼하고 빈틈없이 작업을 해야 합니다.

녀석은 말아 올리던 잎을 뒤집은 뒤 안쪽에 있는 잎을 끌어당겨 요람을 휘감습니다. 이렇게 하면 요람이 뒤집힌 잎으로 감싸입니다. 그러면 비바람이 몰아쳐도 요람 집은 풀어지지 않습니다. 웬만한 사람도 흉내 낼 수 없는 솜씨입니다. 드디어 원기둥처럼 길쭉한 요람 집이 완성되었습니다. 다 지은 집을 보니 잎 뒷면이 요람 겉이 되고 잎 앞면이 요람 집 안쪽이 되었군요. 이렇게 만든 요람 집은 거의 땅에 떨어지지 않고, 거북꼬리 잎자루에 매달린 채 애벌레에게 푸근한 안식처이자 밥집이 되어 줍니다.

원기둥처럼 생긴 꼬마혹등목거위벌레 애벌레 집

잎을 오른쪽에서 오린 뒤 말아 올린 집과 왼쪽에서 오린 뒤 말아 올린 집

암컷이 제 몸보다 열 배가 넘는 큰 집을 만드는 데 1시간 40분에서 2시간이 걸렸습니다. 긴 노동에 시달려 힘이 빠질 만도 하건만, 작은 몸집의 위대한 건축가는 쉬지 않습니다. 알을 낳아 대를 잇기 위해 다른 잎사귀로 날아가 요람 집을 또 짓습니다.

요람 집에서 평생을 사는 애벌레

어미가 요람 집을 완성한 지 열흘쯤 지났습니다. 드디어 어미가 요람 집을 짓는 도중에 낳은 알에서 애벌레가 깨어납니다. 애벌레가 태어난 곳은 잎이 겹겹이 싸인 요람 집 안쪽입니다. 녀석은 본능적으로 거북꼬리 잎으로 지은 요람 집을 먹기 시작합니다. 고마운 어미가 살 집이자 밥집인 요람 속에 낳아 준 덕에 멀리 갈 필요도 없이 그저 편하게 앉아서 먹기만 하면 됩니다. 애벌레 임무는 오로지 먹고 크는 일이라 쉬는 시간만 빼고 열심히 잎을 먹고 또 먹습니다. 먹는 양이 많아지면서 자연스레 몸집도 불어납니다. 그러면 허물을 벗게 만드는 호르몬들이 시키는 대로 등 쪽에 있는 탈피선이 갈라지면서 허물을 벗습니다. 허물을 벗지 않으면 질기고 잘 늘어나지 않는 큐티클로 이루어진 허물에 갇혀 죽을 수도 있습니다. 몸이 굳어지면 다시 게걸스럽게 먹으면서 몸을 통통하게 살찌웁니다. 이렇게 애벌레는 애벌레 시절 내내 질릴 만큼 열심히 먹고 허물을 벗으며 통통한 몸으로 자랍니다.

다행히 여러 날이 지나도 요람 집은 거북꼬리 잎자루에 매달려 있어 시들지 않고 애벌레에게 신선한 밥이 되어 줍니다. 때때로 비바람을 맞고 바닥에 떨어질 때도 있지만 그런 일은 흔하지 않습니다. 요람 집을 만들 때 주맥과 옆맥을 씹어 군데군데 상처를 냈지만 적게나마 물기가 잎에 남아 있기 때문에 애벌레가 크는 동안 요람 집은 시들지 않고 거의 싱싱한 상태를 유지합니다. 만일 요람 집을 싼 겉 부분이 시든다 해도 몇 겹으로 싸여 있는 요람 집 안쪽은 거의 신선하게 남아 있습니다. 그래서 애벌레가 먹고사는 데 큰 어려움이 없습니다.

요람 속에서 번데기로 탈바꿈

알에서 애벌레가 깨어난 지 보름쯤 지났습니다. 웬일인지 게걸스럽게 먹던 애벌레가 그리 많던 식탐은 어디로 갔는지 통 아무것도 먹지 않습니다. 드디어 애벌레 시절을 끝내고 번데기로 탈바꿈할 때가 온 것입니다. 애벌레는 애벌레 시절 내내 살았던 요람 집에서 꼼짝도 하지 않고 앉아 서서히 몸속에 남은 찌꺼기를 몽땅 빼냅니다. 그런 뒤 촛불이 바람에 흔들리듯 미세하게 몸이 꿈틀거릴 때마다 등 쪽 탈피선이 벌어지면서 번데기가 나오기 시작합니다. 애벌레 시절 입었던 허물이 다 벗겨지자, 기다렸던 꼬마혹등목거위벌레 번데기가 온전히 나와 요람 집 속에 안전하게 누워 있습니다. 번데기 배 꽁무니 쪽에는 애벌레 허물이 구겨진 휴지처럼 붙어

꼬마혹등목거위벌레 번데기

있습니다.

번데기는 더 이상 먹을 수도 없고, 똥을 눌 수도 없고, 움직일 수도 없습니다. 다만 목숨앗이가 공격하면 몸뚱이를 꿈틀거리는 것밖에 할 수 있는 일이 없습니다. 그래서 어찌 보면 번데기 시절이 일생에서 가장 위험한 때입니다. 그나마 안전한 요람 집 속에 있으니 목숨앗이들 공격을 덜 받아 다행입니다. 번데기는 한 열흘쯤 요람 집에 누워 어른벌레로 탈바꿈할 날만을 손꼽아 기다립니다.

여름, 어른벌레로 나오다

여름입니다. 거북꼬리 잎을 돌돌 말아 만든 요람 집에서 누워 지내던 번데기가 심상치 않습니다. 노르스름한 색깔은 어느새 살짝 어두운 색깔로 바뀌고, 이따금 꿈틀거리기도 합니다. 얼마 뒤, 번데기 허물이 벗겨지면서 어른벌레가 날개돋이에 성공합니다. 갓 날개돋이한 꼬마혹등목거위벌레 어른벌레는 요람 집 속에서 날개와 몸이 단단하게 굳을 때까지 쉽니다. 이윽고 몸이 단단해지면 큰턱으로 겹겹이 싸인 요람 집을 씹어 구멍을 낸 뒤 바깥세상으로 탈출합니다. 그러고는 본능적으로 거북꼬리나 개모시풀 같은 먹이식물을 찾아가 굶주린 배를 채웁니다. 이렇게 꼬마혹등목거위벌레는 한살이가 한 해에 한 번 돌아갑니다. 어른벌레는 겨울잠을 잔 뒤 이듬해 봄에 나와 다시 요람 집을 지으며 대를 이어갑니다.

꼬마 건축가

노랑배거위벌레

노랑배거위벌레

노랑배거위벌레가
머리를 수그리고 밥을 먹다가
다른 곳으로 옮겨 가려고 합니다.

5월, 바닷가 모래밭에 사는 곤충을 보려고
충청남도 보령 바닷가에 왔습니다.
우리나라에서 맨 처음으로 해양 경관 보호 구역으로 지정된
소황사구(小黃沙丘)!
탁 트인 바닷가에 드넓은 모래 언덕이 펼쳐져
속이 뻥 뚫립니다.
길이가 2.5킬로미터나 될 만큼 끝 간 데 없이 이어지는
척박한 모래밭에도 엄연히 생명들이 깃들어 삽니다.
갯그령이나 갯메꽃 같은 모래밭 식물들이 자라고,
그 식물들 둘레에 모래거저리 같은 모래밭 곤충이 터 잡고 살며,
그 곤충들을 사냥하는 표범장지뱀도 살고 있습니다.

표범장지뱀

이 꼭지는 딱정벌레목 거위벌레과 종인 노랑배거위벌레(*Cycnotrachelodes cyanopterus*) 이야기입니다.

모가지가 길고 배가 노란
노랑배거위벌레

바닷가와 잇닿은 모래밭에서 뜨거운 햇볕 아래 서너 시간 넘죽 엎드려 곤충을 찾다가, 더위를 식힐 겸 바닷가에서 좀 떨어진 모래 언덕으로 몸을 피합니다.

뒤쪽 모래 언덕에 들어서자 향긋한 아까시나무 꽃향기가 온몸을 에워쌉니다. 5월은 향기의 계절임을 실감하며 주렁주렁 꽃을 매달고 있는 아까시나무를 들여다봅니다. 풍성하게 겹쳐진 잎사귀들 사이로 아름다운 초록빛 보석 같은 청가뢰 몇 마리가 언뜻언뜻 보이고, 코앞에선 쌀알 만큼 작은 군청색 거위벌레 한 마리가 낑낑대며 잎을 멍석 말듯 돌돌 말아 올리고 있습니다. 들썩들썩 움직일 때마다 배 꽁무니가 노란 걸 보니 노랑배거위벌레입니다.

노랑배거위벌레는 몸길이가 3.5~5.5밀리미터로 몸집이 작습니

노랑배거위벌레 암컷

노랑배거위벌레 수컷

다. 머리는 역삼각형이고 앞가슴등판은 정삼각형이며 딱지날개는 사각형입니다. 그러다 보니 생긴 게 마치 네모 상자 위에 모래시계를 얹어 놓은 것처럼 단순하면서도 우스꽝스럽습니다. 온몸 색깔은 진한 군청색인데, 오로지 배만 노란색입니다. 살갗에는 털 하나 없이 매끈하고 왁스를 칠한 것처럼 반지르르 윤이 납니다. 머리는 동글동글한 역삼각형인데 목이 길게 늘어나 마치 거위 목처럼 길쭉합니다. 겹눈은 동그랗고 톡 튀어나와 깜찍합니다. 더듬이는 11마디인데 마디들이 실에 꿴 구슬처럼 가지런히 이어졌습니다. 특히 마지막 세 마디는 곤봉처럼 넓게 부풀었습니다. 네모난 딱지날개에는 자잘하게 파인 홈들이 마치 열병식 하는 것처럼 가지런히 줄 맞춰 쭈르륵 박혀 있어 굉장히 멋스럽고 도회적입니다.

노랑배거위벌레 더듬이는 곤봉처럼 끝이 불룩하다.

딱지날개 어깨는 딱 각이 져 있어 자존감이 높아 보입니다. 다리는 다부지고 길어 잘 걸어 다니기 좋게 생겼습니다. 특히 사람 허벅지에 해당하는 넓적다리마디가 알통이 튀어나온 것처럼 빵빵합니다. 보기만 해도 다리 힘이 어마어마하게 클 것 같습니다.

노랑배거위벌레는 암컷과 수컷 생김새가 다른데, 잘 살펴보면 맨눈으로도 알아챌 수 있습니다. 머리 길이, 다시 말하면 목 길이를 잘 살펴보세요. 노랑배거위벌레는 암컷과 수컷 목 길이가 조금 다릅니다. 수컷 머리가 암컷 머리보다 더 깁니다. 수컷 머리 길이는 너비에 비해 2배 길지만, 암컷은 머리 길이가 너비에 비해 2배가 채 안 됩니다. 또 수컷 앞가슴등판 길이는 너비에 비해 길지만, 암컷 앞가슴등판 길이는 너비에 비해 짧습니다.

노랑배거위벌레는 몸이 까맣고 배만 노랗다.

노랑배거위벌레 족보와 이름

노랑배거위벌레는 족보상 딱정벌레목 가문에 거위벌레과 집안 식구입니다. 머리가 거위 목처럼 길게 늘어나고, 배가 노래서 노랑배거위벌레라는 이름이 붙었습니다. 노랑배거위벌레는 우리나라 북부 지방에서 남부 지방에 이르기까지 온 나라 방방곡곡에 살고 있으며, 나라 밖으로는 중국 동북 지역과 러시아 극동 지역에서도 살고 있습니다.

잠깐 노랑배거위벌레가 속한 거위벌레과 곤충 특징을 살펴볼까요? 거위벌레과의 가장 큰 특징은 암컷이 요람 집을 짓는다는 것입니다. 암컷은 알을 낳기 전 잎을 마름질하고 돌돌 말아서 나중에 태어날 새끼들이 지낼 원통처럼 생긴 요람을 지어 줍니다. 요람 집은 아늑해서 마치 포대기로 아이를 감싸는 것 같은 효과가 있습니다. 재미있게도 어미가 지어 준 요람은 애벌레를 지키는 집이자, 애벌레를 먹여 살리는 밥이 됩니다.

거위벌레 생김새도 아주 특이합니다. 거위처럼 기다란 목이 돋보이고, 딱지날개와 딱지날개가 덮은 몸통이 네모나고 두루뭉술해 걸을 때마다 뒤뚱대는 것처럼 보입니다. 몸 비율을 따져 보면 목이 굉장히 길고, 상대적으로 몸뚱이는 짧아 마치 목이 긴 거위나 오리가 떠오릅니다. 그래서 우리나라에서는 '거위벌레'라는 이름이 붙었습니다. 서양에서는 이런 생김새를 가진 곤충 무리를 모두 묶어 '잎 말이 바구미(leaf-rolling weevils)'라고 합니다. 거위벌레가 알을 낳기 위해 잎을 말아 올리는 행동을 보고 붙인 이름입니다. 일본에서는 말아 올린 잎에 알을 낳은 뒤 땅바닥으로 떨어뜨리는 것을 보고 '물건을 떨어뜨린다'는 뜻을 가진 '오또시부미'라는 이름을 붙여 줬습니다. 우리나라에서는 생김새에, 서양이나 일본은 행동에 초점에 두고 이름을 지어 준 셈입니다.

노랑배거위벌레 밥은 콩과(科) 식물

노랑배거위벌레 어른벌레와 애벌레는 다 같이 식물 잎사귀를 먹고 살지만, 밥 먹는 곳이 좀 달라 마주치는 일이 전혀 없습니다. 어른벌레는 몸을 다 드러내 놓은 채 잎사귀 위에서, 애벌레는 몸을 숨긴 채 롤 케이크처럼 돌돌 말아 놓은 잎사귀 요람 속에서 식사를 하기 때문입니다.

노랑배거위벌레는 입맛이 까다로워서 모든 식물 잎을 먹지 않고, 오로지 콩과 식물만 골라 먹습니다. 다시 말하면 어른벌레와 애벌레 주식은 아까시나무, 싸리나무, 칡, 등나무 같은 콩과 식물 잎사귀입니다. 오래된 잎보다는 새로 난 지 얼마 안 되는 연한 잎을 주로 먹는데, 새잎은 식물이 가진 독성 물질을 적게 가지고 있고 질기지 않아 훌륭한 먹을거리입니다.

마침 어른벌레 한 마리가 아까시나무 잎을 찾아 날아옵니다. 아까시나무는 줄기나 잎에 초식 동물에게 뜯어 먹히지 않으려고 조상 대대로 특별한 화학 물질을 방어용으로 모아 두고 있는데, 이

노랑배거위벌레가 여기저기 구멍을 뚫어 씹어 먹은 아까시나무 잎

물질은 고유한 냄새를 풍깁니다. 아이러니하게 이 방어 물질은 노랑배거위벌레에게는 입맛을 돋우는 식욕 촉진제로 작용합니다. 숲 언저리에서 있던 녀석은 더듬이 같은 감각 기관으로 이 냄새를 본능적으로 맡고 날아와 식사를 합니다. 목이 길다 보니 밥을 먹는 자세가 여간 불편한 게 아닙니다. 그럼에도 여섯 개 다리를 알맞게 벌린 뒤 긴 목을 숙여 주둥이를 잎에 박고서는 큰턱으로 잎살을 맛있게 씹어 먹습니다. 주둥이로 잎 한쪽 구석에 찔끔 구멍을 내 먹고는 자리를 옮겨 다시 또 구멍을 내며 먹습니다. 그래서 노랑배거위벌레 어른벌레가 먹고 난 아까시나무 작은 잎에는 이리저리 아무렇게나 구멍들이 숭숭 뚫려 있습니다. 애벌레는 어른벌레와 달리 어미가 겹겹이 말아 놓은 잎을 가장 안쪽부터 한 겹씩 한 겹씩

뜯어 씹어 먹습니다. 사정이 이렇다 보니 잎사귀를 먹고 사는 여느 곤충들과 달리 노랑배거위벌레 어미는 자식이 먹고 자랄 잎을 겹겹이 말아 요람 집을 지어야 합니다.

탁월한
집 짓기 대가

노랑배거위벌레 어른벌레는 5월쯤부터 산기슭이나 들판에 나와 돌아다니기 시작합니다. 한 해에 한살이가 한 번 돌아가다 보니 암컷은 살아 있는 동안 자식이 먹고 지낼 곳인 요람 집을 만듭니다. 암컷에게 허락된 삶의 시간은 일주일 남짓입니다. 그 짧은 기간 동안 암컷은 쉬지 않고 요람 집을 짓고 또 짓습니다. 암컷 한 마리가 살아생전에 지을 수 있는 요람 집은 20~25채쯤 됩니다.

아까시나무 잎으로 굶주린 배를 채운 노랑배거위벌레 어미가 슬슬 요람 집을 지으려 시동을 겁니다. 어미는 다른 벌레가 먹지 않고 상태가 좋은 아까시나무 작은 잎으로 옮겨 갑니다. 노랑배거위벌레가 요람 집을 짓는 과정은 흥미로움을 넘어 놀라움의 연속입니다. 인내심을 가지고 열과 성을 다해 집 짓는 녀석의 노동 현장을 훔쳐보면 경이로운 풍경이 눈앞에 펼쳐집니다. 정말이지 너무도 진지하게 요람 집을 지어서 그 노동 현장을 훔쳐보는 게 미안할 정도입니다.

노랑배거위벌레 어미는 두말할 나위도 없이 세밀하게 정해진 순서에 따라 본능적으로 요람 집을 짓는 뛰어난 건축가입니다. 설계도 한 장 없는 데도 실제로 설계도에 맞춰 짓는 것보다 더 능숙하게 집을 지으니 말입니다.

요람 집 짓는 과정

• 요람 만들 잎사귀 고르기

노랑배거위벌레 어미가 요람 집 짓기 대장정에 들어갑니다. 가장 먼저 해야 할 일은 집터 고르기입니다. 즉 요람 집 지을 잎사귀 고르기입니다. 어미는 한참 동안 아까시나무 작은 잎 위를 위아래로 오르락내리락, 왼쪽 오른쪽으로 왔다 갔다, 잎 가장자리를 순례하듯 돌며 걸어 다닙니다. 다른 벌레가 와 있는지, 집 짓기에 잎 크기가 알맞은지, 잎이 신선한지, 잎 두께가 적당한지 같은 여러 가지 잎 상태를 꼼꼼히 살핍니다. 일단 마음에 쏙 들면 잎사귀 주맥을 타고 잎자루 쪽으로 걸어 올라가 멈칫멈칫하며 두리번거립니다. 잎사귀 어느 부분을 마름질하면 좋을지 알맞은 위치를 가늠하기 위해서입니다. 이때 혹시라도 심혈을 기울여 골랐던 잎이 께름칙하면 미련 없이 버리고 다른 잎으로 날아갑니다. 심지어 잎을 마름질하기 시작했을 때도 알맞지 않다고 생각되거나 목숨앗이들에게 방해를 받으면 곧바로 다른 잎으로 옮겨 갑니다.

이 단계에서 잎을 고르는 기준은 어미 몸, 특히 머리와 가슴, 앞다리 생김새와 매우 밀접한 관계가 있습니다. 주둥이가 튼튼하고 다리가 잘 발달한 어미는 딱딱하고 커다란 잎사귀를 잘 말아 올릴 수 있지만, 몸집이 작고 다리 힘이 약한 어미는 좀 더 부드럽고 작은 잎사귀를 골라야 요람 집 공사를 무난히 끝낼 수 있습니다.

• 잎 마름질하기

어미가 드디어 알 낳을 잎을 결정했습니다. 어미는 잎자루 쪽에서 잠시 멈칫하더니, 주맥을 기준으로 잎자루 가까이 오른쪽 잎 가장자리로 갑니다. 그러고는 여섯 다리로 떡 버티고 다부지게 앉은 뒤, 고개를 푹 숙인 채 주둥이를 박고 큰턱으로 주맥 쪽으로 잎을 자르기 시작합니다. 고개 숙인 채 주둥이는 줄곧 오물오물하고, 이따금 엉덩이는 들썩들썩합니다. 5분 넘게 작업한 끝에 주맥 바로 옆까지 잘랐습니다. 주맥에 다다르자 망설임 없이 주맥까지 오리고, 곧장 반대쪽인 왼쪽 잎살 부분을 구부러지듯 둥그스름하게 자르다가 옆 가장자리와 주맥 중간쯤에서 딱 멈춥니다. 요람 집 짓는 기초 작업인 마름질 작업은 여기서 끝이 납니다. 30분 넘게 걸린 작업입니다.

마름질 선은 한 개뿐이지만, 놀랍게도 어미가 오린 흔적은 직선이 아닌 J자처럼 부드럽게 휘었습니다. 앞서 본 꼬마혹등목거위벌레처럼 이렇게 주맥을 기준으로 잎사귀 한쪽 옆 가장자리에서부터 시작해 주맥을 지나 J자처럼 휘어지게 오리는 마름질을 전문 용어로 '곡재형(曲裁型)'이라고 합니다. 주맥까지 자르며 J자처럼 마름질한 덕에 잎은 마름질 선을 기준으로 위쪽과 아래쪽 구역으로 나뉩니다. 그와 동시에 아래쪽 구역은 땅바닥 쪽으로 축 처집니다.

J자처럼
잘라 만든 집

또 잎을 오리면서 잎맥으로 들어오는 물길이 끊겨서인지 마름질한 곳에 물방울이 생기기도 합니다. 이렇게 많은 시간을 들여 잎을 오리는 까닭은 단 하나입니다. 물길을 막아 요람 집을 손쉽게 짓기 위해서입니다.

때때로 어떤 노랑배거위벌레는 J자와 살짝 다르게 L자처럼 잎을 오리기도 합니다. 이렇게 살짝 다른 마름질 선을 '의L자재형(擬L字裁型)'이라고 합니다. 영어로는 'QL형(Quasi L shaped cutting type)'이라고 합니다. 한 국내 여성학자가 연구한 결과를 보면 같은 먹이식물에서 두 가지 모양으로 된 마름질 선을 모두 볼 수 있다고 합니다. 하지만 73퍼센트에 달하는 많은 노랑배거위벌레는 J자 모양인 곡재형으로 잎을 자르지만, 때때로 27퍼센트쯤 되는 몇몇 개체들은 L자처럼 생긴 '의L자재형'으로 마름질 선을 만들기도 합니다.

아무튼 마름질 선 모양이 '곡재형'이든 '의L자재형'든 간에 공사 중인 잎사귀는 마름질 선을 기준으로 위쪽 구역과 아래쪽 구역으로 자연스럽게 나뉩니다. 그 덕에 실감 나게 눈에 띄지 않지만 이렇게 오린 잎사귀 아래쪽 부분은 시나브로 시들어 갑니다.

• 주맥에 흠집 내기

마름질이 끝나면 어미는 이제 잎 뒷면으로 옮겨 주맥을 오르락내리락하면서 주둥이로 주맥을 씹어 흠집을 냅니다. 이렇게 하는 까닭은 접기 어려운 잎이 더 잘 말리도록 준비하는 과정입니다. 주맥에 생긴 상처 덕분에 잎으로 들어오는 물길이 끊겨 잎은 더 빨리 시들고, 결국 잎을 말아 올리기에 가장 좋은 상태가 됩니다.

L자처럼
잘라 만든 집

• 1차 요람 집 말아 올리기

이 단계 핵심은 원통 모양으로 잎을 2~3바퀴 말아 올리는 것입니다. 겉보기에는 단순히 잎을 감아올리는 것처럼 보이지만 미리 주맥에 상처를 내서 만들어 놓은 꺾임선을 따라 세심하게 원통 모양으로 만듭니다. 그 과정을 자세히 톺아보면, 어미는 잎사귀 맨 아래쪽으로 내려가 잎 말기 작업을 시작합니다. 잎 끝부분에서 주맥을 타고 올라갔다 내려왔다 되풀이합니다. 이때 이따금 다리로 잎을 쥐어짜듯 힘을 주며 꾹꾹 누릅니다. 그러자 주맥을 기준으로 잎 양면이 시나브로 안쪽으로 오므라들며 반달처럼 접힙니다. 그런 뒤 어미는 접힌 잎사귀 끝부분을 말아 올리기 시작합니다. 다리에 힘을 꾹꾹 줄 때마다 잎이 오므라들면서 말리는데 잎 말기 기초를 다지는 일이라 작업이 까다롭습니다. 몸을 360도 돌리기도 하고, 줄곧 다리로 잎을 쥐고 또 쥐면서 한 바퀴 말아 올렸습니다. 말린 잎 가장자리는 다리와 주둥이로 잘 매만져 말아 올린 잎 속으로 들이밉니다. 이런 식으로 어미는 또 잎을 한 바퀴를 말아 올립니다. 지금까지 말아 올린 횟수는 모두 2바퀴입니다.

• 알 낳기

잎을 2바퀴 말아 올리자, 어미는 잎사귀 마는 일을 한소끔 멈춥니다. 알을 낳기 위해서입니다. 어미는 말아 놓은 요람 집에 걸터앉아 자그마한 구멍을 내기 시작합니다. 주둥이 큰턱으로 한참 동안 잎살을 씹으니 동그란 구멍이 생겼습니다. 그러자 몸을 180도로 돌려 배 꽁무니에 있는 산란관을 구멍에 넣고 알을 낳습니다. 알 낳는 데 걸린 시간은 약 30초입니다. 알을 낳은 뒤 어미는 다시

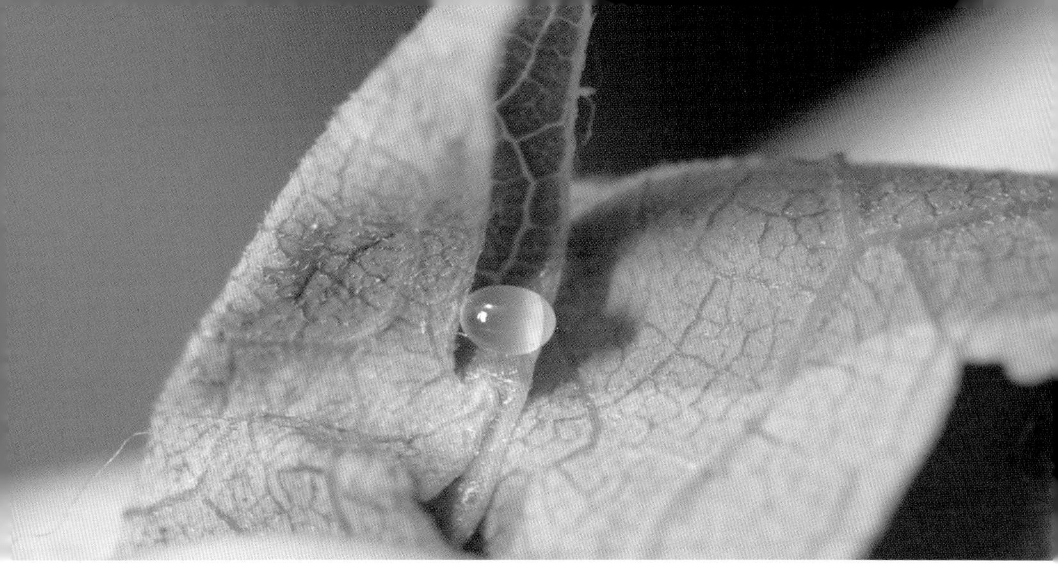

노랑배거위벌레가
집 속에 낳은 알

몸을 180도 돌려 주둥이를 알 낳은 구멍 속에 넣습니다. 주둥이를 들락날락하면서 알을 요람 집 안쪽으로 쏘옥 밀어 넣습니다. 거의 92퍼센트에 가까운 모든 어미는 요람 집 한 채에 알을 한 개 낳지만, 가끔 8퍼센트쯤 요람 집 한 채에 알을 2개 낳을 때도 있습니다.

• 2차 요람 집 말아 올리기

알을 낳은 뒤 어미는 이제 본격적으로 잎을 다시 말아 올리기 시작합니다. 어미는 작정한 듯 돌돌 말린 곳과 원래 잎사귀 중간에 걸터앉아 작업을 합니다. 왼쪽 다리 3개는 원래 잎을 디디고, 오른쪽 다리 3개는 말고 있는 요람 집 위에 올려놓습니다. 불규칙적으로 다리에 힘을 주며 잎을 꼭꼭 누르듯 쥐고, 쉬다 또 잎을 꾹꾹 누르듯 쥡니다. 그러면서 오른쪽 다리를 써서 잎을 위로 밀듯이 올리니 잎이 원통처럼 둥글게 말립니다. 잎을 한 바퀴 말아 올리면, 어미는 잎 가장자리로 가서 주둥이와 다리로 잎 가장자리 부분을 말아 올린 잎 속으로 들이밀며 잘 마무리합니다. 이런 과정을 되풀이

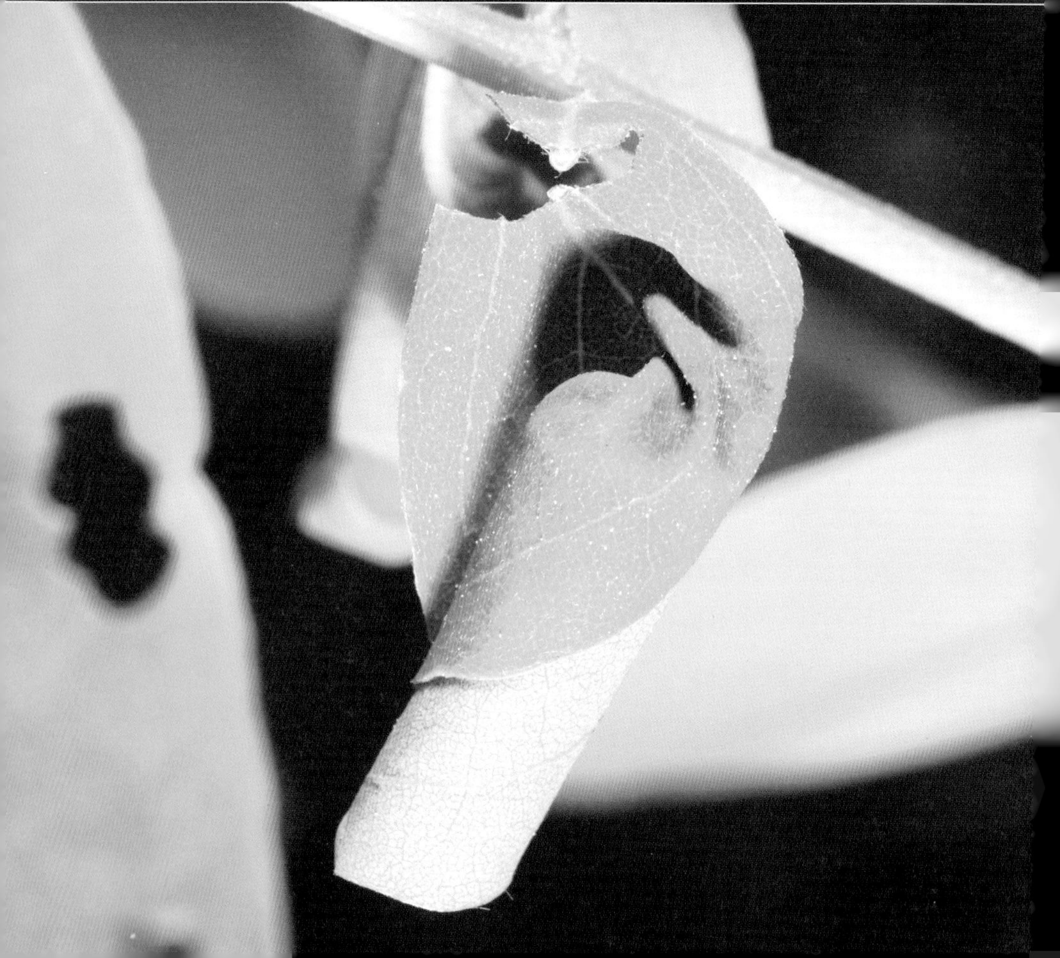

아까시나무 잎을 오른쪽부터 오린 뒤 말아 올려 지은 집

하고 또 되풀이합니다.

1시간 넘게 잎을 말아 올리는 작업이 계속됩니다. 잎을 어느 정도 말아 올려 요람 집 모습을 갖추면, 어미는 요람 집을 왔다 갔다 하며 어루만지듯 살핍니다. 이제 요람 집이 거의 완성되어 마무리 작업만 남았습니다. 맨 처음 오린 마름질 선 가까이에 오자, 어미는 이제 잎을 말아 올리는 작업을 멈추고 마무리 작업을 합니다. 주둥이와 다리로 원래 잎을 요람 집 쪽으로 끌어옵니다. 한참 동안 고개를 푹 숙인 채 요람 집에 원래 잎을 끼워 넣습니다.

드디어 요람 집 완성! 장장 2시간에 걸친 작업 끝에 원통처럼 생긴 요람 집 한 채가 탄생했습니다. 마치 김밥을 말아 놓은 것 같은 요람 집이 아까시나무 잎자루에 종처럼 매달려 있습니다. 새끼가 지낼 보금자리를 지은 어미는 얼마나 뿌듯할까요? 노랑배거위벌레 어미에게 기립 박수를 보냅니다. 집 짓느라 힘들 법도 하건만 어미는 또 다른 요람 집을 짓기 위해 신선한 잎을 찾아 날아갑니다.

요람은 집이자 밥집

아까시나무 잎을 왼쪽부터 오린 뒤 말아 올려 지은 집

어미가 알을 낳은 지 열흘쯤 지나자, 알에서 애벌레가 깨어납니다. 애벌레 몸은 노르스름하고, 어디 멀리 가지 않고 요람 집을 먹고 그 속에서 살기 때문에 다리가 잘 발달하지 않습니다. 애벌레는 잎을 겹겹이 말아 놓은 요람 집 안쪽부터 먹으며 무럭무럭 자랍

니다. 실컷 먹고 몸이 커지면 허물을 벗으면서 큽니다. 물론 애벌레는 원통처럼 생긴 집 속에 있기 때문에 목숨앗이들 눈에 잘 띄지 않습니다. 또한 요람 집 속은 온도와 습도 변화가 크지 않고 제법 일정한 편이라 환경 변화 때문에 오는 스트레스를 거의 받지 않습니다. 더구나 요람 집이 곧 밥집 노릇을 하기 때문에 먹이 걱정을 하지 않아도 됩니다. 잎을 겹겹이 말아 만든 요람 집에서 사는 덕분에 비바람이 불고 땡볕에 내리쬐어도 살아가는 데 치명적인 지장을 받지 않습니다. 애벌레에게 있어 요람은 가장 안전한 집이자 으뜸 밥상입니다.

다 자란 애벌레는 자기가 살았던 요람 집에서 번데기로 탈바꿈합니다. 번데기는 노랗고, 이때는 건드리면 꿈틀거리는 것 말고는 움직일 수 없습니다. 일생에서 가장 위험한 때지요. 번데기는 어른벌레로 날개돋이할 날을 기다리며 요람 집 속에서 숨죽여 조용히 지냅니다. 날개돋이할 때가 다가오면 번데기 몸 가운데 딱지날개 부분과 주둥이, 다리가 거무칙칙하게 바뀝니다. 무사히 날개돋이에 성공해 어른벌레로 탈바꿈하면 요람 집을 뚫고 바깥세상으로 나와 한살이를 시작합니다.

요람을 짓는 거위벌레 vs. 요람을 짓지 않는 거위벌레

거위벌레과(科) 곤충은 몸과 딱지날개가 딱딱한 딱정벌레목 가문에 속해 있습니다. 머리가 거위 목처럼 길게 늘어나 거위벌레라는 이름이 붙었습니다. 현재 우리나라에 사는 거위벌레과 곤충은 모두 77종입니다. 거위벌레과 식구들은 거의 식물을 먹고 사는 초식성 곤충입니다. 종에 따라 식물 잎사귀, 꽃, 씨앗 따위를 다양하게 먹는데, 많은 종들은 입맛이 까다로워서 자기가 좋아하는 먹이식물을 정해 놓고 먹습니다.

거위벌레 하면 퍼뜩 떠오르는 건 요람 집입니다. 다시 말하면 거위벌레과 무리가 가진 가장 큰 생태적 특성은 요람 집을 짓는 일입니다. 식물 잎사귀를 저마다 가진 습성대로 마름질한 뒤 잎 맨 아랫부분부터 위쪽으로 말아 올리며 요람을 만듭니다. 그렇다고 모든 거위벌레가 요람을 만드는 것은 아닙니다. 잎을 자르지 않고 여러 잎을 뭉쳐 요람을 만드는 종, 열매에 알을 낳는 종, 꽃봉오리에 알을 낳는 종들도 있습니다. 다만 분명한 것은 요람을 짓거나 식물 일부분을 이용해 번식하는 행동은 인간 세계에서 부모가 자식을 보호하려는 육아 본능과 비슷하다는 점입니다.

거위벌레과 곤충은 크게 3개 무리인 목거위벌레아과(亞科), 거위벌레아과(亞科), 주둥이거위벌레아과(亞科)로 나눌 수 있습니다. 각 아과에 따라 알 낳는 습성이 조금씩 다릅니다. 우리나라 거위벌레 전문가가 연구한 결과에 따르면 모든 거위벌레아과와 목거위벌레아과 종과 주둥이거위벌레아과 몇몇 종 암컷은 먹이식물에 찾아간 뒤 잎사귀를 돌돌 말아 요람을 만들고 그 속에 알을 낳습니다. 알에서 깨어난 애벌레는 요람을 먹으며 자랍니다. 다 자라면 요람 속이나 요람에서 나와 땅속으로 들어가 번데기가 됩니다. 반면에 거의 모든 주둥이거위벌레아과 암컷은 알 낳는 습성이 여러 가지

여서 식물 새싹이나 꽃봉오리, 열매 같은 곳에 구멍을 뚫은 뒤 알을 낳습니다.

목거위벌레아과(Apoderinae), 거위벌레아과(Attelabinae)

암컷은 먹이식물 잎사귀를 찾아간 뒤 저마다 조상에게 물려받은 방식으로 잎을 마름질합니다. 마름질 선 위치나 수, 생김새가 종마다 다릅니다. 잎을 자르는 까닭은 오려진 잎 부분에 물을 끊기 위해서입니다. 그러면 잎이 시들어 잎을 말아 올리기가 쉬워집니다.

• 목거위벌레아과

우리나라에 모두 21종이 살고 있습니다. 알락거위벌레, 꼬마혹등목거위벌레, 등빨간거위벌레, 거위벌레, 북방거위벌레. 붉은날개거위벌레. 분홍거위벌레, 노랑배거위벌레. 어깨넓은거위벌레, 알락거위벌레, 왕거위벌레 같은 종이 있습니다.

• 거위벌레아과

우리나라에 모두 10종이 살고 있습니다. 장다리거위벌레, 남색거위벌레, 싸리남색거위벌레가 많이 알려졌습니다.

주둥이거위벌레아과(Rhynchitinae)

주둥이거위벌레아과 무리는 목거위벌레아과와 거위벌레아과와 달리 정해진 마름질 모습이 없고, 알 낳는 방법 또한 여러 가지입니다. 보통 알을 여러 개 낳습니다. 거위벌레아과와 목거위벌레아과 곤충이 요람 한 개에 보통 알을 1개 또는 2~3개 낳지만, 주둥이거위벌레아과 곤충은 알을 여러 개 낳습니다. 우리나라에 모두 46종이 살고 있어 거위벌레과 전체에서 절반 넘게 차지합니다.

• 새싹과 꽃봉오리 줄기에 알 낳기

긴날개거위벌레류, 복숭아거위벌레류, 꼬마거위벌레류가 알을 낳는 방법입니다. 가장 원초적으로 알을 낳는 형태로 산란관이 발달해 있습니다. 줄기나 꽃봉오리에 구멍을 뚫거나 잘라 떨어뜨려 알을 낳은 곳이 시들거나 죽게 만듭니다.

• 잎을 잘라 알 낳기

꼬마거위벌레류와 황갈색거위벌레가 알을 낳는 방법입니다. 주맥만 자르는 종, 잎꼭지를 자르는 종, 잎을 잘라 떨어뜨리는 종 들이 있습니다. 알은 주맥 속이나 잎살 속에 낳습니다. 알에서 나온 애벌레도 잎살 속에서 삽니다.

• 원통처럼 생긴 요람을 만들어 알 낳기

포도거위벌레, 뿔거위벌레, 황철거위벌레, 붉은점거위벌레, 청색거위벌레 같은 뿔거위벌레류에서 보이는 알 낳는 방법입니다. 포도나무 잎처럼 커다란 잎일 때에는 한 장으로 말지만, 대부분 잎을 여러 장 끌어다 모은 뒤 잎 주맥 기준으로 세로로 맙니다. 알은 핵심적인 잎에 낳거나 말아 놓은 잎과 잎 사이에 낳습니다. 거의 알을 여러 개 낳는데, 최대 20개까지 알을 낳는 개체도 있습니다.

노랑배거위벌레 암컷이 요람에 구멍을 뚫고 알을 낳은 뒤 잎을 돌돌 말아 올리는데 다른 암컷이 찾아왔다.

• 깔대기처럼 잎을 말아 알 낳기

꼬마거위벌레는 잎 한 장으로 요람을 만드는데, 잎을 말기 전에 마름질을 합니다. 요람은 위쪽이 넓고 아래쪽은 좁은 깔때기처럼 생겼습니다.

• 다른 종이 만든 요람에 알 낳기

다른 종들이 말아 놓은 잎에 구멍을 뚫어 알을 낳습니다. 딱부리꼬마거위벌레, 검은꼬마주둥이거위벌레는 뿔거위벌레가 만든 요람에 알을 낳습니다.

• 열매에 알 낳기

도토리거위벌레, 복숭아거위벌레가 알을 낳는 방법입니다. 열매가 아직 다 여물기 전에 구멍을 뚫고 알을 낳습니다. 종에 따라 알을 낳기 전이나 낳고 난 뒤에 열매를 잘라서 땅에 떨어뜨립니다. 어른벌레는 열매 속살까지 뚫어야 해서 주둥이가 아주 깁니다.

요람 건축의 대가

등빨간거위벌레

등빨간거위벌레

등빨간거위벌레가 느릅나무 잎을 씹어 먹고 있습니다.

8월 말입니다.

한 달 가까이 펄펄 끓던 불볕더위가 주춤한 걸 보니

과연 세월을 이기는 장사는 없나 봅니다.

여전히 한낮은 뜨겁지만 이따금 선선한 산들바람이 불어와 견딜 만합니다.

경기도 양평에 있는 사나사 골짜기 오솔길을 걷습니다.

그새 풀과 나무들이 부쩍 자라

한 발 한 발 걸을 때마다 풀잎이 발에 차이고 팔에 스칩니다.

그때마다 놀란 메뚜기들이 툭툭 튀어 이리저리 도망치느라 바쁩니다.

땡볕을 피해 잠시 나무 그늘 아래에서 한숨을 돌립니다.

새파란 하늘을 향해 뻗친 느티나무 줄기에

빨랫줄에 빨래를 널어놓은 것처럼

잎사귀들이 쪼르륵 매달려 있습니다.

어떤 잎은 원통처럼 돌돌 말려 있고,

어떤 잎들은 구멍이 숭숭 뚫려 있습니다.

앗! 가만히 보니 구멍 난 잎에

알록달록한 벌레 한 마리가 딱 달라붙어 있군요.

누굴까요?

몸이 몽당연필 같은 게 딱 봐도

요람 건축의 대가 등빨간거위벌레입니다.

등빨간거위벌레

이 꼭지는 딱정벌레목 거위벌레과 종인 등빨간거위벌레(*Tomapoderus ruficollis*) 이야기입니다.

빨간 저고리
군청색 치마

등빨간거위벌레는 몸길이가 7밀리미터쯤 되어서 곤충치고는 제법 큰 편인 데다 몸 색깔이 화려해서 금방 눈에 띕니다. 온몸은 주황색인데, 딱지날개와 배 가운데쯤이 짙은 남색이라 색깔 대비가 매우 강렬합니다. 살갗은 기름을 바른 것처럼 반짝반짝 기름기가 도는 데다 딱지날개에는 작은 홈 수백 개가 보일 듯 말 듯 꾹꾹 찍혀 있어 멋스럽습니다. 머리는 둥글둥글하고, 동그란 겹눈은 새까맣고 초롱초롱해 금방이라도 말을 걸어올 것만 같습니다. 더듬이는 모두 11마디로 이뤄졌는데, 마치 구슬들을 실에 꿰어 놓은 듯 가지런합니다. 머리 정수리 겹눈 사이에는 까만 물방울무늬가 찍혀 있는데, 암컷 무늬는 작고 수컷 무늬는 큰 편입니다. 가끔 머리 정수리에 물방울무늬가 없는 개체도 있습니다. 어깨에는 작고 뾰

등빨간거위벌레 암컷은 이마에 있는 물방울무늬가 작다.

족한 돌기가 붙어 있고, 딱지날개는 네모나서 매우 다부져 보입니다. 무엇보다도 녀석 다리는 매우 튼실합니다. 특히 사람 허벅지에 해당하는 넓적다리마디는 역도 선수 팔뚝 근육처럼 엄청나게 우람합니다. 또 사람 발가락에 해당하는 발목마디 일부는 은행잎처럼 넓적하고 아래쪽에는 센털들이 빼곡히 덮여 있어 잎사귀에서 떨어지지 않고 꽉 붙잡을 수 있습니다.

등빨간거위벌레는 족보상 딱정벌레목 가문에 거위벌레과 집안 식구입니다. 머리가 거위 목처럼 긴 데다 등짝이 붉은색이라 '등빨간거위벌레'라는 이름이 붙었습니다. 등빨간거위벌레는 한 해에 한살이가 두 번 돌아가기 때문에 조금만 관심을 가지면 어른벌레와 어미가 지은 요람 집을 구경할 수 있습니다. 더구나 먹이식물이 우리나라 어디서나 흔히 자라는 느릅나무와 느티나무 같은 느릅나무과 식물이기 때문에 숲길이나 살충제를 뿌리지 않은 도심 공원에서 이웃처럼 자주 만날 수 있습니다.

등빨간거위벌레 수컷은 이마에 있는 물방울무늬가 크다.

숭숭 구멍 뚫린 느릅나무 잎

9월 초, 산길에서 우연히 키가 작은 어린 느릅나무를 만났습니다. 나무줄기에 돌돌 말아 매달아 놓은 듯한 요람들이 몇 개 보이네요. 잠시 멈추고 느릅나무를 쓰윽 들여다봅니다. 짐작대로 원통처럼 생긴 요람 집 옆 잎사귀에 구멍이 숭숭 나 있습니다. 잎을 먹은 흔적이 있다는 건 등빨간거위벌레가 있다는 증거! 조심조심 잎을 뒤적이며 등빨간거위벌레를 찾습니다. 과연 구멍 뚫린 잎사귀 뒷면에 껌딱지처럼 등빨간거위벌레가 딱 붙어 앉아 있습니다. 머리 정수리에 있는 까만 물방울무늬가 작은 걸 보니 암컷이군요.

등빨간거위벌레는 어른벌레와 애벌레 모두 오로지 잎사귀만 먹는 채식주의자인데, 입맛이 까다로워 아무 잎사귀나 먹지 않고 꼭 느릅나무과 식물 잎만 골라 먹습니다. 느릅나무과 식물에는 느티나무, 느릅나무가 있는데 녀석은 대개 억센 잎보다는 새로 돋아난 연한 잎을 좋아합니다.

녀석은 고픈 배를 채우기 위해 머리를 푹 수그려 주둥이를 잎에 대고 밥을 먹습니다. 큰턱을 오므렸다 펼쳤다 하면서 잎살을 먹기 시작합니다. 몇 분 동안 먹어 대니 잎사귀에 동그란 구멍이 뚫렸습니다. 그러자 먹던 걸 멈추고서는 바로 옆쪽으로 옮겨 앉아 잎을 또 씹어 먹습니다. 녀석은 배가 부를 때까지 잎을 먹는데, 한곳에서 진득이 앉아 먹지 않고 바로 옆자리로 옮겨 다니며 식사를 합니다. 그래서 등빨간거위벌레가 먹고 난 느릅나무 잎은 여기저기 구멍이 숭숭 뚫려 있습니다. 왜 녀석은 자리를 옮겨 다니며 식사를

할까요? 그 까닭은 단 하나, 주둥이 큰턱이 튼튼하지 못해 섬유질이 많은 질긴 잎맥을 피하고 연한 잎살을 골라 먹기 때문입니다.

느릅나무 잎을 먹으면서 몸을 든든히 채운 등빨간거위벌레는 알 낳을 채비를 합니다. 알 낳는 일은 만만치 않습니다. 알 하나를 낳기 위해서는 고난도 노동을 해야 하기 때문입니다. 여느 곤충들처럼 잎사귀 겉에 알을 그냥 쑥 낳으면 좋으련만 등빨간거위벌레 암컷은 손수 새끼가 자랄 요람 집을 지은 뒤에 알을 낳기 때문에 힘든 노동을 견디어 내야 합니다.

등빨간거위벌레가 느릅나무 잎사귀 여기저기에 구멍을 내며 씹어 먹고 있다.

솜씨 좋은 재단사 등빨간거위벌레

9월 초, 햇살을 등에 지고 등빨간거위벌레가 본격적으로 집 짓기 작업에 들어갑니다. 물론 집 짓는 일은 암컷이 혼자 도맡아 합니다. 등빨간거위벌레 어미가 요람 집을 짓는 광경은 경이로움 그 자체입니다. 미련스러울 만큼 집 짓는 일에 힘을 쏟는 어미를 보면 놀라워 입이 다물어지지 않습니다. 등빨간거위벌레는 본능적으로 정해진 순서에 따라 한 치 오차도 없이 요람 집을 짓습니다. 설계도 하나 없는데도 미리 마련한 설계도에 맞춰 짓는 것보다 훨씬 능수능란하게 세상에 단 하나밖에 없는 독특한 집을 짓습니다.

• 잎사귀 고르기

등빨간거위벌레가 요람 집을 짓기 위해 맨 처음 하는 일은 사전 답사입니다. 느릅나무에 찾아와 줄기에 매달린 느릅나무 잎사귀들을 이리저리 둘러보며 요람 집 지을 재료를 손수 고릅니다. 잎사귀 위쪽, 아래쪽, 오른쪽과 왼쪽을 몇 번씩 왔다 갔다 순례하듯 돌아다니며 집 짓기에 알맞은지 둘러봅니다. 잎에 다른 곤충이 살고 있는지, 다른 벌레가 먹어 치운 흔적은 없는지, 집 지을 만큼 크기가 알맞은지, 잎이 연하고 싱싱한지, 잎이 두꺼운지 얇은지 따위를 꼼꼼히 살핍니다.

일단 잎이 마음에 쏙 들면 잎사귀 주맥을 타고 잎자루 쪽에 있는 잎 뿌리 쪽으로 종종걸음으로 걸어 올라옵니다. 그러고는 두리번거리며 잎사귀 어느 곳을 먼저 오릴지 위치를 가늠합니다. 이때 혹

시라도 잎사귀가 마음에 안 들면 퇴짜를 놓고 옆에 있는 다른 잎사귀로 옮겨 건축 재료를 고르기 위해 똑같은 행동을 되풀이합니다. 심지어 잎을 마름질하다가도 알맞지 않다고 생각되거나 목숨앗이들이 찾아오면 주저 없이 포기하고 다른 잎을 찾아갑니다.

등빨간거위벌레 암컷이 잎사귀를 고르고 있다.

• 잎 오리기

요람 집으로 쓰일 잎사귀를 고르고 나면, 오리기 작업에 들어갑니다. 맨 먼저 잎 뿌리 쪽을 오리기 시작합니다. 자세히 말하면 어미는 잎자루 가까이에 있는 잎 가장자리 쪽으로 가 엉덩이는 주맥 쪽을 향하고, 머리는 잎 가장자리 쪽을 향해 앉습니다. 그리고 머리를 잎 가장자리에 수그려 박고 주둥이로 잎을 오리기 시작합니다. 쉬지 않고 주맥 쪽으로 뒷걸음치며 잎을 꼼꼼하게 자릅니다. 이때 주맥을 기준으로 오른쪽 잎 가장자리부터 자를 때도 있고, 왼

등빨간거위벌레가 느릅나무 잎을 ‘의L 자재형’으로 오렸다.

쪽 잎 가장자리부터 자를 때도 있는 걸로 보아 딱히 오리기 시작하는 쪽을 정하는 것 같지 않습니다. 다만 주맥을 기준으로 왼쪽이든 오른쪽이든 간에 한쪽 면만 마름질합니다. 그래서 마름질 선은 단 하나뿐입니다.

마름질을 시작한 지 20분쯤 지나자, 드디어 주맥 바로 옆까지 오렸습니다. 이때 주맥은 오리지 않고 잎 아래쪽이나 위쪽으로 방향을 튼 뒤 뒷걸음치며 잎을 오립니다. 1~2센티미터쯤 오리자, 어미는 마름질 작업을 딱 멈춥니다. 자른 흔적을 보니 L자처럼 휘었습니다. 이렇게 주맥을 자르지 않고 L자처럼 휘게 오리는 마름질 형태를 전문 용어로 ‘L자재형(L字裁型)’, 영어로 ‘LC type(L shaped cutting type)’이라고 합니다.

거의 모든 등빨간거위벌레는 주맥을 자르지 않고 마름질 선이 1개인 L자 모양으로 잎을 오리지만, 몇몇 등빨간거위벌레는 주맥을 자르기도 합니다. 이때는 마름질 선이 2개 생깁니다. 이 경우, L자처럼 자르다가 주맥을 자르고 이어 주맥을 넘어 반대편까지 짧게 오립니다. 이렇게 자르면 L자 생김새와 살짝 다른 마름질 선이 생깁니다. 이렇게 오린 마름질 형태를 '의L자재형(擬L字裁型)', 영어로 'QL type (Quasi L shaped cutting type)'이라고 합니다.

등빨간거위벌레가 주맥을 오르내리며 흠집을 내고 있다.

재미있게도 가끔 같은 나무줄기에서 두 가지 모양으로 된 마름질 선을 모두 볼 수 있습니다. 하지만 약 67퍼센트쯤 되는 등빨간거위벌레는 'L자재형' 모양으로 잎을 마름질합니다. 어떤 방식으로든 이렇게 마름질을 하면 부분적이긴 하지만 잎사귀는 위쪽 구역과 아래쪽 구역으로 자연스럽게 나뉩니다.

많은 시간과 노동력을 쏟아 굳이 잎을 오리는 까닭은 잎에 들어오는 물길을 막기 위해서입니다. 잎을 자르면 마름질한 잎에 물이 끊겨 시나브로 시듭니다. 그러면 나중에 잎을 더 손쉽게 말아 올릴 수 있습니다. 모래보다 더 작은 뇌를 가진 녀석이 어떻게 잎에 들어오는 물을 끊는 방법까지 알고 있는지 그저 놀라울 뿐입니다.

• 잎맥에 흠집 내기

꼼꼼하게 잎을 자른 뒤 등빨간거위벌레는 잎 뒷면으로 갑니다. 이제부터 해야 할 일은 잎사귀 주맥에 상처를 내는 일입니다. 녀석은 바지런히 잎사귀 뒷면 주맥을 따라 오르락내리락하며 주맥에 주둥이를 대고 흠집을 냅니다. 이때 반드시 마름질한 쪽과 반대편 잎사귀 뒷면에만 흠집을 내는데, 흠집을 내는 간격은 일정하진 않지만 될수록 촘촘히 상처를 냅니다. 주맥에 상처를 내는 까닭은 잎에 물이 드나들지 못하게 끊어 잎을 시들게 만들려는 것입니다. 잎

이 시들면 잎을 말아 올리기가 더 쉽고, 요람 집 짓기 맨 마지막 단계인 말던 잎을 뒤집어 요람을 마무리하는 데 도움이 됩니다. 주맥에 어느 정도 흠집이 나면, 등빨간거위벌레는 잎을 말아 올리기 쉽게 잎사귀 가장자리도 씹어 상처를 냅니다.

• 1차 잎 말아 올리기

시간이 지나면서 잎은 시나브로 시들기 시작합니다. 이제부터 할 일을 잎을 말아 올리는 일입니다. 등빨간거위벌레는 잎을 말기 쉽게 다리를 주맥에 걸치듯이 걸어 다니며 잎사귀에 꾹꾹 힘을 줍니다. 수없이 위아래로 힘을 주며 잎사귀를 밟듯 걸어 다닌 끝에 평면이었던 잎이 주맥을 중심으로 반쯤 접힙니다. 이때 잎 뒷면 주맥이 바깥쪽이 됩니다. 곧바로 녀석은 잎 맨 아래쪽으로 내려가 잎 끝 쪽을 다리로 꾹꾹 누르며 비틀기 시작합니다. 녀석 다리가 왜 알통같이 우람한 근육을 가졌는지 이제야 이해가 되어 나도 모르게 고개를 끄덕입니다.

드디어 본격적인 1차 잎 말아 올리기 작업이 시작됩니다. 접힌 잎 주맥에 걸터앉아 한쪽 다리 3개로는 주맥 부분을 짚고, 다른 쪽 다리 3개로는 잎을 꾹꾹 누르며 말아 올립니다. 7밀리미터밖에 안 되는 녀석이 제 몸보다 몇 배가 큰 잎을 말아 올리는 일은 강도 높은 노동력과 많은 시간 품이 듭니다. 그러나 최선을 다해 느리지만 정교하게 잎을 맙니다. 2바퀴를 감아올리자, 갑자기 잎 말아 올리는 걸 멈추고 이미 말아 올린 요람으로 갑니다. 뭐 하려는 걸까?

• 알 낳기

'ㄴ자재형'으로 잘라 말아 올린 잎

등빨간거위벌레 알

알을 낳기 위해 녀석은 잎 말이 공사를 잠시 멈추고 작업 중인 요람에 머리를 푹 박은 채 구멍을 냅니다. 큰턱으로 잎을 씹어 동그란 구멍이 나면 자세를 180도로 바꾸어 배 꽁무니를 구멍에 갖다 대고 요람 속에 알을 낳습니다. 분만은 단 몇 초 만에 끝났습니다. 알을 하나 낳고서는 산고도 잊은 채 바로 다시 잎을 말아 올리기 시작합니다. 잎을 말아 올리는 순간에도 소중한 알이 구멍에서 빠져나오지 않도록 애쓰는데, 다행히 다리가 우람해서 구멍을 잘 막아 줍니다. 등빨간거위벌레 85퍼센트쯤이 요람 한 개에 알을 한 개 낳습니다. 요람 하나에 알을 두 개 낳는 경우는 15퍼센트쯤으로 드문 편입니다.

• 2차 잎 말아 올리기

알을 낳은 등빨간거위벌레 어미는 새끼가 살 집이자 밥을 먹는 식당인 요람 집을 완성하기 위해 있는 힘을 다해 잎을 말아 올립니다. 잎을 말아 올라가는 도중에 거의 되돌아오는 일이 없습니다. 오로지 요람을 완성하기 위해 온갖 공을 들입니다.

• 요람 집 마무리

'의ㄴ자재형'으로 잘라 말아 올린 잎

말아 올리기를 되풀이한 끝에 재단선 바로 옆까지 잎을 돌돌 말았습니다. 이제 남은 일은 요람 집을 마무리하는 작업입니다. 힘들

게 말아 올린 요람이 풀리지 않게 하려면 특별한 작업이 필요합니다. 어미는 종이접기 대가처럼 말아 올리던 잎을 뒤집어 요람을 휘감습니다. 이렇게 하면 뒤집힌 잎이 요람을 감쌉니다. 성공적으로 원기둥처럼 생긴 요람 집 한 채가 완성되었습니다. 이제 바람이 불든, 누군가 스쳐 가든 요람 집은 풀어지지 않습니다. 등빨간거위벌레 어미가 집 한 채를 짓는 데 1시간 40분에서 2시간이 걸렸습니다. 긴 시간 노동을 해서 지칠 법도 한데, 녀석은 쉬지 않고 또 다른 집을 짓기 위해 다른 잎사귀를 찾아갑니다.

등빨간거위벌레 짝짓기

요람 집 짓는 중에 이뤄지는 짝짓기

다 그런 건 아니지만 등빨간거위벌레는 요람 집 건축 현장에서 때때로 짝짓기를 합니다. 암컷이 요람 집 지을 곳을 고를 때나, 잎을 막 말아 올리기 시작할 때나, 또는 요람 집이 거의 완성될 때 짝짓기가 많이 이뤄집니다. 암컷이 풍기는 페로몬 냄새를 맡고 날아온 수컷은 요람 집 건축에 정신을 쏟고 있는 암컷 둘레를 어슬렁거리며 호시탐탐 짝짓기 기회를 노립니다. 천신만고 끝에 수컷이 암컷 등 위에 올라탑니다. 암컷도 싫지는 않은지 뒷다리로 수컷을 걷어차지 않습니다. 수컷은 우람한 다리로 암컷 몸을 꼭 끌어안듯 붙잡고 짝짓기에 성공합니다. 그런데 뭐가 불안한지 암컷은 한곳에 머무르지 않고 줄곧 잎사귀 위를 걸어 다닙니다. 그럴 때마다 수컷

짝짓기하고 있는 암컷과 수컷에게 다른 수컷이 날아왔다.

은 암컷 등에서 떨어지지 않으려 안간힘을 씁니다.

바로 그때 다른 수컷 한 마리가 짝짓기하는 등빨간거위벌레 부부를 덮칩니다. 다른 수컷은 다짜고짜 신랑 등 위에 올라타더니 신랑을 신부 몸에서 떼어 내려 물어뜯습니다. 신랑은 무례하게 덤비는 다른 수컷 공격을 꿋꿋이 견디며 암컷 등에서 떨어지지 않으려 안간힘을 씁니다. 맞서 싸우지 않고 암컷 몸을 더 단단히 끌어안습니다. 등 위에서 수컷끼리 쟁탈전이 벌어지는데도 암컷은 아랑곳하지 않고 계속 걸어갑니다. 결국 다른 수컷은 제풀에 꺾여 철옹성처럼 버티고 있는 신랑 등에서 내려와 다른 곳으로 떠납니다.

종종 수컷은 암컷이 요람 집을 말아 올리는 중에 찾아오기도 합니다. 이때 수컷은 요람 집 짓는 데 어떤 도움도 주지 않습니다. 철저한 이방인 신분으로 집을 짓고 있는 암컷 둘레를 얼쩡거릴 뿐입니다. 아마 집 짓는 암컷에게 다른 수컷이 접근하지 못하게 보초를 서는 것으로 여겨집니다.

요람은
애벌레 밥상이자 집

등빨간거위벌레 어미가 요람 집 속에 알을 낳은 지 일주일쯤 지났습니다. 드디어 알에서 애벌레가 깨어납니다. 애벌레는 태어나자마자 아늑한 요람 저택에서 살아갑니다. 애벌레 임무는 오로지 먹으면서 몸을 키우는 일입니다. 녀석은 본능적으로 요람 집 안쪽

벽을 먹습니다. 몸이 커지면 허물을 벗으며 무럭무럭 자랍니다. 번데기가 될 때까지 느릅나무 잎으로 겹겹이 싼 요람 집을 먹으며 성장합니다.

애벌레에게 요람 집은 굳건한 요새이자 으뜸 안식처입니다. 애벌레는 집 속에서 살기 때문에 밖에서 전혀 보이지 않아 목숨앗이들 공격을 피할 수 있습니다. 또한 집이 곧 밥집이다 보니 먹이를 찾아 멀리 헤맬 일도 없습니다. 더욱이 요람 집 속은 자외선을 피할 수 있고, 온도와 습도가 알맞게 조절되어 애벌레가 편안하게 살아가는 데 안성맞춤입니다.

보름쯤 지나자, 애벌레는 자기가 지내던 요람 집에서 번데기로 탈바꿈합니다. 또 일주일에서 열흘쯤 지나면 번데기는 어른벌레로 날개돋이합니다. 어른벌레는 억센 주둥이로 요람 집에 구멍을 내고 요람 집 밖, 넓은 세상으로 나옵니다.

등빨간거위벌레도 여느 거위벌레들과 마찬가지로 암컷이 주도적으로 종족 번식 프로젝트를 성공적으로 이루어 냅니다. 암컷, 그들만의 세상을 만들어 가는 것이지요. 몸속 난소에서 알을 만들고, 짝짓기한 뒤 알을 낳고, 자식을 키울 요람 집을 짓습니다. 요람 집을 짓는 것은 자기 유전자를 이어갈 알과 애벌레, 번데기를 보호하기 위해서입니다. 요람 집을 짓는 데 많은 시간 품과 노동 품을 바쳐야 하기에 등빨간거위벌레는 알을 적게 낳습니다. 적게 낳아도 생존율이 높으니 대를 잇는 데는 아무 지장이 없습니다. 적게 낳은 알을 안전하게 지키기 위해 기꺼이 힘든 노동을 참고 견디는 등빨간거위벌레 어미의 모성애가 위대해 보입니다.

잎사귀 여러 장을 뭉쳐
집 짓는

단풍뿔거위벌레

단풍뿔거위벌레

단풍뿔거위벌레 암컷이
집을 지으려고 잎을 고르고 있습니다.

온 세상이 초록으로 물든 5월입니다.
온갖 꽃으로 봄 단장한 대관령 오솔길을 걷습니다.
저 멀리 보이는 능경봉을 배경으로
눈부시게 하얀 돌배나무 꽃이 흐드러지게 피니
산수화가 따로 없습니다.
겨울잠에서 깨어나 봄 마중을 나온 꽃하늘소들, 잎벌레들과
반갑게 인사를 나누며 사부작사부작 걷습니다.
길옆 신나무에도 연초록 새잎들이 탐스럽게 돋아났네요.
가까이 들여다보는데,
나무줄기 사이로 붕대를 감은 것처럼
겹겹이 포개어 뭉친 잎 뭉치가 보입니다.
얼른 봐도 뭉친 잎사귀 수는 예닐곱 장이 넘는 것 같습니다.
뭔 일일까?
멈춰서 살피는데 보석 빰칠 만큼 아름다운 거위벌레 한 마리가
잎 뭉치 앞뒤를 왔다 갔다 하며 새잎을 덧대느라 씨름하고 있습니다.
아! 희한하게 요람 집 짓는 걸로 이름난
단풍뿔거위벌레를 여기서 만나는군요.

신나무

이 꼭지는 딱정벌레목 주둥이거위벌레과 종인 단풍뿔거위벌레(*Byctiscus venustus*) 이야기입니다.

보석처럼 반짝이는 단풍뿔거위벌레

봄이면 숲길에서 단풍뿔거위벌레를 심심찮게 만납니다. 보석 저리 가라 할 만큼 화려하고 아름다워서 한 번만 봐도 마음속 깊게 박힙니다. 단풍뿔거위벌레는 몸길이가 5.5~8.5밀리미터쯤 됩니다. 몸집이 제법 커서 맨눈으로도 관찰할 수 있습니다. 위쪽에서 내려다보면, 머리와 앞가슴등판은 세모지고, 딱지날개는 네모나다 보니 몸매는 전체적으로 몽당연필처럼 생겼습니다. 온몸 색깔은 쇠붙이처럼 반짝이는 풀색인데 주둥이, 머리, 다리, 앞가슴등판, 딱지날개 같은 몸 군데군데에 보랏빛이나 붉은빛이 퍼져 있습니다. 다만 배 쪽은 청람색을 띱니다. 쇠붙이처럼 반짝거리다 보니 햇빛을 받으면 마치 보석 가루를 잘게 잘게 빻아 흩뿌린 것처럼 현란하게

단풍뿔거위벌레는 앞가슴등판에 돌기가 있다.

반짝반짝 빛납니다. 살갗에는 짧은 솜털이 허옇게 덮여 있고, 자잘한 홈들이 빽빽하게 파여 있습니다. 머리는 삼각형으로 주둥이 앞쪽보다 뒷덜미 쪽이 넓어 '길게 늘어난 거위 목'처럼 보이지 않습니다. 더듬이는 11마디로 이루어졌는데, 마지막 3마디는 크고 넓게 부풀어 있습니다. 특히 딱지날개에 찍힌 홈들이 줄지어 쭈르륵 박혀 세로줄을 만듭니다. 여느 거위벌레들과 같이 딱지날개 어깨 부분은 각이 져 있습니다. 다리는 제법 길고 굵어서 튼튼해 보입니다. 특히 사람 허벅지에 해당하는 넓적다리마디는 알통처럼 굵직한 데다 근육질까지 가득 차 있어 요람을 짓는 데 큰 힘을 발휘합니다.

단풍뿔거위벌레를 봤을 때 가장 큰 특징은 주둥이입니다. 주둥이거위벌레아과에 속한 단풍뿔거위벌레는 목거위벌레아과, 거위벌레아과에 속한 여느 거위벌레들과 달리 주둥이가 깁니다. 그래

단풍뿔거위벌레
수컷 옆모습

서 곤충 초보자들은 녀석을 바구미와 헷갈리기도 합니다. 단풍뿔거위벌레는 암컷과 수컷 생김새가 살짝 다릅니다. 수컷은 앞가슴등판 양쪽 옆에 작고 뾰족한 뿔처럼 돋은 돌기가 있지만, 암컷 앞가슴등판에는 없습니다. 또 수컷 더듬이 마지막 3마디가 암컷보다 살짝 더 깁니다.

먹이식물은
단풍나무과 식물

단풍뿔거위벌레는 밥을 가려서 아무 식물이나 먹지 않고 꼭 단풍나무과 식물을 주식으로 삼습니다. 어미는 애벌레가 고생하며 먹이를 찾아다니지 않도록 단풍나무과 식물 잎사귀로 요람 집을 지어 줍니다. 단풍나무과 식물은 우리나라 곳곳에 널리 자라고 있습니다. 대표적인 종으로 단풍나무, 고로쇠나무와 신나무를 들 수 있습니다.

단풍뿔거위벌레는 족보상 딱정벌레목 가문에 거위벌레과 집안 주둥이거위벌레아과 식구입니다. 사는 곳은 동북아시아 지역입니다. 우리나라 북부 지방에서 남부 지방에 이르기까지 온 나라 방방곡곡에 살고 있으며, 나라 밖으로는 일본, 중국과 러시아에 삽니다.

거위벌레과 vs. 바구미과

여기서 잠깐 거위벌레와 바구미 구분법을 알아볼까요? 첫째는 머리 생김새가 다릅니다. 주둥이거위벌레아과 거위벌레는 머리 뒷부분이 거위처럼 길고 좁게 늘어나 있는데, 바구미는 늘어나지 않습니다. 둘째는 주둥이 생김새가 다릅니다. 주둥이거위벌레아과를 뺀 거위벌레 무리는 주둥이가 뭉툭하게 짧지만, 바구미 무리는 주둥이가 코끼리 코처럼 앞쪽으로 길게 쭉 뻗쳐 있습니다. 셋째는 더듬이 생김새가 다릅니다. 거위벌레 무리는 더듬이가 늘 곧게 뻗어 있지만, 바구미 무리 더듬이는 팔꿈치가 굽은 듯한 L자처럼 구부러져 있습니다.

여러모로 단풍뿔거위벌레가 속해 있는 주둥이거위벌레아과 곤충은 바구미와 닮았지만, 더듬이 생김새가 크게 달라서 누가 바구미이고 누가 거위벌레인지를 쉽게 구분할 수 있습니다.

마름질하지 않고 요람 집 짓기

봄이 무르익어 가는 5월 중순, 그새 신나무에 돋은 새 줄기마다 옅은 풀빛 잎사귀들이 풍성하게 매달려 있습니다. 이때를 기다렸다는 듯이 단풍뿔거위벌레 한 마리가 '쌩' 하고 신나무에 날아옵니다. 앞가슴등판 양옆에 돌기가 없는 걸 보니 암컷입니다. 다른 식물은 쳐다보지도 않고 단풍나무과 식물인 신나무를 찾아온 걸 보니 알을 낳으러 온 것 같습니다. 단풍뿔거위벌레 애벌레 밥은 오로지 단풍나무과 식물 잎사귀이기 때문입니다.

예상한 대로 암컷은 신나무에 도착하자마자 잰걸음으로 왔다 갔다 이리저리 새 줄기를 살피며 일생일대 최대 임무인 알 낳을 준비를 합니다. 단풍뿔거위벌레는 자식 사랑이 지극해서 알을 잎사귀 위 아무 데나 드러나게 그냥 낳지 않고 꼭 요람 집을 지어 그 속에 낳습니다. 다만 뛰어난 재단사인 거위벌레아과, 목거위벌레아과에 속한 여느 거위벌레 곤충들과 전혀 다른 기술로 요람 집을 짓습니다. 특이하게 단풍뿔거위벌레는 거위벌레과 특허 기술인 마름질 작업을 전혀 하지 않은 채 집을 짓습니다.

잎을 여러 장 뭉쳐 요람 집 짓기

• 잎사귀 고르기

단풍뿔거위벌레 어미가 요람 집을 짓기 전에 가장 먼저 하는 일은 집터 고르기, 즉 잎사귀 고르기입니다. 이때 잎은 한 장이 아니라 여러 장입니다. 어미는 새 줄기를 왔다 갔다 하더니 이내 잎자루를 타고 잎사귀로 내려가 잎몸을 빙빙 걸어 다닙니다. 마치 똥마려운 강아지처럼 옆 잎사귀들까지 종종걸음으로 왕복 달리기 하듯 돌아다니며 줄기에 매달린 여러 잎사귀들 상태를 살핍니다.

신나무 잎을 둘러보고 있는 암컷

• 줄기나 잎자루 물길 막기

잎사귀들이 마음에 쏙 들면 곧바로 연한 줄기를 주둥이 큰턱으로 깨물어 여러 군데에 정성껏 흠집을 냅니다. 어떤 때는 줄기 일부분을 싹둑 자르기도 합니다. 또 잎자루로 다가가 역시 잎자루에도 주둥이 큰턱으로 상처를 냅니다. 줄기와 잎자루에 상처를 낸 덕분에 잎몸으로 향하는 물길이 막혀 잎은 시나브로 시들어 갑니다. 이때 골랐던 잎이 마음에 안 들면 과감히 포기하고 다른 잎을 찾아 날아갑니다. 심지어 줄기나 잎자루에 흠집을 내 물길을 막은 뒤에도 꺼림칙하거나 목숨앗이들에게 위협을 느끼면 곧바로 버리고 다른 잎을 찾아갑니다. 그래서 잎자루나 줄기에 생채기가 나서 시들어 축 늘어져 있는 단풍나무 잎이나 신나무 잎을 때때로 볼 수 있습니다.

• 잎을 통째로 비틀어 말기(1차 요람 만들기, 전기)

터 잡는 공사가 끝나자, 암컷은 잎사귀를 더 오리지 않고 본격적으로 잎을 말기 시작합니다. 잎사귀 맨 아래쪽으로 내려가 잎사귀를 접기 시작합니다. 튼튼한 다리로 잎을 꾹꾹 누르면서 잎을 쥡니다. 수없이 똑같은 행동을 되풀이하며 주맥을 타고 위아래로 오르내리며 세로로 잎을 맙니다. 그리고 바로 옆에 있는 잎을 끌어와 이미 세로로 만 요람에 덧대어 말기 시작합니다. 물론 이때도 주둥이로 요람을 매만지고 튼튼한 다리로 잎을 꾹꾹 누르며 쥐는 작업을 되풀이합니다. 드디어 잎사귀 2장이 새끼를 꼬듯이 말렸습니다.

단풍뿔거위벌레 암컷이 큰턱으로 자른 줄기

단풍뿔거위벌레 어미가 잎을 말아 올리려 준비하고 있다.

단풍뿔거위벌레 어미가 잎을 하나 덧대어 말아 올렸다.

단풍뿔거위벌레 어미가 옆에 있는 잎을 덧대고 있다.

완성된 집

단풍뿔거위벌레가 집 짓는 도중에 짝짓기하고 있다.

• 알 낳기

잎 2장을 세로로 비틀어 만 뒤, 단풍뿔거위벌레 어미는 알을 낳습니다. 배 꽁무니를 요람 가장 안쪽이나 잎이 겹쳐진 사이에 대고 알을 낳고, 어떤 때는 옆에 있는 잎을 끌어다 붙인 뒤 그 사이에 알을 낳기도 합니다. 놀랍게도 암컷이 낳은 알은 여러 개입니다. 보통 5~7개 알을 낳는데, 어떤 어미는 알을 10개 낳을 때도 있습니다. 이렇게 집에 많은 알을 낳는 것을 '복수 산란'이라고 합니다. 알 색깔은 우윳빛이며 타원형으로 생겼습니다.

• 여러 잎을 덧대어 붙여 세로로 말기(2차 요람 만들기, 후기)

무사히 알을 여러 개 낳자, 어미는 알을 보호하기 위해 둘레에 있는 잎사귀들을 끌어와 덧대기 시작합니다. 잎사귀 하나를 끌어다 이미 만들어진 요람에 붙이는 일은 정말 힘든 일입니다. 로봇처럼 다리로 쥐어짜듯 꾹꾹 누르기를 되풀이하며 잎을 세로로 덧대어 맙니다. 요람 하나 만드는 데 쓰는 잎은 적게는 네댓 장부터 많게는 스무 장이 듭니다. 어미가 쏟는 정성을 생각하면 놀랍고 안쓰러워 입이 다물어지지 않습니다. 1센티미터도 안 되는 녀석이 제 몸보다 수십 배나 되는 잎을, 그것도 스무 장을 말아 요람을 만들다니! 과연 건축 천재입니다. 이렇게 여러 장 잎으로 완성한 요람 집은 마치 알을 감싼 포대기 같기도 하고, 칭칭 감은 붕대 같기도 합니다. 잎을 여러 장 겹쳐 만든 요람 집은 땅에 떨어지는 일이 거의 없습니다. 나무줄기에 매달린 채 단풍뿔거위벌레 애벌레에게 안전한 집이자 풍성한 밥집이 되어 줍니다.

요람 속에서 모여 사는 형제자매

단풍뿔거위벌레 알

어미가 낳은 여러 개 알에서 애벌레가 여러 마리 태어납니다. 이제 애벌레들은 한솥밥을 먹으며 자라야 할, 한배를 탄 형제자매입니다. 본능적으로 애벌레들은 자기들이 태어난 요람이 곧 밥집이라는 것을 압니다. 누가 먼저랄 것도 없이 주둥이를 요람 벽에 대고 밥을 먹기 시작합니다. 여러 마리가 한꺼번에 밥을 먹으니 요람을 만든 잎사귀 한 겹이 뚝딱 사라졌습니다. 다행히 어미가 여러 잎을 겹쳐 요람을 만든 덕에 여러 자식이 먹어도 밥은 절대로 모자라지 않습니다. 앞을 내다보는 어미 지혜가 놀라울 뿐입니다.

그럼에도 애벌레들 몸집은 다 똑같지 않습니다. 어미가 같은 시간에 알을 낳았어도 몸집이 큰 애벌레와 작은 애벌레가 요람에서 함께 지내는 것을 보면 아마도 애벌레들 간에 먹이 경쟁이 있는 것으로 보입니다.

애벌레 몸 색깔은 우윳빛입니다. 쉴 때는 거의 몸을 구부리고 있습니다. 요람을 먹고 살기 때문에 멀리 움직일 필요가 없어 다리가 짧습니다. 애벌레들은 잎으로 겹겹이 말아 놓은 요람 집 안쪽부터 먹습니다. 양껏 먹고 몸이 불어나면 허물을 벗고, 또 먹다가 몸이 커지면 허물을 벗으며 자랍니다. 드디어 종령 애벌레가 되면, 놀랍게도 애벌레는 요람을 과감히 벗어나 땅속으로 들어갑니다. 이때가 초여름입니다. 종령 애벌레는 땅속에서 애벌레 모습으로 여름 내내 여름잠에 들어갑니다.

단풍뿔거위벌레 중간 애벌레(오른쪽)와 종령 애벌레(왼쪽)

가을이 되어서야 비로소 애벌레는 번데기로 탈바꿈합니다. 그리

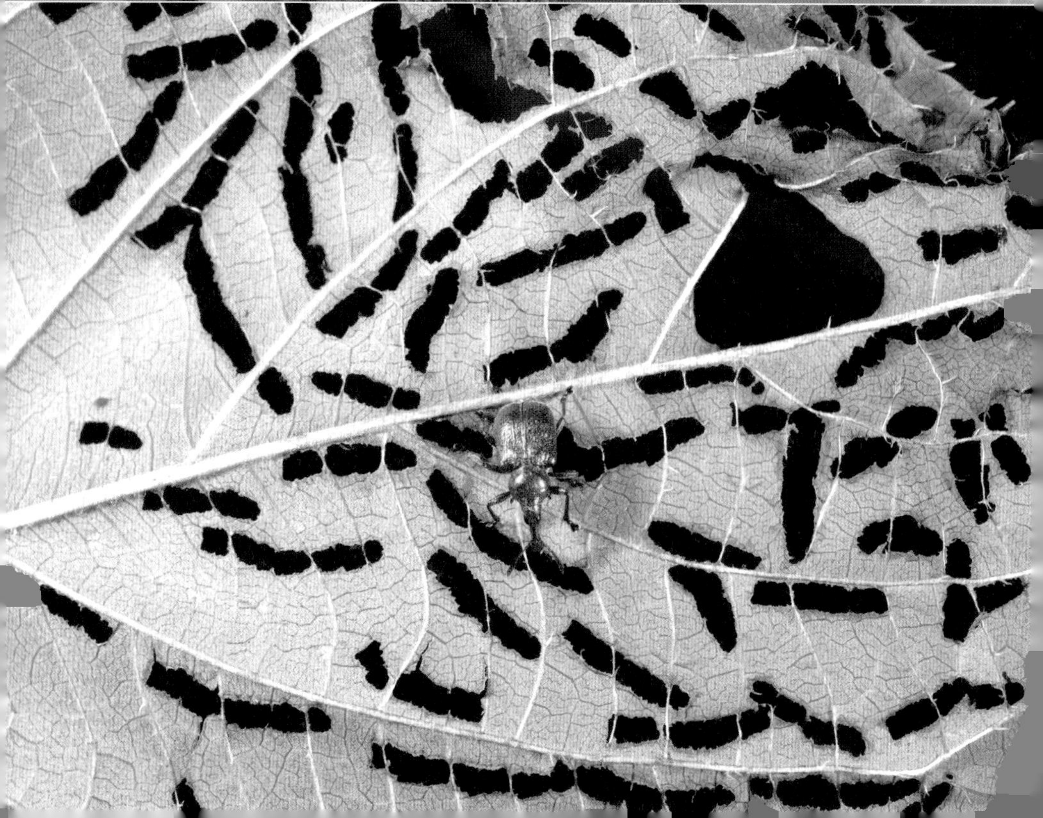

한집에 모여 살고 있는 단풍뿔거위벌레 애벌레

고 보름쯤 지나면 드디어 번데기에서 어른벌레가 날개돋이에 성공합니다. 겨울이 멀지 않아서인지 2세대 어른벌레는 그대로 땅속에서 겨울잠을 잔 뒤 이듬해 봄에 땅속을 벗어나 바깥세상으로 나옵니다. 때때로 어떤 어른벌레는 가을에 날개돋이해서 땅 밖으로 나옵니다. 겨울이 오기 전에 먹이식물 잎사귀를 먹으며 영양을 보충하다 추워지면 겨울잠에 들어갑니다.

가을에 날개돋이한 어른벌레가 여기저기 잎을 씹어 먹고 몸에 영양을 가득 채우고 있다.

손수 오린 잎으로 집 짓는

가위벌 무리

윤가위벌

윤가위벌이 큰금계국에 날아와
배에 꽃가루를 모으고 있습니다.

6월 중순, 양평에 있는 연구소에서 며칠 느긋하게 머무르며
곤충들과 데이트합니다. 오전 내내 비가 부슬부슬 내립니다.
점심 무렵, 비가 그치기 무섭게 풀숲과 나뭇잎 아래에서
비를 피하던 곤충들이 죄다 마당에 나옵니다.
어젯밤부터 굶은 탓인지 저마다 입맛에 맞는 식사를 하느라 바쁩니다.
나방 애벌레들은 잎사귀를 먹고, 벌과 파리들은 그새 흐드러지게 핀
개망초와 큰금계국 꽃 위를 붕붕 빠르게 날아다닙니다.
다들 앉았다 날았다 하며 꽃가루와 꽃꿀 식사에 정신이 없습니다.
그 틈에 제법 통통한 벌 한 마리가
꽃가루가 소복소복한 큰금계국 꽃 위에 납작 엎드리듯 앉아
긴 주둥이를 빼내 꽃꿀을 빱니다.
몸이 들썩일 때마다 언뜻언뜻 노오란 배 아랫면이 보이는데
예사롭지 않습니다.
숨죽이고 녀석과 눈높이를 맞춘 채 엉거주춤 앉아 들여다보니,
아! 윤가위벌이군요. 배 전체가 꽃가루 범벅입니다.
뒷다리에 꽃가루 덩어리를 매달고 다니는 꿀벌은 자주 만나 익숙하지만,
배에 꽃가루를 수집하는 가위벌은 좀 낯섭니다.

장미가위벌

이 꼭지는 벌목 가위벌과 가위벌속(*Megachile* Genus)에 속한 가위벌 무리 이야기입니다.

가위질 하는 것처럼
잎을 잘 오려서 가위벌

가위벌류는 벌목 가문에 가위벌과 집안 식구로 우리나라에는 43종이 살고 있습니다. 이 많은 종들 가운데 이 꼭지에서 소개하는 '가위벌류'는 가위벌속(*Megachile* Genus)을 뜻합니다. 한국산 가위벌속 곤충은 모두 21종으로 많은 편입니다. 장미가위벌, 어리장미가위벌, 왕가위벌, 윤가위벌, 장수가위벌 같은 벌이 속해 있습니다. 꿀벌과 먼 친척 관계인 가위벌류는 호박벌이나 꿀벌처럼 사회생활을 하지 않고 암컷 혼자서 집을 짓고 애벌레를 키우는 단독 생활을 합니다. 어른벌레 암컷은 집을 짓기 위해 쓸 재료인 잎사귀를 정교하게 오립니다. 이때 가위로 오리는 것처럼 잎을 잘 마름질한다고 '가위벌'이라는 이름이 붙었습니다. 어른벌레는 거의 4월부터 9월까지 돌아다닙니다.

가위벌류

꽃가루를
배 아래쪽에 모으는 가위벌

거의 모든 가위벌류는 먼 친척인 꿀벌보다 몸집이 더 크고 뚱뚱합니다. 몸에는 꽃가루를 잘 모을 수 있게 털이 북슬북슬 많이 붙어 있는데, 유난히 배 아래쪽에 사뭇 다른 특수한 털들이 빽빽하게 뭉쳐 있습니다.

가위벌류 어미 벌은 자식 사랑이 지극해서 새끼가 평생 아늑한 곳에서 밥걱정 없이 살 수 있게 집을 짓고 먹을거리를 모아 둡니다. 집 짓는 재료는 식물 잎사귀이고 집 짓는 곳은 거의 구멍 속입니다. 식물을 가리지 않고 싸리나무, 찔레나무, 장미 같은 우리 둘레에서 흔히 만나는 식물 잎을 오립니다. 마치 본을 뜨고 깔끔하게 오린 것처럼 잎사귀를 동전처럼 동그랗게 하나하나 오립니다. 그런 뒤 곧바로 나무 구멍 속, 건물 빈틈, 대나무 줄기 속, 하늘소 같은 곤충이 날개돋이해 뚫고 나온 구멍, 담장 아래에 난 구멍, 갈대 줄기 속, 땅속 작은 구멍, 심지어 버려진 음료수 빨대 속에 가져가 집을 짓습니다.

집을 다 지으면, 어미 벌은 새끼가 먹을 밥인 꽃가루와 꽃꿀을 구해 옵니다. 이 꽃 저 꽃을 돌아다니며 배 아래쪽 털 다발에 꽃가루를 모으고 주둥이로는 꽃꿀을 모아서 집 속으로 옮깁니다. 어미 벌은 새끼가 평생 먹을 먹을거리를 모아야 하기 때문에 수십 송이도 넘는 꽃들을 돌아다니며 꽃가루와 꽃꿀을 모읍니다. 이때 가위벌류는 나무와 풀에 핀 꽃들을 오가며 우연히 꽃가루받이를 도와 식물이 열매와 씨앗을 맺게 도와줍니다. 다시 말하면 가위벌류는

가위벌류가 해당화에서 꽃가루를 배에 모으고 있다.

아주 유능한 화분 매개 곤충입니다. 식물 꽃가루받이를 도와 식물이 대를 잇는 데 가장 큰 이바지를 합니다. 수십 차례 집과 꽃밭을 오가며 꽃가루를 넉넉히 모으면 그제서야 어미 벌은 꽃가루 덩어리 위에 알 하나를 낳습니다. 마지막 작업은 방 입구 막기. 다시 풀밭으로 나와 식물 잎을 가위질하듯 오린 뒤 집으로 가져와 입구를 꼼꼼하게 막습니다.

육아 방 짓고 꽃가루 덩어리 모으는 장수가위벌

가위벌속 식구 가운데 장수가위벌(*Megachile pseudomonticola*)은 몸길이가 17~20밀리미터로 몸집이 꽤 큽니다. 온몸 색깔은 까만데, 가슴등판과 2~3번째 배마디 뒤쪽 가장자리는 흙색입니다. 일본 고유종으로 알려졌지만, 2013년 논문을 통해 우리나라에도 산다고 보고되었습니다. 장수가위벌이 집 짓는 과정은 다음과 같습니다.

• 집터 고르기

장수가위벌 어미 벌은 수벌과 짝짓기한 뒤 본격적으로 집 지을 준비를 합니다. 맨 먼저 집 지을 곳을 찾아야 합니다. 어미 벌은 길쭉한 튜브처럼 생긴 곳을 좋아해서 대나무 통, 갈대 줄기, 나무에 뚫린 구멍, 건물 틈새 둘레를 날며 알맞은 곳을 찾습니다. 한참을

윤가위벌이 코스모스에서 꽃가루를 모으고 있다.

장수가위벌이 집 짓기 알맞은 통나무 구멍을 찾았다.

날아다닌 끝에 제 몸통과 얼추 비슷한 크기로 구멍이 뚫려 있는 통나무를 발견하고 집터로 정합니다.

• 잎사귀 오려다 집 짓기

집터를 정한 뒤 장수가위벌은 집 지을 재료를 구하러 나갑니다. 건축 재료는 잎사귀! 식물은 어디에나 널려 있으니 재료는 힘들이지 않고 구할 수 있습니다. '부웅' 날아 잎사귀에 도착하자 잰걸음으로 걸어 다니며 잎 상태가 어떤지 이리저리 살펴보고 점검합니다. 마음에 쏙 들면 곧바로 잎 가장자리에 앉아 머리를 수그리고 잎을 오리기 시작합니다. 길고 날카로운 큰턱을 오므렸다 벌렸다 하면서 싹둑싹둑 잘라 내기 시작합니다. 얼마나 정교한지 흠잡을 데 없이 깔끔하게 자릅니다. 솜씨 좋은 재단사인 걸 뽐내기라도 하듯 한 치도 머뭇거림 없이 솜씨 좋게 잎을 둥그스름하게 오립니다. 2분쯤 뒤, 드디어 동전처럼 동그란 잎 조각이 잘려 나와 줄지에 본 잎사귀에 큰 구멍이 뚫렸습니다.

이어 어미 벌은 오려 낸 잎 조각을 옮기기 위해 다리로 꾹꾹 누르며 원기둥처럼 돌돌 맙니다. 그러고 나서 둥글게 만 잎을 큰턱으로 꽉 문 채 여섯 다리로 끌어안듯 움켜쥐고 '부웅' 날아갑니다. 그 모습이 마치 빗자루를 타고 나는 요정 같습니다. 녀석이 도착한 곳은 미리 봐 두었던 통나무 구멍입니다. 기특하게도 길을 잃지 않고 정확하게 찾아옵니다. 잠시 구멍 앞에 앉더니 곧바로 속이 뻥 뚫린 구멍 속으로 잎 조각을 거뜬히 안고 쏘옥 들어갑니다. 머리가 먼저 들어가고 배 꽁무니가 나중에 들어갑니다. 어미 벌은 속이 텅 빈 구멍 속에 컵을 옆으로 눕힌 것처럼 잎 조각을 정성껏 넣어 둡니다. 그리고 비좁은 공간에서 몸을 반 바퀴 돌려 U턴을 해서 통나무 구멍 밖으로 나옵니다.

또 다시 어미 벌은 집 지을 재료를 가지러 날아갑니다. 좀 전에 작업했던 잎사귀를 찾아가 두 번째 잎을 오리기 시작합니다. 다 오리면 잎 조각을 물고 통나무 구멍으로 날아가 앞서 가져다 놓았던 잎에 포개어 놓습니다. 세 번째, 네 번째…… 그렇게 어미 벌은 통나무 구멍과 식물 잎을 15번쯤 왔다 갔다 하며 잎을 오려 육아 방이 완성될 때까지 통나무 구멍 속으로 나릅니다. 쉬지 않고 잎을 날라다 켜켜이 포개고 또 포갭니다. 이렇게 포갠 모습이 마치 고깔모자를 여러 개 포개어 쌓아 두는 것 같습니다. 육아 방 하나를 만드는 데 드는 잎 조각은 15개쯤 됩니다. 어미 벌이 쉬지 않고 일한 끝에 드디어 아늑한 육아 방이 완공됩니다.

장수가위벌이 여러 번 잎을 오려 나무 구멍에 넣고 있다.

• 꽃가루와 꽃꿀 모으기

육아 방을 다 짓자, 장수가위벌 어미 벌은 마음이 더 바빠집니다. 어미 벌 임무 중 가장 중요한 일인 알을 낳는 일이 남았기 때문입니다. 알은 아무 데나 낳지 않고 반드시 꽃가루와 꽃꿀로 만든 꽃가루 덩어리에 낳아야 합니다. 알에서 깨어날 새끼가 다른 음식은 안 먹고 오로지 꽃가루 경단만 먹기 때문이지요. 그래서 엄마는 집 짓느라 지친 몸을 추스르지도 못하고 곧바로 들판에 핀 꽃을 찾아 헤맵니다. 마침 길가에 코스모스 꽃과 벌개미취 꽃이 활짝 피었습니다. 꽃 위에 앉자마자 목숨앗이가 있는지 없는지 두리번거린 뒤 주둥이로 꽃꿀을 빨고 배 아래쪽에 뭉쳐 있는 털에 꽃가루를 듬뿍 묻힙니다. 노란 꽃가루가 솔처럼 길고 빽빽이 난 털에 소복소복 붙습니다.

어미 벌은 목숨앗이들을 피하느라 한 꽃에 오래 머물지 않고 이

방 하나를 다 짓자 배에 꽃가루를 모아 오고 있다.

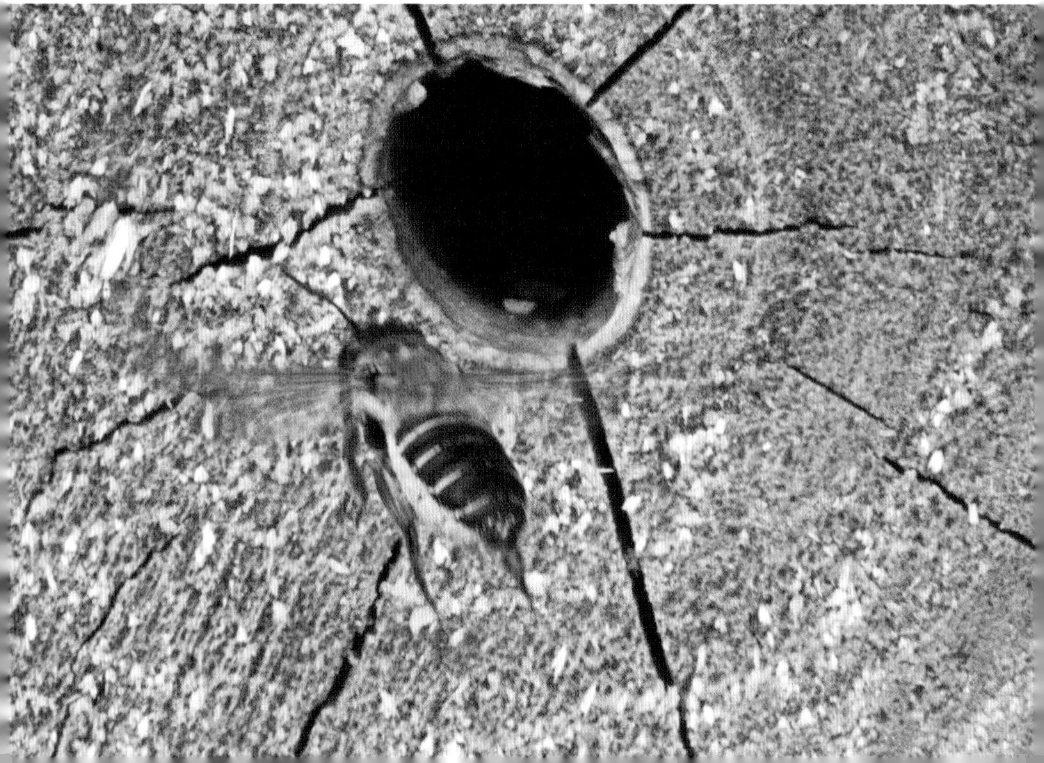

꽃 저 꽃을 부지런히 옮겨 다니며 줄곧 꽃가루를 배 아래쪽 털에 묻힙니다. 꽃가루가 많이 모아지면 서둘러 통나무 구멍 속에 만든 육아 방으로 가져갑니다. 육아 방에서 침을 섞어 꽃가루와 꽃꿀을 반죽해 경단을 빚은 뒤 그 위에 알 하나를 낳습니다. 이제 마지막 작업인 육아 방을 틀어막는 일만 남았습니다. 어미 벌은 다시 육아 방 밖으로 나가 잎을 동그랗게 오려 와 육아 방 입구를 막아 버립니다. 그 어떤 목숨앗이도 넘보지 못하게 문단속을 하는 것이지요. 이로써 어미 벌은 1호 육아 방을 짓고, 알을 한 개 낳는 데 성공했습니다. 신기하게도 어미 벌은 육아 방을 짓고 꽃가루를 모으는 동안 길을 잃지 않고 정확하게 집을 찾아옵니다. 어미 벌이 배에서 나오는 화학 물질을 집 입구에 발라 놓았기 때문입니다.

그 뒤로 어미 벌은 쉬지 않고 1호 육아 방 앞쪽에 2호, 3호, 4호…… 육아 방을 잇달아 나란히 짓고 꽃가루 경단을 넣은 뒤 방 하나하나마다 알을 낳습니다. 방 하나에 넣어 둘 꿀과 꽃가루를 모으는 데 보통 꽃을 20차례 넘게 찾아다닙니다. 나란히 늘어선 방 가운데 맨 안쪽 1호 방에는 앞으로 암벌이 될 알을 낳고, 맨 바깥쪽 방에는 수벌이 될 알을 낳습니다.

꽃가루 경단을 먹고 자라는 애벌레

며칠 뒤 어미 벌이 낳은 알에서 애벌레가 깨어났습니다. 어미 벌

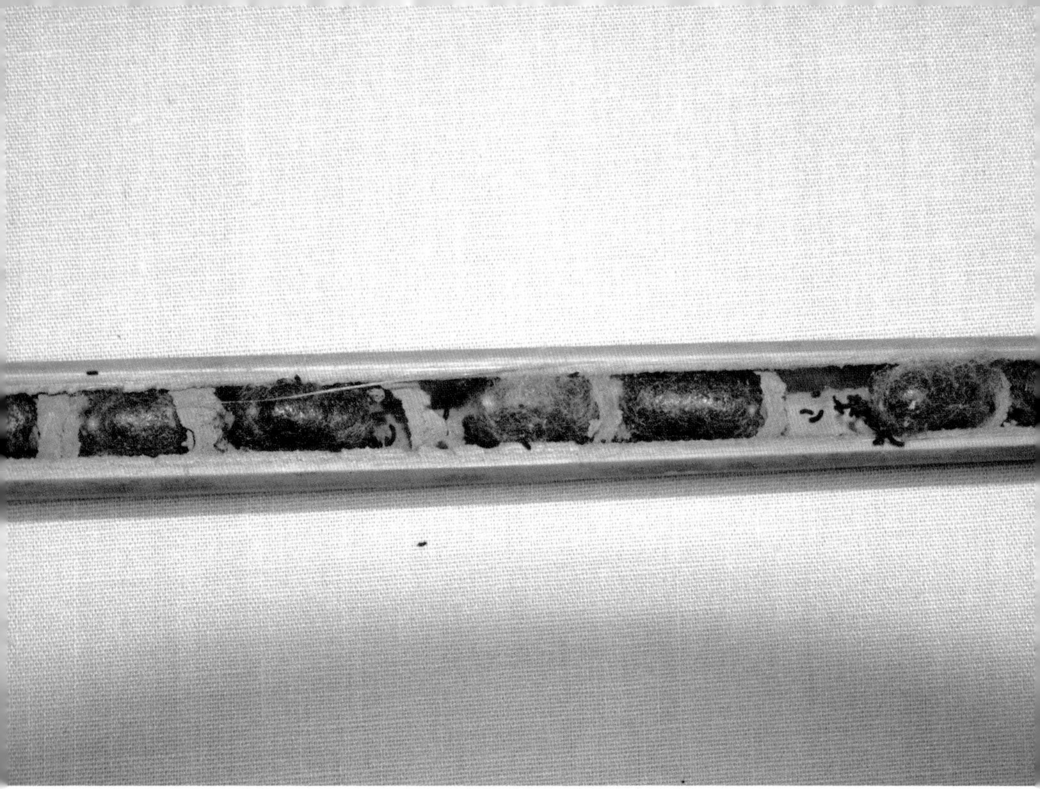

머리뿔가위벌 고치가 들어 있는 방

은 먹을거리만 모아 둘 뿐 새끼를 보살피지는 않습니다. 어미가 알을 다 낳은 뒤 삶을 마감했기 때문이지요. 씩씩한 애벌레는 어미벌이 지극정성으로 피땀 흘려 구해 온 꽃가루 경단을 맛있게 먹으면서 홀로 큽니다. 몸집이 커지면 허물을 벗고, 또 밥을 먹고 몸집이 커지면 허물을 벗으면서 무럭무럭 자랍니다. 몇 주 지나 애벌레는 자기가 지내던 육아 방에서 얇은 고치를 지은 뒤 그 속에서 번데기로 탈바꿈합니다.

그리고 이듬해 봄이 되면 번데기에서 어른벌레로 날개돋이해 집 밖으로 나옵니다. 이때 맨 안쪽 1호 방 가위벌이 먼저 날개돋이할 경우 아주 곤란한 일이 벌어집니다. 물론 이웃한 육아 방에 있는 형제자매 벌이 비슷한 시기에 날개돋이하면 큰 문제가 없습니다. 만일 이웃한 형제자매 벌이 날개돋이하지 않을 때는 어떻게 할까요? 그때는 이웃 형제자매가 날개돋이할 때까지 기다리기도 하고, 때로는 이웃 방을 물어뜯어 형제자매를 죽이고 탈출하기도 합니다. 하지만 대부분 날개돋이하는 기간이 엇비슷해서 1호 방 가위벌이 기다리는 경우가 많습니다.

꽃가루로 집 짓는

호박벌

호박벌

호박벌이 쉬땅나무 꽃에 날아와
꽃가루를 모으고 있습니다.

7월 중순,

경기도 남양주에 있는 아세안 자연휴양림에서 하룻밤을 묵었습니다.

한낮 무더위를 피해 아침 일찍부터 휴양림 오솔길을 걷습니다.

길섶에 쉬땅나무 꽃이 무리 지어 탐스럽게 피어났습니다.

그런데 꽃 둘레가 떠들썩합니다.

'부~웅 부~웅 부~웅'

벌들이 요란한 소리를 내며 꽃 위에 앉았다 날았다

호떡집에 불난 것처럼 부산스럽습니다.

대충 세어 봐도 족히 열 마리는 넘습니다.

이 더운 여름날에 모피 옷을 걸치고

꽃가루 쟁탈전을 벌이는 호박벌 일벌입니다.

호박벌

이 꼭지는 벌목 꿀벌과 종인 호박벌(*Bombus ignitus*) 이야기입니다.

엉덩이가
둥근 호박 닮은 호박벌

예전에는 식물만 있으면 날아올 만큼 흔했는데, 십수 년 전부터 개체 수가 줄어들어 귀한 몸이 된 호박벌을 아침 일찍부터 만나다니! 이리 많은 호박벌을 한곳에서 본 게 언제였던지 기억이 가물가물합니다. 지금은 사람 손을 타지 않고 살충제를 뿌리지 않는 깨끗한 곳에서나 볼 수 있으니 마음이 쓰립니다. 미국도 사정은 마찬가지라 1990년 이후 개체 수가 87퍼센트나 가파르게 줄었습니다. 결국 호박벌은 2017년 미국 전역에서 멸종위기종으로 지정되어 보호받고 있습니다. 우리에게도 소 잃고 외양간 고치는 일은 언제든지 일어날 수 있습니다. 식물 중매 권위자인 호박벌 가문이 번창해야 식물에 기대고 사는 모든 동물들, 특히 우리 인간들이 멸종되지 않고 살아남을 수 있다는 걸 되새겨 봅니다.

고려엉겅퀴 꽃에 찾아온 호박벌 수컷

고려엉겅퀴 꽃에 날아온 호박벌 암컷

호박벌 여왕벌은 몸길이가 21밀리미터쯤 되어서 몸집이 큰 헤비급입니다. 몸통은 굵고 뚱뚱해 후덕하기 이를 데 없습니다. 날개는 뚱뚱한 몸매에 비해 너무 작아 볼품이 없습니다. 온몸에 모피옷을 두른 것처럼 털들이 물샐틈없이 빽빽하게 나 있어 털북숭이 그 자체입니다. 몸 색깔은 암컷과 수컷이 다릅니다. 우선 암컷인 여왕벌과 일벌은 온몸이 까만 털로 덮고 있는데 배마디 끝부분에만 진한 흙빛 털이 덮여 있습니다. 여왕벌과 일벌은 몸 색깔 차이가 없어서 몸 크기로 구분하는데, 몸길이가 16밀리미터쯤 되는 일벌보다 여왕벌 몸집이 훨씬 큽니다. 암컷 다리 가운데 종아리마디는 넓고 납작하며 까만색 털이 빼곡하게 붙어 있습니다. 이에 비해 수벌은 몸길이가 16밀리미터쯤 되어서 여왕벌보다 몸집이 작습니다. 몸 색깔도 여왕벌과 다릅니다. 수벌은 온몸이 흙빛을 띠고 가슴 부분과 배마디에 까만색 띠가 있습니다. 얼굴 앞부분에도 노란털이 있습니다. 수벌 다리 가운데 종아리마디는 가늘고 길며 짙은 노란색 털이 많이 나 있습니다. 하지만 호박벌은 무늬 변이가 심해서 종을 구분하는 데 조금 어려움이 따릅니다.

호박벌은 양봉꿀벌이나 재래꿀벌처럼 여왕벌, 일벌, 수벌로 이루어진 계급을 이루며 사회생활을 합니다. 뚱뚱하고 두루뭉술한 어른벌레 배가 호박처럼 둥글다고 '호박벌'이라는 이름이 붙었습니다. 어른벌레는 거의 4월부터 9월까지 돌아다니고 주로 산지 지역에서 삽니다. 우리나라 말고도 나라 밖으로는 일본, 중국과 러시아 지역에 널리 분포합니다.

호박벌 암컷

호박벌은 대표적인 꽃가루를 옮기는 곤충, 즉 중매쟁이 곤충입니다. 식물 꽃가루받이를 도와 열매와 씨앗을 맺게 하는 데 엄청

나게 이바지합니다. 먹성이 너무 좋아 꽃이란 꽃은 모두 먹습니다. 특히 봄철에는 겨울잠에서 깨어나 배를 채우느라 산괴불주머니, 복사나무, 벚나무, 현호색, 진달래, 산철쭉, 버드나무, 등나무처럼 종을 가리지 않고 모든 꽃에 찾아옵니다.

호박벌과 닮은
서양꿀벌

닮은 듯 다른 꿀벌과 호박벌

호박벌은 꿀벌과 함께 꿀벌과(科) 집안에 꿀벌아과(亞科)에 속해 가까운 친척입니다. 하지만 한살이나 생태는 서로 사뭇 다릅니다. 우선 공통점을 들면 두 종 모두 사회생활을 하며 집을 짓고 그 집 속에서 가족이 함께 삽니다. 하지만 다른 점이 있는데, 꿀벌은 여러해살이(perennial)라 왕국이 멸망할 때까지 한살이가 해마다 이어져 연거푸 돌아갑니다. 하지만 호박벌은 일년생(annual)이라 한살이가 한 해에 한 번 돌아갑니다. 그래서 꿀벌 여왕벌은 수명이 길어서 최대 4~5년 동안 오래 살면서 알을 낳고, 추운 겨울이 와도 일벌이 죽지 않아 온 가족이 둥지 속에서 겨울잠을 잡니다. 반면에 호박벌은 창시자 여왕벌이 10달쯤밖에 살지 않습니다. 여름쯤 후계자 여왕벌이 나올 때쯤이면 창시자 여왕벌은 삶을 마감하고, 후계자 여왕벌은 수벌과 짝짓기한 뒤 땅속에서 겨울잠을 잡니다.

호박벌과 닮은
삽포로뒤영벌

호박벌과 뒤영벌은 가까운 친척 사이

호박벌은 족보상 꿀벌과 꿀벌아과 뒤영벌속(*Bombus* Genus) 식구입니다. 이 속에 있는 벌들을 통틀어 '뒤영벌'이라고도 합니다. 우리나라에 사는 뒤영벌속 벌은 모두 25종인데, 잘 알려진 종으로 우수리뒤영벌, 좀뒤영벌, 슈렌키뒤영벌, 호박벌이 있습니다. 따라서 우리가 산이나 들판에서 흔히 보는 뒤영벌류와 호박벌은 같은 속(屬, Genus)에 속하는 사촌 사이로 촌수가 가까워 생태나 습성이 비슷합니다.

뒤영벌속 벌들은 꽃가루를 옮기는 화분 매개 곤충으로 꽃과 나무를 기르는 농가나 먹는 농작물을 키우는 농가들 수확에 큰 도움을 줍니다. 그래서 농촌진흥청 같은 기관에서는 뒤영벌과 호박벌을 기르는 기술을 여러 가지 각도에서 연구하고 있습니다. 농촌진흥청에서 연구해 정리한 뒤영벌속 벌 특징을 살펴보면 다음과 같습니다.

- **사회생활을 해서 혼자 사는 벌보다 활동 기간이 길고 계급 구성원 사이에 분업이 잘 되어 있다.**

여왕벌은 알 낳는 일에 힘을 쏟고, 일벌은 꽃가루와 꽃꿀을 따 오고 집을 지으며 애벌레 기르는 일에 전념하고, 수벌은 짝짓기를 통해 유전자 다양성을 확보합니다. 일벌 가운데 몸집이 큰 개체는 집 밖으로 나가 꽃가루와 꽃꿀을 따 오지만, 몸집이 작은 개체는 일생 동안 집 안에서 여왕벌 새끼이자 자기 자매 벌을 돌보거나 집 짓는 일을 합니다. 또 크기가 중간쯤 되는 개체는 바깥일과 집안일을 다 아우르기도 하고, 한쪽 일에만 힘을 쏟기도 합니다.

• 낮은 온도에서도 활동한다.

다른 곤충과 달리 바깥 기온이 5도로 내려가도 날아다니며 꽃가루를 모으는데, 이때 가슴 쪽 근육을 진동시켜서 체온을 35도로 유지합니다. 그래서 호박벌은 부슬부슬 비가 내리거니 흐린 날에도 꽃을 찾아 날아와 꽃꿀과 꽃가루를 땁니다. 뿐만 아니라 온도가 내려가는 이른 봄과 가을, 이른 아침과 해가 져 어둑어둑한 저녁 무렵에도 나와 돌아다닙니다. 이상 기후 현상으로 낮은 온도가 지속될 때 꽃가루를 옮기는 곤충으로서 그 값어치를 톡톡히 해 냅니다.

• 활동 거리가 넓다.

뒤영벌 무리는 둥지에서 수백 미터 멀리 떨어진 곳까지 돌아다닙니다. 하지만 주로 둥지에서 가까운 꽃밭을 많이 찾아가기 때문에 좁은 지역에서 농사짓는 채소나 곡식 꽃가루받이에 큰 도움을 줍니다.

• 암컷과 수컷 성 결정은 여왕벌이 한다.

수벌과 짝짓기한 여왕벌은 몸속 수정낭에 정자를 모아 두고 있습니다. 여왕벌이 일벌인 딸벌을 낳을 때는 자기 난자와 수정낭 속에 있는 정자를 수정시킨 2배체 알을 낳습니다. 수벌을 낳을 때는 정자를 이용하지 않고 여왕벌 자기 유전자만 들어 있는 난자만으로 미수정 알을 낳습니다. 일벌인 딸벌은 봄부터 가을 사이에 어른벌레로 날개돋이하고, 수벌과 새로운 여왕은 늦여름에서 가을 사이에 어른벌레로 날개돋이합니다.

호박벌 왕국 건설

4월, 찬란한 봄 햇살이 눈부시게 대지에 내려앉습니다. 땅속에서 겨울잠을 자던 호박벌 여왕벌들도 앞다퉈 하나둘씩 볕 좋은 들판으로 나옵니다. 몇 달 동안 굶으며 잠만 잔 터라 배가 몹시 고픕니다. 호박벌 밥은 꽃꿀이니 본능적으로 꽃을 찾아 날아갑니다. 때맞춰 산철쭉 꽃, 박태기나무 꽃, 복사나무 꽃 같은 봄꽃들이 소담스럽게 피어나 어렵지 않게 꽃 식당에 도착합니다. 긴 주둥이를 빼꽃 속에 넣고 꽃꿀을 열심히 빨아 먹습니다. 경계심이 많은 탓에 꽃 위를 날았다 앉았다, 이 꽃으로 갔다 저 꽃으로 갔다 하며 달달한 꽃꿀을 듬뿍 먹고 영양분을 가득 채웁니다. 여왕벌은 이미 지난 가을에 수벌과 짝짓기한 뒤 몸속 수정낭에 정자를 잔뜩 지니고 있어 봄에는 짝짓기를 하지 않습니다. 아무튼 여왕벌은 겨울 내내 바닥난 체력이 회복되면 왕국 건설을 시작합니다.

• 왕국 집터 고르기

여왕벌은 맨땅에서부터 왕국을 세워야 합니다. 사람으로 치면 자수성가를 하는 셈이지요. 우선 왕국을 세우기에 앞서 알맞은 집터를 골라야 합니다. 호박벌이 으뜸으로 치는 명당은 땅굴입니다. 두더지 구멍이나 쥐구멍을 가장 좋아하지만 여의치 않으면 새 둥지나 나무 구멍에 집을 짓기도 합니다.

• 집 짓기

여왕벌이 명당으로 점찍은 곳은 땅굴 속 구멍입니다. 여왕벌은 잎사귀를 물어다 땅속에다 깔며 터 잡는 기초 공사를 합니다. 집 하나를 다 지으려면 수십 송이도 넘는 꽃을 돌아다녀야 합니다. 여왕벌은 여기저기 꽃에서 모은 꽃가루를 뭉쳐 꽃가루떡을 만든 뒤 땅굴로 가져와서 바닥에 납작하게 깔아 육아 방(egg cup)을 만듭니다. 여왕벌이 첫 알을 낳는 육아 방은 납작하게 깔린 타원형 꽃가루떡으로 짧은 지름이 7밀리미터쯤이고, 긴 지름이 8밀리미터쯤, 높이가 3밀리미터쯤 됩니다. 제법 작은 방입니다. 여왕벌은 생애 처음 지은 육아 방에 알을 3~17개 낳는데, 평균 8개쯤 뭉쳐서 알 덩어리로 낳습니다. 알들은 알 덩어리 속에 수평으로 가지런히 누워 있습니다. 알은 우윳빛으로 바나나처럼 길쭉하게 생겼습니다.

알을 낳은 뒤 여왕벌은 알 덩어리 위를 밀랍 물질로 살짝 덮습니다. 그리고 아마도 3~4일쯤 되는 것 같은데 며칠 동안 새처럼 알을 품습니다. 그러면 여왕벌 체온이 더해 밀랍으로 덮인 알 덩어리가 따뜻해집니다. 만일 체온이 내려가면 날갯짓하며 알을 데웁니다. 알에게 가장 좋은 온도는 30도쯤 되는데, 혹시라도 기온이 30도 밑으로 떨어지면 발육이 제대로 안 될 수 있습니다. 그래서 이때는 여왕벌이 알을 오랫동안 그냥 놓아둔 채 꽃가루를 모으러 나가지 않습니다. 꽃가루 모으는 여행은 짧을수록 좋습니다. 그래서

호박벌이 꽃가루떡으로 만든 육아방

왕국을 꽃이 잔뜩 피어 있는 곳 둘레에 짓는 것이 중요합니다. 꽃가루떡으로 만든 육아 방은 호박벌 애벌레가 사는 곳이자, 밥을 먹는 식당이기도 합니다. 결국 호박벌 애벌레는 꽃가루떡으로 만든 육아 방을 먹고 삽니다. 얼마쯤 지나면 첫 번째 낳은 알에서 첫딸이 나옵니다. 왕국이 번창할 때까지 여왕벌은 딸만 낳을 것입니다.

첫 번째 딸들이 될 알을 낳은 뒤 여왕벌은 잇달아 꽃가루를 날라다 육아 방을 또 짓습니다. 방이 완성되면 두 번째 딸들이 될 알을 낳습니다. 그렇게 여왕벌은 쉬지 않고 땅굴과 꽃을 들락거리며 꽃가루를 따고, 집을 짓고, 알 낳기를 되풀이합니다. 여왕벌은 첫 번째 알을 낳은 뒤 삶이 다하는 몇 달 동안 알을 1,000개쯤 낳습니다.

• 꽃가루 모으기

호박벌 애벌레는 꽃가루떡을 먹고 살기 때문에 여왕벌은 자식이 먹을 밥을 마련하기 위해 꽃가루를 모아 와야 합니다. 꽃가루에는 탄수화물, 지방, 단백질, 비타민과 무기질이 넉넉히 들어 있기 때문에 애벌레들에게 영양 만점 밥입니다. 낮은 온도도 잘 이겨 내는 어미 벌은 아침부터 저물녘까지 여러 꽃을 들락거리며 부지런히 꽃가루를 모읍니다.

꽃을 드나들 때마다 온몸을 빽빽하게 덮고 있는 털에 꽃가루가 듬뿍 묻는데 특히 배와 다리에 난 털에 집중적으로 달라붙습니다. 털에 붙은 꽃가루를 앞다리와 가운뎃다리로 쓸어 뒷다리 넓적다리 마디에 있는 꽃가루 바구니에 모은 뒤 꽃꿀과 섞어 꽃가루 경단을 만듭니다. 그런 뒤 땅굴 속 육아 방으로 나릅니다. 여왕벌은 왕국이 어느 정도 자리 잡을 때까지 꽃가루를 모으러 돌아다닙니다.

때죽나무 꽃에 날아 온 호박벌 여왕벌

• 애벌레 돌보기

첫딸이 될 알을 낳은 지 5일이 지나자, 드디어 알에서 첫딸 애벌레가 깨어납니다. 집 안에서 키울 때는 평균 온도가 30도쯤, 평균 상대 습도가 55퍼센트쯤 될 때 3일이면 애벌레가 깨어납니다. 첫딸이 깨어난 뒤 시간차를 두고 잇달아 둘째, 셋째, 넷째 딸 애벌레가 깨어납니다. 애벌레들이 잇달아 깨어나는 순간에도 여왕벌은 알 낳을 육아 방을 짓느라 여전히 바쁩니다.

여왕벌은 꽃가루떡을 만들기 위해 들판을 헤매야 하는데, 운이 나쁘면 새나 쇠측범잠자리 같은 목숨앗이들에게 잡힐 수도 있습니다. 더욱이 살충제를 뿌리는 사람은 목숨앗이들 가운데 가장 위협적이고 치명적인 목숨앗이입니다. 그런 위험을 무릅쓰면서 여왕벌은 꽃가루를 모으고 육아 방을 짓고 알을 낳습니다. 말이 여왕벌이지 하는 일은 온갖 일을 다 하는 '무수리 벌'입니다. 성실한 여왕벌이 온갖 정성을 다 들여가며 돌볼수록 딸 애벌레들은 폭풍 성장을 합니다. 애벌레로 지내는 기간이 열흘로 제법 짧지만, 줄줄이 깨어나는 애벌레들을 돌보려면 여왕벌은 몸이 열 개라도 모자랄 지경입니다.

집에서 기르는 호박벌이 10마리 안팎으로 늘어났다. 가운데에 몸집이 큰 여왕벌이 있다.

• 애벌레는 꽃가루 먹는 기계

애벌레가 깨어난 뒤 초기 1~3령 애벌레들은 방이 뚜렷하게 구분이 안 되어 마치 한 집에 뭉쳐 사는 것처럼 보입니다. 그러다 다 자란 종령(4령) 애벌레가 되면 방이 뚜렷하게 나뉘면서 애벌레 한 마리마다 방 하나씩을 차지합니다. 종령 애벌레가 지내는 방은 마치 타원형으로 생긴 항아리처럼 보입니다.

한 달 뒤 호박벌이 엄청 늘어났다.

어린 애벌레 여러 마리가 한 방에 모여 있다.

다 자란 애벌레는 몸이 아주 통통한데 눈은 없어 장님이고, 다리도 없어 마음대로 돌아다닐 수도 없습니다. 오로지 애벌레는 말 그대로 먹는 기계입니다. 처음에는 여왕벌, 나중에는 날개돋이한 일벌들이 따온 꽃가루를 방 안에서 먹기만 합니다. 이때 애벌레들은 먹기만 할 뿐 똥을 누지 않습니다. 왜일까요? 창자가 막혔기 때문입니다. 장 끝이 닫혀 똥오줌을 누지 못하니 늘 찌꺼기가 장 속에 가득 차 있습니다. 그 덕에 애벌레와 꽃가루 음식은 썩지도 않고, 애벌레 똥에 더러워지지도 않습니다. 몸속 찌꺼기는 애벌레가 번데기로 탈바꿈할 때 몸 밖으로 내보내 결국 고치에 남습니다. 이때 애벌레가 먹은 꽃가루는 싸고 있는 껍질이 아주 질겨서 소화되지 않은 채 똥으로 나옵니다. 따라서 고치에 남은 똥을 꼼꼼히 들여다보면 어떤 꽃가루 껍질인지 알 수 있습니다. 이것으로 여왕벌이 어떤 꽃들을 찾아다녔는지 알 수 있습니다.

• **애벌레에서 번데기로 탈바꿈**

첫딸 애벌레가 알에서 깨어난 지 열흘째입니다. 그동안 애벌레는 무럭무럭 자라 벌써 종령인 4령 애벌레가 되었습니다. 꽃가루떡으로 만든 육아 방은 그동안 애벌레가 먹어 치워 벽만 얇게 남고 방 안에는 훌쩍 커 버린 뚱뚱한 애벌레가 차지하고 있습니다. 이제 번데기를 만들 때입니다. 종령 애벌레는 그간 지냈던 육아 방 윗부분을 뚜껑처럼 덮어 고치를 만듭니다. 그러고는 고치 안에서 번데기로 탈바꿈합니다. 번데기로 지내는 기간은 열흘입니다.

종령 애벌레가 방을 한 개씩 차지하고 있다.

고치 속에서 갓 번데기가 되어 아직 눈이 하얗다.

• **첫째 딸벌 탄생**

번데기로 된 지 열흘이 지나자, 번데기에서 어른벌레가 날개돋이해 고치 뚜껑 부분을 뜯고 나옵니다. 첫 딸벌인 일벌이 나왔습니다. 맏딸이 어른벌레로 나오자 일손이 모자란 여왕벌은 천군만마를 얻은 것처럼 기쁩니다. 첫째 알을 낳은 지 25일쯤 만에 얻는 행복입니다. 맏딸은 몸이 어느 정도 굳으면 굴 밖으로 나갑니다. 그러고는 이제부터 자기 전문 업무인 꽃가루를 모아 육아 방으로 가져오고 동생 벌들을 돌봅니다.

* 호박벌 단계별 기간

– 알 기간: 5일쯤

– 애벌레 기간: 10~14일

– 애벌레 단계: 4령(3번 허물을 벗는다.)

– 번데기 기간: 10일쯤

* 어른벌레 수명

– 일벌: 1~2달

– 수벌: 3~4주쯤

– 여왕벌: 1년

첫 딸벌이 어른벌레로 날개돋이하고 나서야 비로소 여왕벌은 일손을 놓습니다. 이제 집 짓는 일도, 밖에 나가 꽃가루를 따 오는 일도, 모은 꽃가루로 떡을 만들어 육아 방을 짓는 일도 딸벌이 할 테니 여왕벌은 드디어 힘든 노동에서 자유로워졌습니다. 이제부터

날개돋이할 때가 가까워지자 번데기 눈이 밤색으로 바뀌고 있다.

땅굴 속에서 번창하는 왕국을 거느리며 여왕벌 본래 임무인 알만 낳으면 됩니다. 잇달아 둘째, 셋째 딸들이 어른벌레로 날개돋이해 일손을 도우니 호박벌 왕국은 앞날이 창대합니다.

• 분업 시대

속속 태어나는 딸벌들은 왕국 번창에 없어서는 안 될 유능한 노동자입니다. 눈만 뜨면 해 뜰 무렵부터 해 질 녘까지 부지런히 이 꽃 저 꽃을 찾아다니며 꽃가루를 모읍니다. 꽃가루떡으로 동생 벌들이 자랄 육아 방을 짓고 동생 애벌레들을 돌보느라 눈코 뜰 새 없이 바쁩니다. 이렇게 딸벌들이 모든 일을 맡기 시작하면서 호박벌 왕국은 빠른 속도로 번창해서, 2~3달이 지나면 최고 전성기에 이릅니다.

놀랍게도 유능한 일벌들은 활짝 핀 꽃들을 골라 찾아갑니다. 꽃이 피기 전이나 갓 피어나 꽃가루가 여물지 않으면 잘 찾지 않습니다. 이때 냄새를 맡는 더듬이와 시각을 맡은 겹눈이 큰 역할을 합니다. 일벌들은 벌개미취 꽃처럼 하늘을 향해 차례차례 핀 꽃이나 토끼풀처럼 작은 꽃들이 무더기로 피어난 꽃, 아래를 향해 종처럼 핀 때죽나무나 종덩굴 꽃처럼 꽃 모양을 가리지 않고 찾아갑니다.

마침 일벌 한 마리가 종처럼 매달린 때죽나무 꽃에 날아와 꽃 속으로 들어갑니다. 꽃잎 속에서 수술과 꽃잎을 잡고서는 재빨리 몸을 움직이기도 하고, 꽃잎 안쪽에서 꼼지락거립니다. 일벌이 움직일 때마다 때죽나무 꽃도 종처럼 이리저리 흔들거리며 자연스레 노란 꽃가루가 북슬북슬한 털에 떨어지며 묻습니다. 기막히게도 이때 이미 다른 그루 꽃에서 일벌 몸에 묻은 꽃가루가 때죽나무 암술머리에 우연히 떨어집니다. 순간 때죽나무 꽃은 꽃가루받이가 되어 번식에 성공합니다. '누이 좋고 매부 좋다'는 속담이 곤충 세계에도 통합니다. 호박벌은 먹을거리를 모아서 좋고, 한 발짝도 못 움직이는 때죽나무는 솜씨 좋은 중매쟁이를 만나 번식에 성공했으니 말입니다.

일벌은 몸에 묻은 꽃가루를 모아 뒷다리에 있는 꿀바구니(pollen basket)에 붙입니다. 시간이 지날수록 일벌 뒷다리 꿀바구니에는 커다란 꽃가루 경단이 달립니다. 꽃가루 경단은 지름이 2~3밀리미터쯤 되고, 무게는 10~35밀리그램쯤 됩니다. 몸길이가 1[illegible]밀리미터쯤 되는 일벌이 옮기기에는 제법 무겁습니다. 하지만 그런 [illegible]에는 아랑곳없이 씩씩한 일벌은 척척 잘도 꽃가루 경단을 집으로 옮깁니다.

• **창시자 여왕벌 죽음 vs. 수벌과 새 여왕벌 탄생**

8월 중순, 호박벌 왕국은 가장 전성기를 맞습니다. 늦여름이면 드디어 왕국에 수벌이 태어납니다. 물론 수벌이 맡은 임무는 짝짓기를 해서 유전자 다양성을 높이는 일뿐입니다. 수벌이 태어났으니 여왕벌이 될 후보도 태어나는 게 이치입니다. 다음 대를 이어갈 새 여왕벌도 잇달아 날개돋이합니다.

이렇게 왕국에 새바람이 일어나는 가을 들머리쯤부터 왕국을 세운 여왕벌은 더 이상 알을 낳지 않습니다. 그리고 왕국을 다스렸던 총명함과 기개를 잃고 시름시름 앓다 삶을 마칩니다. 왕국을 세웠던 여왕벌의 죽음은 참으로 쓸쓸해서 세월이 덧없음을 몸으로 말해 줍니다. 물론 애벌레를 열심히 돌보던 일벌들도 차례차례 쓰러집니다.

한 번은 농촌진흥청에서 기르는 호박벌을 관찰한 적이 있습니다. 특별하게 만든 사육 상자 안에 왕국을 세운 여왕벌과 일벌들이 함께 지내고, 한구석에는 먹이인 꽃가루떡을 놓아두었습니다. 여왕벌은 몸집이 매우 커서 금방 눈에 띕니다. 여왕벌과 일벌이 머무는 곳에는 육아 방이 수십 개 지어져 있습니다. 육아 방은 거의 뚜껑이 막혀 있는데, 그 속에는 번데기가 들어 있습니다. 일벌들은 여왕벌을 이따금 들여다보며 몸을 비비다 수시로 꽃가루떡에 가서 먹잇감을 가져옵니다. 꽃가루떡은 신선한 꽃가루와 설탕물 40퍼센트를 섞어 소시지처럼 길쭉하게 만듭니다. 냉동실에 두었다가 필요할 때마다 호박벌에게 줍니다. 사람이 만들어 준 꽃가루떡을 먹으며 사육장이 비좁을 만큼 왕국은 번성합니다.

그런데 생김새만으로도 카리스마가 넘쳤던 여왕벌이 눈에 띄지 않습니다. 무슨 일인지 초조한 마음으로 자세히 들여다보니 여왕벌이 바짝 여위어 죽어 가고 있습니다. 거의 숨만 내쉬며 몸을 둥글게 말고서 사육장 한구석에 엎드려 있습니다. 몸에 난 털 여기저기에는 꽃가루가 지저분하게 묻어 있고, 그 윤기 나던 털은 많이 빠져 초췌하기 이를 데 없습니다. 일벌 몇 마리가 다가와 여왕벌을 쓰다듬습니다. 핥아보기도 하고, 더듬이를 대 보기도 합니다. 왼쪽에서 올라가고, 오른쪽에서 올라가고, 몸 위에 올라타 왔다 갔다 서성이기도 하면서 여왕벌 죽음을 받아들이지 못하는 것 같습니다. 안타깝고 애잔한 일벌들 손길을 외면한 채 여왕벌은 서서히 삶을 내려놓습니다. 나도 모르게 감정 이입이 되어선지 일벌 모습이 너무도 슬퍼 보입니다. 문득 인간만이 가지고 있다는 '죽음의 슬

픔'을 호박벌도 아는 것처럼 느껴집니다.

• 차세대 여왕벌만 남아 겨울잠 자다

여왕벌이 죽고 나자 일벌들도 목숨이 다해 죽습니다. 수벌 역시 새 여왕벌과 짝짓기한 뒤 장렬하게 삶을 마감합니다. 남은 건 새 여왕벌, 즉 차세대 여왕벌뿐입니다. 차세대 여왕벌은 몸속에 수벌과 짝짓기하며 얻은 정자를 모아 둔 채 따뜻하고 안전한 곳으로 들어가 겨울잠을 잡니다. 이듬해 봄, 차세대 여왕벌은 겨울잠에서 깨어나 가문을 이어갈 막중한 임무를 이루기 위해 새로운 왕국을 세울 것입니다.

3장

나무 굴을 파거나 나무 부스러기로 집 짓는 곤충

밤 허물처럼 생긴 집 짓는

뱀허물쌍살벌

뱀허물쌍살벌 여왕벌

뱀허물쌍살벌 여왕벌이 개망초 꽃에 날아와
꿀을 먹고 있습니다.

여름 한가운데 7월입니다.

신들의 마당, 동구릉에 왔습니다. 눅진한 나무 냄새가 가득합니다.

울창한 숲길을 느릿느릿 걸으며 버섯 곤충을 찾습니다.

비 온 뒤 눅눅함에 한 걸음 한 걸음 걸을 때마다

온몸에서 땀이 배어 나옵니다.

사람 냄새에 홀린 모기들까지 미친 듯이 달려드니 산행 길이 고행길입니다.

얼마를 걸었을까?

저만치 떨어진 숲속 나무에 뭔가 기다란 게 걸려 있습니다.

설마! 뱀이 저리 매달려 있지는 않을 텐데…….

다가가 보니 역시 벌집이군요.

나뭇가지에 뱀 허물처럼 길게 늘어뜨려 지은

뱀허물쌍살벌 집입니다.

벌집 위에는 수십 마리나 되는 뱀허물쌍살벌 일벌들이

빼곡하게 진을 치고 앉아 있습니다.

살금살금 좀 더 가까이 가니

녀석들이 한꺼번에 날개를 바짝 세우고 나를 노려봅니다.

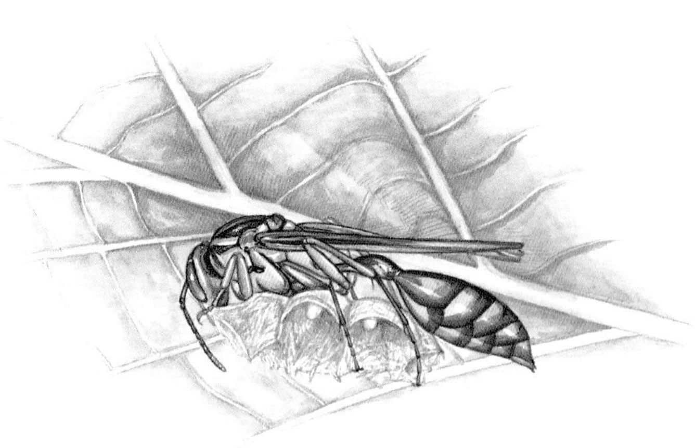

뱀허물쌍살벌

이 꼭지는 벌목 말벌과 종인 뱀허물쌍살벌(*Parapolybia varia*) 이야기입니다.

늘씬한
뱀허물쌍살벌

수십 마리가 긴장한 채 한꺼번에 노려보는 통에 머리가 쭈뼛 서고 겁이 나 침이 꼴깍 넘어갑니다. 얼른 몇 걸음 뒤로 물러서서 숨죽이며 녀석들을 바라봅니다.

뱀허물쌍살벌은 몸매가 뚱뚱하지 않고 늘씬합니다. 몸길이는 암컷이 15~18밀리미터, 수컷은 13~16밀리미터쯤 되어서 몸집이 큰 편입니다. 온몸은 노랗고 몸 여러 군데에 밤색과 검은 밤색 무늬가 많이 찍혀 있습니다. 겹눈은 가로로 넓은 콩팥처럼 생겼고, 머리 정수리에는 까만 홑눈이 3개 박혀 있습니다. 더듬이는 두툼합니다. 뭐니 뭐니 해도 뱀허물쌍살벌을 한눈에 알아볼 수 있는 특징은 이마방패에 있습니다. 이마방패는 노란색인데 한가운데에 까만 무늬가 세로줄로 그려져 있습니다.

뱀허물쌍살벌
여왕벌

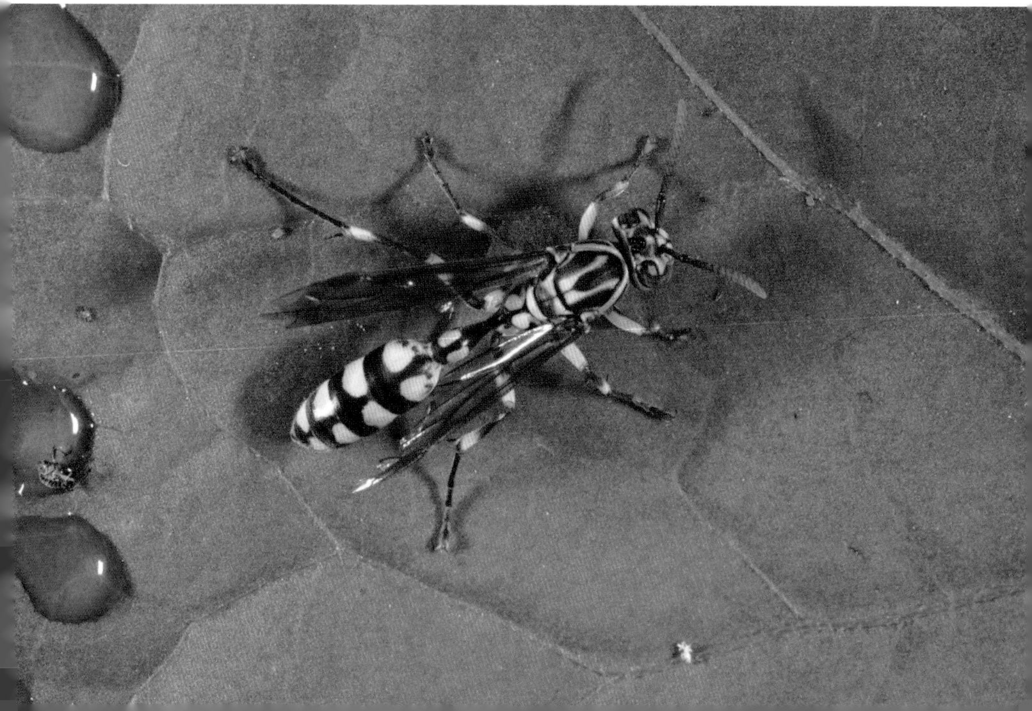

뱀허물쌍살벌을 비롯해 모든 쌍살벌류는 방이 훤히 들여다보이는 집을 짓습니다. 재미있게도 종마다 둥그런 보름달 모양, 뱀이 벗어 놓은 허물 모양, 삿갓 모양, 천장에 매달린 전등 모양처럼 저마다 생김새가 다른 집을 짓습니다. 그 가운데 뱀허물쌍살벌 집은 뱀이 벗어 놓은 허물처럼 길쭉하게 생겼습니다. 그래서 '뱀허물쌍살벌'이라는 이름이 붙었습니다. 어떤 지방에서는 긴 줄 모양으로 집을 짓는다고 '줄벌'이라고도 합니다.

쌍살벌류는 모두 날 때 뒷다리를 곧게 뻗은 채 길게 늘어뜨립니다. 이때 뒷다리 두 개가 화살과 닮았다고 쌍살벌이라는 이름이 생겨난 것으로 여겨집니다. 쌍살벌을 흔히 '바다리'라고도 하는데, 다리를 쭉 뻗치고 나는 모습을 보고 '뻗은 다리'라고 하던 말이 바뀐 것으로 여겨집니다. 또 쌍살벌 영어 이름은 '페이퍼 와스프(Paper wasp)'인데, 나무 섬유질을 갉아 침으로 반죽해 집을 짓는 습성을 보고 지었습니다.

큰뱀허물쌍살벌 집

뱀허물쌍살벌 vs.
큰뱀허물쌍살벌

뱀허물쌍살벌 여왕벌 얼굴

뱀허물쌍살벌은 족보상 벌목 가문에 말벌과 집안 쌍살벌아과 뱀허물쌍살벌속(*Parapolybia* Genus)에 속해 있습니다. 우리나라에서 사는 쌍살벌아과 식구는 모두 12종인데, 그 가운데 뱀허물쌍살벌속(屬)에 속한 곤충은 뱀허물쌍살벌과 큰뱀허물쌍살벌 2종뿐입니다. 이 두 종은 사촌 사이다 보니 이름도 비슷하고 생김새도, 습성도 닮았습니다. 2종을 알기 쉽게 구분하면 다음과 같습니다.

뱀허물쌍살벌

· 몸길이는 암컷이 15~18밀리미터이고, 수컷이 13~16밀리미터이다.

· 온몸 색깔은 어두운 노란색인데, 여러 군데에 붉은 밤색과 검은 밤색 무늬가 많이 있다.

· 이마방패는 어두운 노란색인데, 검은 밤색 무늬가 세로줄로 그려져 있다.

· 집 생김새는 거의 모두 뱀 허물처럼 세로로 길다.

큰뱀허물쌍살벌

· 몸길이는 암컷이 16~20밀리미터이고, 수컷이 15~18밀리미터

이다.

· 온몸 색깔은 어두운 노란색인데, 여러 군데에 붉은 밤색과 검은 밤색 무늬가 많이 있다.

· 이마방패는 밝은 노란색인데, 세로줄 무늬가 없다.

· 집 생김새는 거의 모두 원반처럼 둥글다.

뱀허물쌍살벌 여왕벌이 겨울나기를 마치고 나왔다.

겨울잠에서 깨어난 뱀허물쌍살벌 여왕벌

4월 초, 화사한 봄 햇살이 대지를 따스하게 감쌉니다. 겨울잠을 자던 뱀허물쌍살벌이 봄볕 등쌀에 못 이겨 잠에서 깨어났습니다. 밖으로 나와 뒷다리를 쭉 뻗고 들판을 가로질러 날아갑니다. 녀석은 지난가을 수벌과 짝짓기한 뒤 추운 겨울나기에 성공한 여왕벌입니다.

겨울잠에서 깨어난 뱀허물쌍살벌 여왕벌이 가장 먼저 하는 일은 체력을 다시 채우는 일입니다. 겨울잠을 잔다 해도 생명 유지에 필요한 영양분을 몇 달 동안 꾸준히 썼기 때문에 몸이 매우 야위었습니다. 실제로 겨울잠을 자기 전보다 몸무게가 무려 40퍼센트나 줄었습니다. 그래서 여왕벌은 튼실한 몸을 되찾으려고 본능적으로 먹잇감을 찾아다닙니다. 여왕벌 주식은 꽃꿀과 나뭇진이나 물입니다. 다행히 산언저리와 들판에는 봄꽃들이 소담스럽게 피어나 여왕벌은 원하는 만큼 넉넉히 배부르게 먹을 수 있습니다. 봄은 낮과

겨울나기를 마친 뱀허물쌍살벌 여왕벌이 회양목에 날아와 꽃꿀을 먹고 있다.

밤 기온 차이가 심합니다. 그래서 따뜻한 낮에는 꽃꿀이나 나뭇진을 먹고, 밤에는 추위를 피해 덤불이나 바위틈, 건물 벽같이 안전하고 포근한 곳에 들어가 쉽니다. 이렇게 여왕벌 '몸 만들기' 작전은 보름쯤 이어집니다.

왕국을 세우는 여왕벌

보름 넘게 꽃꿀과 나뭇진으로 알차게 몸보신을 한 여왕벌이 본격적으로 집 짓기 공사에 들어갑니다. 자식을 낳아 키우려면 집이 필요하기 때문이지요. 거의 모든 곤충들은 새끼를 돌보지 않기 때문에 집을 짓지 않지만, 뱀허물쌍살벌은 확실하게 대를 잇기 위해 집을 손수 지은 뒤 집에서 알을 낳고 자식을 돌봅니다. 집 공사에 앞서 우선 여왕벌은 다리를 쭉 뻗은 채 이리저리 들판과 산언저리 이곳저곳을 날아다니며 집터를 고릅니다. 바위 아래도 들여다봤다, 건물 처마도 들여다봤다, 회양목 줄기도 들여다봤다, 나뭇잎도 들여다봤다 합니다. 한참을 날아다니더니 마음에 쏙 드는 집터를 찾았습니다. 바로 키 작은 나무에서 뻗은 줄기입니다. 나뭇잎이 우거져 비가 들이치지 않고, 햇빛이 가려지고, 목숨앗이들 눈도 피할 수 있는 명당입니다. 집터가 정해지자, 여왕벌은 팔을 걷어붙이고 손수 집 짓기 공사에 들어갑니다. 집 지을 재료는 나무 섬유질이고, 집 지을 도구는 큰턱과 다리입니다.

여왕벌은 한눈에 썩은 나무를 잘 찾습니다. 만일 둘레에 썩은 나무가 없으면 건물 기둥이나 종이 박스도 마다하지 않습니다. 썩어 가는 나무를 찾으면 튼튼한 큰턱으로 나무 섬유질을 갉습니다. 그런 뒤 침을 섞어 콩알만 한 경단으로 반죽해 집터로 가져옵니다. 여왕벌은 이리저리 돌아다녔으니 집터 위치를 까먹을 만도 한데 절대 잊어버리지 않습니다.

여왕벌은 방을 만들기 전에 집터를 세우는 기초 공사를 먼저 합니다. 집 기둥 노릇을 하는 자루를 만드는 일입니다. 자루 하나에 수십 개 방이 딸린 큰 집을 매달아야 하니 집 무게를 버틸 수 있도록 튼튼하게 만들어야 합니다. 여왕벌은 야무지게 갉아 온 나무 반죽을 나무줄기에 붙여 가며 자루를 만듭니다. 반죽이 떨어지면 집터를 떠나 썩은 나무껍질에서 다시 섬유질을 긁어 침과 섞어 콩알만 한 나무 반죽을 만들어 와 자루를 손질합니다. 그러기를 여러 차례, 드디어 자루가 완성됩니다.

자루를 다 만들자, 여왕벌은 서둘러 자루 아래에 방 한 칸을 짓기 시작합니다. 설계 도면도 없이 갉아 온 나무 반죽을 얇고 꼼꼼하게 펼쳐 정확히 육각형 방을 만듭니다. 사람처럼 손이 없으니 큰턱을 오물오물하면서 나무 반죽을 펼치는 기술이 대단합니다. 방 한 칸을 만들려면 낮이 다 가도록 몇 시간 동안 수십 번을 일터와 썩은 나무를 오가며 콩알만 한 나무 반죽을 만들어 와야 합니다. 하루가 저물 무렵까지 마치 강박증에 걸린 것처럼 착실하게 나무 반죽을 나르더니 드디어 방 한 칸을 다 지었습니다. 첫 작품치고는 너무 근사합니다. 한 번도 누구에게 배운 적이 없는데, 어찌 저리 정교하게 만들까요!

뱀허물쌍살벌 여왕벌이 집을 짓기 시작했다.

방 한 칸을 다 짓자, 여왕벌은 방 안쪽에 배 꽁무니를 대고 뭉그적거리며 알 하나를 낳습니다. 알은 우윳빛이고 참기름을 바른 듯이 윤기가 흐릅니다. 방금 알을 낳았는데도, 여왕벌은 힘도 안 드는지 곧바로 집 지을 재료를 모으러 또 일터로 나갑니다. 얼마 안 되어 돌아와 알 낳은 방 바로 옆에 또 방 한 칸을 짓기 시작합니다. 특이하게도 여왕벌은 새로 방을 지을 때마다 반드시 자루에 나무 반죽을 덧입혀 더욱 튼튼하게 만듭니다. 일을 하다 해가 뉘엿뉘엿 지면, 집 짓기를 멈추고 자루에 매달린 집 위에 엎드려 잠을 청합니다. 그리고 다음 날 따뜻한 낮이 되면 다시 일을 시작합니다.

가냘픈 몸으로 억척스럽게 쉬지 않고 일한 덕에 날이 갈수록 방이 늘어나고, 방에 낳은 알 수도 늘어납니다. 이따금 여왕벌은 방 공사를 멈추고 집 위로 올라갑니다. 그러고는 다리로 집을 꼭 껴안은 채 납작 엎드립니다. 이는 단순히 쉬는 행동이 아닙니다. 자기 체온으로 벌집 속 온도를 높여 방 속에 있는 알들이 빨리 깨어날 수 있도록 보살피고 있는 중입니다. 암탉이 알을 품듯이 체온으로 알을 따뜻하게 감싸는 것이지요. 이런 행동을 '컬링(curling)'이라고 합니다.

애벌레를 돌보는 여왕벌

뱀허물쌍살벌 여왕벌이 집 위에 앉아 집을 따뜻하게 데우고 있다.

여왕벌이 집 짓기를 시작한 지 보름이 지났습니다. 여왕벌이 방

뱀허물쌍살벌 방에 있는 애벌레와 알

을 여러 개 짓는 동안, 맨 처음 지은 방에 낳은 첫 번째 알에서 애벌레가 깨어납니다. 서열로 보면 맏딸이지요. 갓 깨어난 애벌레는 몸에서 끈끈한 물질이 나와 자기가 빠져나온 알 껍질에서 떨어지지 않고 붙어 있습니다. 이때 주둥이를 방 입구 쪽을 향한 채 거꾸로 매달린 자세를 취합니다. 마치 박쥐가 벽에 거꾸로 매달린 것처럼 보입니다. 애벌레는 왜 그렇게 힘든 자세를 취할까요? 그 까닭은 단 하나, 여왕벌에게 손쉽게 밥을 얻어먹기 위해서입니다. 애벌레는 육식성이라 고기만 먹습니다. 그래서 여왕벌은 더 바빠지기 시작합니다. 먹잇감을 사냥해 와 애벌레를 먹여 살려야 하기 때문입니다.

애벌레가 깨어난 것을 알자마자 여왕벌은 방 짓는 일을 바로 멈추고 먹이 사냥에 나갑니다. 고기 애호가인 애벌레가 좋아하는 먹이는 나비목 곤충 애벌레입니다. 그래서 여왕벌은 나비나 나방을 가리지 않습니다. 몸이 말랑말랑하고 부드러운 애벌레를 사냥해 곧바로 그 자리에서 '요리'를 합니다. 나방 애벌레 몸을 큰턱으로 잘근잘근 씹고 자기 침을 섞어 넣어 콩알 같은 동그란 경단을 곱게 빚습니다. 애벌레가 소화하기 좋게 침을 먹잇감에 알맞게 섞는 것입니다. 그러고는 고기 경단을 큰턱과 앞다리로 꼭 잡고 집으로 날아옵니다. 방 속에서 거꾸로 매달린 애벌레는 주둥이를 벌려 여왕벌이 먹기 좋게 요리해 온 고기 경단을 냉큼 받아먹습니다. 마치 아기 새가 어미 새에게 먹이를 받아먹듯이 말이죠.

첫째 딸 애벌레가 자라는 사이 두 번째 낳은 알에서 둘째 딸 애벌레가 깨어납니다. 날이 갈수록 알을 낳은 순서대로 셋째, 넷째, 다섯째…… 애벌레들이 잇달아 깨어나자 여왕벌은 눈코 뜰 새 없이 바빠집니다. 사냥하러 나가는 횟수가 부쩍 늘어나 몸도 힘들거니와 목숨앗이와 마주칠 위험도 높아집니다. 그럼에도 여왕벌은 먹잇감을 사냥해 새끼들을 모두 다 먹여 살리느라 정신이 없습니다.

여왕벌이 지극하게 보살핀 덕분에 날이 갈수록 애벌레는 때맞춰 허물을 벗으면서 하루가 다르게 무럭무럭 자랍니다. 몸이 커질수록 덩달아 방이 비좁아집니다. 금방이라도 오동통하게 살찐 애벌레가 방 밖으로 삐져나올 것만 같아 아슬아슬합니다. 여왕벌은 서둘러 애벌레 방을 넓히는 확장 공사를 시작합니다. 애벌레가 지내는 방 입구 가장자리에 나무 반죽을 얇고 정교하게 덧대어 쌓습니다. 방 길이도 늘리고, 살짝살짝 폭을 넓히며 쌓기 때문에 방 위쪽이 아래쪽보다 넓은 나팔 모양처럼 됩니다. 물론 육아와 확장 공사가 끝나면 또 새 방을 짓습니다.

이렇게 확장 공사, 신축 공사, 분만, 육아, 사냥! 이 모든 일을 혼

여왕벌이 집을 늘리고 있다.

자서 도맡아 하니 여왕벌은 몸이 열 개라도 모자랍니다. 이쯤이면 신분만 여왕벌이지 실제 하는 일은 일복 많은 무수리 벌입니다.

줄줄이 태어나는 일벌

6월 중순입니다. 어느덧 뱀허물쌍살벌 여왕벌이 가문의 부흥을 꿈꾸며 억척같이 집을 짓고 새끼를 낳은 지 한 달이 넘어갑니다. 지금까지 지은 방만 40개쯤 됩니다. 집이 뱀 허물 모양까진 아니더라도 제법 길어졌습니다. 드디어 여왕벌이 애지중지 보살핀 덕에 첫째 딸 애벌레가 고치를 만들기 시작합니다. 첫째 딸은 입에서 실을 뽑아 베를 짜듯 자기 방 입구를 한 올씩 한 올씩 막습니다. 한 시간 넘게 방 입구를 막으니 고치가 완성됩니다. 고치 색깔은 베이지색이라 마치 창호지로 고치를 덮어 놓은 것 같습니다. 이렇게 입구를 막아야 목숨앗이들 공격을 피할 수 있고, 세차게 내리는 비도 들이치지 않고, 바깥 기온이 올라가도 이겨 낼 수 있습니다. 힘겹게 고치를 만든 애벌레는 번데기로 탈바꿈한 뒤 보름쯤 고치 속에서 지냅니다.

물론 여왕벌은 여전히 나머지 자식들을 지극정성으로 돌봅니다. 여느 때와 마찬가지로 여왕벌은 빠른 몸놀림으로 먹잇감을 사냥한 뒤 경단 모양으로 빚어 큰턱과 앞다리로 껴안고 집으로 돌아옵니다. 수십 개 방 속에는 자식들이 먹이를 기다리고 있습니다. 여왕벌은 고치를 튼 첫째 딸 방은 거들떠보지 않고 이 방 저 방을 돌며 배고픈 자식들에게 고기 밥을 먹입니다. 자식들에게 다 먹이지 못했는데 벌써 먹이가 떨어졌습니다. 안타까워서인지 여왕벌은 고기 밥을 못 먹은 자식들 방을 하나하나 들여다봅니다. 그러고는 주둥이로 더듬이와 앞다리를 매만진 뒤 곧바로 사냥을 떠납니다.

수많은 일벌들이 나와 집 짓는 일을 하고 있다.

7월 초순입니다. 첫째 딸이 고치를 틀고 번데기로 탈바꿈한 지 20일쯤이 지났습니다. 드디어 첫째 딸이 일벌로 태어났습니다. 여왕벌 도움 없이 혼자 힘으로 고치 뚜껑을 찢고 나옵니다. 수벌이 나오기 전까지 여왕벌은 딸이 될 알만 낳습니다. 딸은 온갖 잡다한 일을 도맡아 하며 왕국이 번창하도록 앞장섭니다. 그래서 딸벌을 일벌이라고도 합니다. 딸벌은 여왕벌보다 좀 작습니다.

이제부터 맏딸 벌은 여왕벌을 도와 뱀허물쌍살벌 왕국을 세우는데 커다란 이바지를 합니다. 날이 갈수록 맏딸 벌에 이어 둘째, 셋째, 넷째…… 딸벌들이 잇달아 날개돋이합니다. 뱀허물쌍살벌 첫째 딸벌은 등검정쌍살벌 같은 다른 쌍살벌속(*Polistes* Genus) 곤충들보다 늦게 나오는데, 보통 6월 말에서 7월 초쯤에 처음 나옵니다. 그 뒤로 딸벌들이 잇달아 나오는데 8월 10일쯤에 이르면 딸벌들 수가 가장 많아져 뱀허물쌍살벌 왕국은 최대 전성기를 맞습니다. 이때 딸벌들 수는 왕국에 따라 다르지만 평균 50마리쯤 됩니다. 물론 100마리가 넘는 왕국도 있습니다.

일 잘하는 딸벌들이 많아지면 방 수가 기하급수적으로 늘어나는 것은 시간문제입니다. 줄줄이 날개돋이하는 딸벌들은 여왕벌이 했던 집 짓기, 애벌레와 알 돌보기, 먹이 사냥 같은 일을 이어받아 척척 잘 해냅니다.

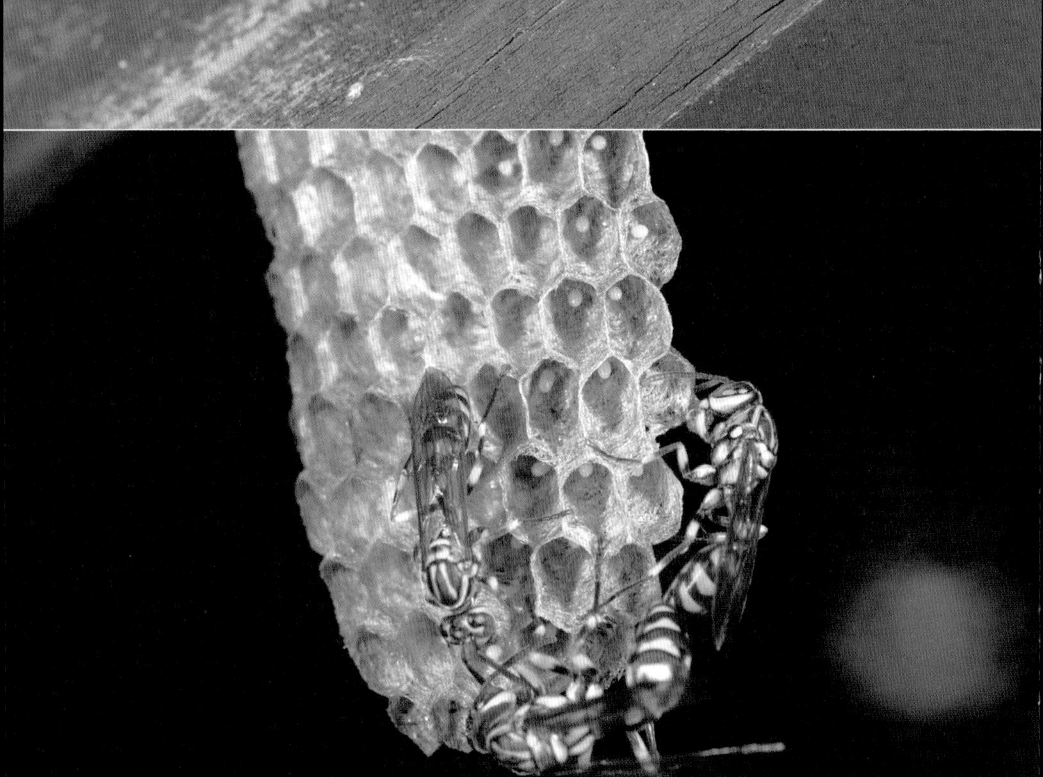

일벌이 집을 지을 섬유질을 모으러 나무 난간에 왔다.

이제야 비로소 여왕벌은 그동안 고단했던 노동에서 벗어날 수 있습니다. 여왕벌 본래 자리로 돌아와 자기 방에서 쉬면서 알을 낳고, 여왕 물질을 뿜어 수십 마리 딸벌들을 통제하며 자신이 세운 왕국을 슬기롭게 다스립니다.

왕국 소멸과 재건

살충제를 뿌려 쌍살벌 집만 덩그러니 남았다.

그런데 딸벌들이 날개돋이할 때쯤이면 집 규모가 제법 커집니다. 나뭇잎 뒷면이나 줄기 속에 짓는다 해도 집이 길게 늘어지는 바람에 목숨앗이들 눈에 쉽게 띕니다. 새들이 공격하기도 하지만 무엇보다도 가장 무서운 목숨앗이인 사람 공격은 어찌 피할 도리가 없습니다. 사람들은 쌍살벌이나 말벌 집을 보면 무조건 겁을 먹고 없애려 합니다. 벌들이 독침을 가졌기 때문에 언제 어느 때 쏘일지 모르기 때문입니다. 그래서 벌집만 봤다 하면 살충제를 뿌려 대고, 여왕벌이 없는 틈을 타 벌집을 떼어 버리기 일쑤입니다. 또 벌집을 떼어 달라고 119에 전화를 합니다. 그러다 보니 벌집 속 알과 애벌레, 벌집을 짓는 여왕

일벌들이 집을 늘리고 있다.

벌이 한 방에 몰살당하는 일이 잦습니다. 그러다 보니 전체 쌍살벌류 가운데 첫 딸벌이 날개돋이할 때까지 살아남는 여왕벌은 겨우 20퍼센트밖에 안 됩니다.

이렇게 살충제 한 방에 짓고 있던 왕국이 무너지더라도 여왕벌이라도 살아 있으면 그나마 사정은 낫습니다. 이런 경우 여왕벌은 다른 곳에서 새로운 왕국을 다시 세우기 시작합니다. 첫째 딸도 살아 있으면 왕국을 세우는 속도는 더 빨라집니다. 그래서 7~8월에 보이는 뱀허물쌍살벌 왕국 가운데 가끔 방 수가 적고, 방 속에 어린 애벌레와 알만 있는 왕국도 더러 있습니다. 비록 번창한 왕국은 아니지만 다시 왕국을 세우는 데 성공해 대를 이을 수 있으니 얼마나 다행인지 모릅니다.

집을 잃은 여왕벌이 탁자 밑에 다시 집을 짓기 시작했다.

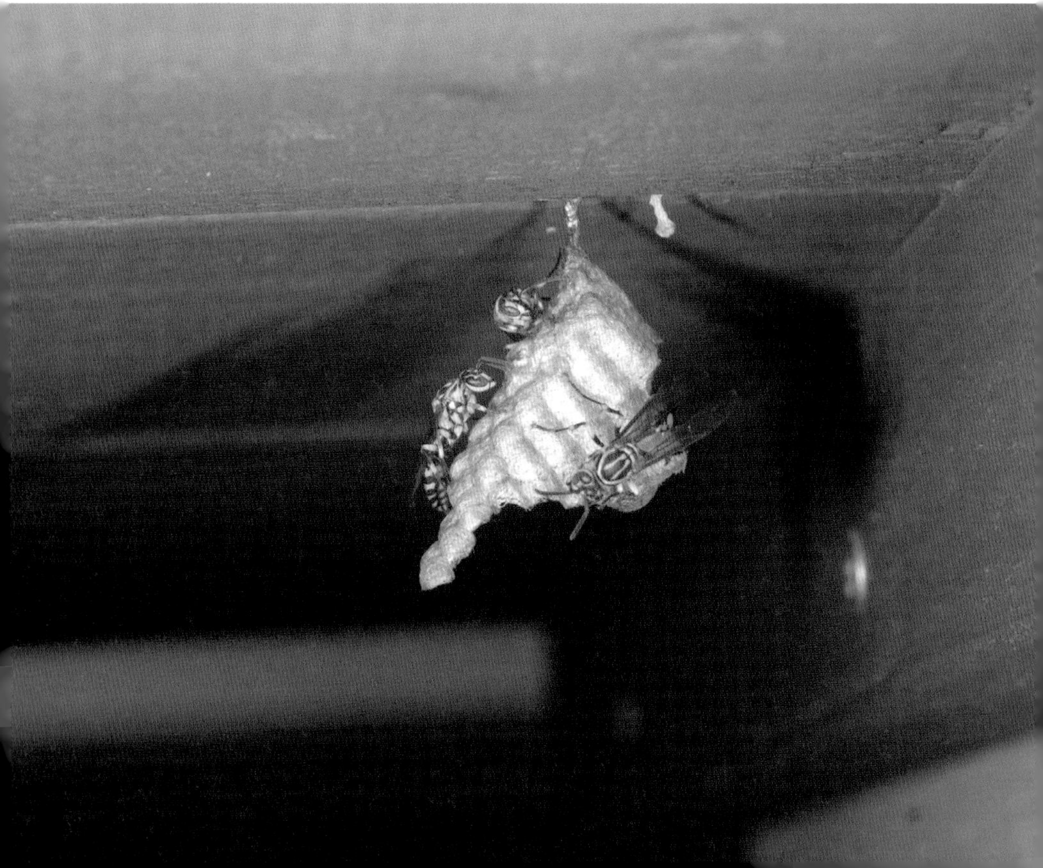

여왕벌 죽음과 뒤를 이을 여왕벌 탄생

쌍살벌 왕국이 최고조로 번창하는 여름도 끝나 갈 무렵, 왕국을 세운 여왕벌은 힘을 잃고 숨을 거둡니다. 이즈음 뱀허물쌍살벌 왕국에는 새로운 생식 계급이 얼굴을 내밉니다. 수벌과 새 여왕벌 후보가 8월 중순쯤부터 날개돋이하기 시작해 9월 초순에는 그 수가 거의 80마리에 달할 만큼 절정을 이룹니다. 수벌과 새 여왕벌 후보가 나오기 시작하면 더 이상 일벌들은 나오지 않습니다. 모든 일을 도맡아 하던 일벌들이 이제 나오지 않으니 결국 번성했던 왕국은 쇠퇴기에 접어듭니다.

다만 왕국이 단번에 쓰러지는 게 아니라 한 달에 걸쳐 서서히 무너집니다. 이 기간 동안 일벌들이 눈부시게 활약합니다. 이미 나와 집안일을 하던 일벌은 새로 날개돋이하여 벌집 안에서 아무 일도 안 하고 놀고먹는 수벌과 새 여왕벌 후보에게 먹잇감을 사냥해 바치며 극진히 보살핍니다. 그뿐 아닙니다. 아직 자라고 있는 수벌과 새 여왕벌이 될 애벌레들을 온 힘을 다 바쳐 헌신적으로 돌봅니다. 이때는 사냥감도 줄어들고 기온까지 내려가 먹잇감을 찾는 데 어려움이 많지만, 일벌들은 최선을 다해 왕국이 예전처럼 잘 돌아가도록 온 힘을 쏟습니다. 놀랍게도 새 여왕벌 후보와 수벌은 날개돋이한 뒤 거의 한 달쯤 벌집에 머물며 일벌이 사냥해 온 먹이만 받아먹으며 천하태평으로 지냅니다.

9월 말이 되자, 수벌과 새 여왕벌 후보는 정들었던 왕국을 미련 없이 떠납니다. 이때가 수벌들이 일 년 중 유일하게 세상 빛을 보며 활개 치는 계절입니다. 수벌들 등장으로 뱀허물쌍살벌 세계에 짝짓기 신호탄이 울립니다. 제각각 왕국을 떠난 새 여왕벌 후보들은 마음에 드는 수벌과 만나 짝짓기합니다. 수벌은 가능한 다른 왕국에 있는 새 여왕벌 후보와 짝짓기를 하고, 새 여왕벌 후보는 또한 다른 왕국 수벌과 짝짓기를 합니다. 그래야 다양한 유전자를 얻어 생존력이 강한 자손을 남길 수 있습니다. 혹시라도 같은 왕국에서 자란 새 여왕벌 후보와 수벌이 짝짓기한다면 남매가 짝짓기를 하는 셈이라 다양한 유전자를 확보할 수 없습니다. 짝짓기 뒤, 수벌은 비실비실 힘이 빠져 삶을 마감합니다. 오로지 짝짓기를 위해 태어난 것처럼 말이죠. 하지만 새 여왕벌은 죽지 않고 이듬해 8월까지 거의 11달 동안 살아남습니다. 짝짓기를 하면서 새 여왕벌 후보는 가문을 잇는 데 꼭 필요한 선물을 받습니다. 바로 수컷 정자입니다. 새 여왕벌은 몸속 수정낭에 수컷으로부터 받은 정자를 간직합니다. 이제서야 비로소 새 여왕벌 '후보' 딱지를 떼고 정식으로 여왕벌 자격을 갖춘 것입니다. 수컷 정자가 있어야 왕국을 일으킬 딸을 낳을 수 있기 때문입니다.

뱀허물쌍살벌 새 여왕벌과 수벌이 집을 떠날 준비를 하고 있다.

쌍살벌류, 말벌류, 꿀벌류 같은 사회성 벌 세계에서 여왕벌은 아들과 딸을 골라서 낳을 수 있는 능력이 있습니다. 다시 말하면 여왕벌은 딸을 낳고 싶으면 딸을 낳고, 아들을 낳고 싶으면 아들을 낳습니다. 아들과 딸을 구분해 낳는 방법은 간단합니다. 여왕벌은 가을에 수벌과 짝짓기하면서 수벌에게서 받은 정자를 자기 몸속 수정낭에 모아 두는데, 정자는 수정낭 속에서 여왕벌이 죽을 때까지 신선하게 살아 있습니다. 여왕벌 난자와 수정낭에 보관된 정자가 만난 수정란에서는 일벌인 딸이 깨어나고, 정자 없이 난자만 있

큰뱀허물쌍살벌 수벌이 둥지를 벗어나려 준비하고 있다. 수벌 얼굴은 하얗다.

는 미수정란에서는 수벌이 깨어납니다. 여왕벌은 왕국을 일으킬 때에는 딸만 낳고, 다음 세대를 이어갈 차세대 여왕벌 후보가 나올 때면 짝짓기용으로 수벌을 낳습니다.

짝짓기에 성공한 차세대 여왕벌이 해야 할 일은 추운 겨울을 이겨 내는 것입니다. 차세대 여왕벌들은 벌어진 나무 틈이나 나무에 난 구멍, 썩은 나무 속에서 여러 마리에서 수십 마리가 모여 겨울잠을 잡니다.

섬유질로 집 짓는

참어리별쌍살벌

참어리별쌍살벌 여왕벌

참어리별쌍살벌 여왕벌이 회양목 꽃에 날아와 꿀을 먹고 있습니다.

6월 초, 양평에 있는 연구소에서 며칠 지냅니다.
돌담 따라 빙 둘러 화사하게 피어났던 산철쭉 꽃들이
그새 스러져 줄기 끝에 지저분하게 매달려 있습니다.
웃자란 산철쭉 줄기를 가지치기를 하며 생김새를 예쁘게 잡아 줍니다.
그때, 뭔가 따끔! 벌에게 쏘였습니다.
순간적으로 빨갛게 달궈진 쇠에 데인 것처럼
따갑고 뜨거운 통증이 밀려옵니다.
혼비백산해 비명을 지르며
걸음아 날 살려라 삼십육계 줄행랑을 칩니다.
몇 분 지나니 팔짝팔짝 뛸 만큼 아팠던 통증이 잦아듭니다.
벌렁거리는 마음을 가라앉히고 다시 산철쭉 쪽으로 다가갑니다.
고개 숙여 산철쭉을 살피니 과연 나뭇가지에 벌집이 매달려 있고,
벌집 꼭대기에 나를 쏘았던 여왕벌이 앉아 있습니다.
여차하면 와락 달려들 듯 경계를 하며
날개를 양옆으로 활짝 펼치고 나를 노려봅니다.
한 발짝 떨어져 녀석이 누군지 한참을 살펴봅니다.
역시 해마다 연구소 마당에 찾아오는 참어리별쌍살벌입니다.

산철쭉

이 꼭지는 벌목 말벌과 종인 참어리쌍살벌(*Polistes djakonovi*) 이야기입니다.

연구소 마당 단골손님 참어리별쌍살벌

연구소 마당은 돌담으로 둘러싸인 데다 키 작은 나무들도 많아서 쌍살벌들이 집 짓기 좋은 곳입니다. 더구나 풀을 먹는 곤충 애벌레들이 좋아하는 풀과 나무가 많아서, 쌍살벌 애벌레를 먹일 먹잇감이 넉넉합니다. 그러니 쌍살벌들이 터 잡고 살기에 모자람이 없습니다. 마당은 넓지 않지만 네댓 종 쌍살벌들이 서로 이웃하며 사이좋은 경쟁을 벌입니다. 얼른 눈에 띄는 종을 손꼽자면 꼬마쌍살벌, 별쌍살벌, 어리별쌍살벌, 참어리별쌍살벌, 두눈박이쌍살벌들입니다. 그 가운데 참어리별쌍살벌은 해마다 꽃 피는 4월에 찾아와 으슥하고 비밀스러운 나뭇가지들 틈에 집을 짓습니다. 하지만 아무리 숨기려 해도 숨길 수 없는 법. 6월이 되면 방들 수가 많아져서 벌집이 커진 데다 몇몇 방들은 벌써 뚜렷한 노란색 고치를

어리별쌍살벌

꽃에 날아온 별쌍살벌

틀어 눈에 확 띕니다.

참어리별쌍살벌은 족보상 벌목 가문에 말벌과 집안 쌍살벌아과 식구입니다. 우리나라에서 사는 쌍살벌아과 식구는 모두 12종입니다. 모든 쌍쌀벌류들은 여왕벌을 중심으로 사회를 이루는 진사회성 곤충으로 집을 짓고 새끼를 돌봅니다. 그 가운데 참어리별쌍살벌은 이름만 들어도 별쌍살벌과 닮았다는 걸 눈치챌 수 있습니다. 곤충 이름에 가끔 '어리'라는 말이 들어가는데 '어리'는 '비슷하다'라는 뜻입니다. 더 쉽게 말하면 '짝퉁'이라는 말이지요.

참어리별쌍살벌은 몸길이가 15밀리미터쯤 되어서 몸집이 큰 편이라 맨눈으로도 잘 관찰할 수 있습니다. 온몸은 밤빛이 도는 검은색이고 몸 여러 군데에 노란색과 밤색이 얼룩덜룩 섞여 있습니다. 작은방패판과 뒷가슴등판 일부분에 노란 무늬가 있고, 또 2~4번째 배마디 양쪽 가장자리에도 노란 무늬가 그려져 있군요. 이마방패는 너비와 길이가 비슷하고, 가장자리를 따라 노란빛을 띠지만, 이따금 이마방패 전체가 노란빛을 띠기도 합니다. 다리 종아리마디와 발목마디는 붉은빛이 도는 밤색입니다.

여왕벌 출사표

두눈박이쌍살벌이 매미나방 애벌레를 사냥했다.

4월입니다. 날마다 따스한 햇살이 연구소 마당에 내려앉아 놉니다. 이때를 놓칠세라 겨우내 겨울잠을 자던 참어리별쌍살벌 여왕

벌도 기지개를 켜고 긴 잠에서 깨어나 마당으로 나옵니다. 따스한 돌멩이 위에 앉아 쉬는가 싶더니 이내 '쉬익' 바람처럼 저쪽으로 날아갑니다. 이 여왕벌은 운이 매우 좋은 편입니다. 어떤 여왕벌들은 매섭게 추운 겨울 동안 얼어 죽기도 하고, 운 나쁘면 새들에게 잡아먹히기도 하고, 사람들 손을 타 죽기 일쑤인데 용케도 살아남았으니 말이지요.

참어리별쌍살벌 여왕벌이 회양목 꽃에 날아와 꽃꿀을 먹고 있다.

여왕벌이 겨울잠에서 깨어난 뒤 가장 먼저 할 일은 굶주린 배를 채우는 일입니다. 몇 달 동안 굶은 탓에 몸은 허약해질 대로 허약해졌습니다. 겨울잠에 들어갔어도 목숨줄을 잇는 데 영양분이 꾸준히 필요합니다. 이렇게 긴 겨울 동안 몸속 칼로리를 줄곧 써서 겨울이 끝나면 여왕벌 몸속에 모아 둔 영양분은 거의 바닥이 납니다. 그래서 겨울잠에서 깨어난 직후 여왕벌 몸무게는 겨울잠에 들어가기 직전보다 거의 40퍼센트가 줄어듭니다. 거의 배 속에 쌓아 놓은 지방이 바닥나면서 몸무게가 줍니다. 사정이 이렇다 보니 겨울 동안 살아남은 여왕벌이 순조롭게 거대한 왕국을 세우려면 첫 번째도 두 번째도 바닥난 체력을 얼른 되찾아야 합니다.

여왕벌 밥은 무엇일까요? 바로 꽃꿀과 나뭇진처럼 나무에서 나오는 물입니다. 다행히 이른 봄부터 산과 들에는 봄꽃들이 흐드러지게 피어나고, 갈라진 나무줄기에서 물이 흘러나옵니다. 여왕벌은 회양목 꽃, 벚꽃, 매화나무 꽃, 민들레 꽃처럼 식물을 가리지 않고 꽃꿀만 있으면 어디든 날아가 식사합니다. 이따금 고로쇠나무나 층층나무 같은 나무에서 흐르는 달달한 물을 욕심껏 먹습니다. 온도가 훌쩍 올라가는 따뜻한 낮에는 열심히 밥을 먹으며 기력을 되찾고, 추워지는 밤이면 덤불 속, 바위틈, 집 둘레 창고 속 같은 따뜻하고 안전한 곳에서 지냅니다. 여왕벌은 2~3주쯤 동안 배를 채워 몸보신을 하며 지냅니다.

참어리별쌍살벌 집 짓기 과정

• 여왕벌 집 짓기

5월 들머리, 거의 반 달 동안 영양을 듬뿍 채운 덕에 여왕벌 몸은 매우 튼튼해졌습니다. 이제부터 여왕벌은 본격적으로 자기 왕국을 세우는 데 온 힘을 쏟습니다. 왕국을 성공적으로 세우려면 여왕벌 자신과 앞으로 태어날 새끼들이 살아야 할 안전한 집이 필요합니다. 거의 모든 곤충들과 달리 참어리별쌍살벌은 안전한 집에서 알을 낳고, 애벌레가 깨어나 어른벌레로 날개돋이할 때까지 자식을 돌보기 때문입니다. 그래서 여왕벌은 많은 시간과 노동을 쏟아부어 왕국을 세우는 데 필수 조건인 집을 짓기 시작합니다.

우선 여왕벌은 집을 짓기 위해 명당을 고르러 날아다닙니다. 명당이 될 으뜸 조건은 안전성입니다. 목숨앗이들 눈에 띄지 않고, 강렬한 햇빛이 가려지고, 비가 들이치지 않는 곳이어야 합니다. 그래서 바위 밑, 돌 아래, 우거진 나뭇잎 아래나 떨기나무 줄기 같은 그늘진 곳을 고릅니다. 여왕벌이 자리 잡은 곳은 연구소 마당 구석에서 자라는 산철쭉 줄기입니다. 집터를 마련하자 여왕벌은 이리저리 겹친 산철쭉 줄기 사이를 들락거리며 본격적으로 집을 짓기 시작합니다. 날마다 외롭고도 모진 노동의 시간이 이어집니다. 적어도 네다섯 달 동안 여왕벌은 왕국 번영을 위해 몸이 부서져라 집

참어리별쌍살벌 여왕벌이 집을 짓기 시작했다.

을 짓고 새끼를 키워야 합니다.

집 지을 재료는 나무 섬유질입니다. 나무가 없으면 버려진 종이 박스도 긁어다 씁니다. 여왕벌은 뒷산에 쓰러진 나무에 앉아 튼튼한 큰턱으로 나무껍질을 잘게 잘게 갉아 섬유질을 뜯어냅니다. 그런 뒤 섬유질에 침을 섞어 콩알만 한 경단 모양으로 걸쭉하게 반죽해 집터로 가져옵니다. 먼저 집 기둥 노릇을 하는 자루를 만듭니다. 이는 사람이 집을 지을 때 기둥을 먼저 세우는 것처럼, 쌍살벌은 집을 매달 자루를 땅바닥 쪽을 향해 늘어뜨립니다. 자루 하나에 수십 개 방이 딸린 집이 매달려야 하니 비바람이 쳐도 끄떡없도록 튼튼하게 만들어야 합니다. 여왕벌은 야무지고 꼼꼼하게 터 잡는 기초 공사를 합니다.

자루를 만든 뒤 여왕벌은 다시 썩어 가는 나무를 갉아 나무 반죽을 만들어 와 자루 아래에 방을 만들기 시작합니다. 콩알만 한 나무 반죽을 얇게 펼쳐 육각형 방을 만들려면 수십 번 들락거려야 합니다. 여왕벌은 낮 동안 쉬지 않고 나무 반죽을 날라다 꼼꼼하게 일을 한 끝에 방 하나를 완성했습니다.

• 알 낳기

방을 다 짓자마자 여왕벌은 방 벽에 배 꽁무니를 대고 알 하나를 낳습니다. 타원형 알은 우윳빛을 띠고 윤기가 자르르 흐릅니다. 알을 낳은 뒤 여왕벌은 알 낳은 방 옆에 새로운 방을 만들기 위해 집 지을 재료를 모으러 날아갑니다. 20분쯤 지나자 큰턱으로 콩알만 한 나무 반죽을 물고 와 새로운 방을 만들기 시작합니다. 여왕벌은 새로운 방을 지을 때마다 잊지 않고 자루에 나무 반죽을 덧입혀 더

참어리별쌍살벌 여왕벌이 집 안에 알을 낳았다.

욱 튼튼하게 고정시킵니다. 하루 종일 나무 반죽을 만들어 와 신축 공사를 한 덕에 새로운 방이 또 생겼습니다. 새 방이 만들어지자마자 여왕벌은 배 꽁무니를 방 안쪽에 대고 알을 낳습니다. 이렇게 여왕벌은 새 방을 지은 뒤 알을 낳고, 또 새 방을 지은 뒤 알 낳기를 되풀이합니다. 6월 초가 되면 여왕벌 혼자 지은 방이 30개쯤 되는 걸 보면 하루에 방 한 개를 만드는 셈입니다. 집 짓는 일에 많은 시간과 노동력이 들어가는 것은 인간 세계나 쌍살벌 세계나 크게 다르지 않은 것 같습니다.

• 애벌레 돌보기

여왕벌이 첫 번째 알을 낳은 지 보름이 지났습니다. 첫 번째 낳은 알에서 첫째 애벌레가 깨어납니다. 이어 다음 날 두 번째 낳은 알에서 둘째 애벌레가 깨어나고, 날이 갈수록 알 낳은 순서대로 셋째, 넷째, 다섯째 애벌레들이 잇달아 깨어납니다. 왕국을 세우는 동안 태어난 애벌레들은 모두 딸입니다. 이때 애벌레들은 몸에서 끈끈한 물이 나와 알 껍질에서 떨어지지 않은 채 거꾸로 매달려 있습니다. 물론 딸들이 깨어나는 순간에도 여왕벌은 방을 만들고 알을 낳습니다.

애벌레가 깨어나자, 여왕벌은 더 바빠집니다. 애벌레를 먹여 살리고 돌봐야 하기 때문입니다. 애벌레는 방 안에서 꼼짝도 못 하기 때문에 스스로 먹잇감을 구하지 못합니다. 애벌레는 방 안에서만 거꾸로 매달려 지내기 때문에 여왕벌이 먹이를 가져다줘야 살아남을 수 있습니다. 애벌레는 고기만 좋아하는 육식주의자로, 좋아하는 메뉴는 나비목 곤충 애벌레입니다. 여왕벌은 잠시 방 공사를 멈

여왕벌이 지은 방 안에 애벌레들이 들어 있다.

어리별쌍살벌이 나방 애벌레를 잡아 경단을 만들었다.

추고 먹이를 사냥하러 나갑니다. 다행히 연구소 마당에는 나방 애벌레들이 쌔고 쌨습니다. 여왕벌은 풀밭을 날며 풀잎에 붙어 있는 자나방과 애벌레인 자벌레를 발견하고 큰턱으로 꽉 물어 사냥합니다. 놀랍게도 사냥한 자벌레 몸을 곧바로 주둥이 큰턱으로 잘근잘근 씹어 동그랗게 경단을 빚습니다. 그러고는 얼른 집으로 가져와 애벌레에게 먹입니다. 잇달아 둘째, 셋째, 넷째 딸 애벌레들이 깨어나면 여왕벌은 먹잇감을 더 많이 사냥해야 하니 눈코 뜰 새 없이 바쁩니다.

여왕벌이 사냥해 온 고기 경단을 먹으며 애벌레들이 하루가 다르게 무럭무럭 자라면 방도 비좁아집니다. 그러면 여왕벌은 모든 일을 제쳐 놓고 애벌레 방을 넓히는 확장 공사를 합니다. 그뿐 아닙니다. 여왕벌은 비가 와서 일을 못 하거나 밤에 잠을 잘 때는 늘 벌집 위에 엎드려 있는데, 이런 행동을 '컬링(curling)'이라고 합니다. 컬링은 벌집 온도를 높여 방 속에 있는 알들과 애벌레들이 더 빨리 자라도록 돕는 역할을 합니다. 자기 몸 온도를 이용해 자식들 성장을 돕는 여왕벌의 모성애가 눈물겹습니다.

이렇게 바쁜 와중에도 틈틈이 시간이 날 때마다 새 방을 짓고 알을 낳습니다. 신분만 여왕벌일 뿐 실제로 하는 일은 무수리입니다. 새 방을 지으랴, 알 낳으랴, 애벌레 돌보랴, 애벌레에게 먹일 먹잇감 사냥하랴, 애벌레 방을 넓히랴, 굶주린 자기 배도 채우랴, 여왕벌 몸이 열 개라도 모자랄 지경입니다. 이 모든 일을 혼자서 다 도맡아야 하니 고되고 또 고됩니다. 이렇게 힘겨운 노동은 딸들인 일벌들이 날개돋이하는 6월까지 이어집니다. 아마도 여왕벌은 어서 빨리 딸들이 태어나 자기 일손을 덜어 주길 바랄 것입니다.

어리별쌍살벌이 경단을 만들어 와서 애벌레에게 먹이고 있다.

참어리별쌍살벌 집에 알, 애벌레, 고치가 방마다 들어차 있다.

• **애벌레, 노란 고치 만들다**

여왕벌이 긴장을 늦추지 않고 정성껏 키운 덕에 애벌레는 무럭무럭 자랍니다. 여왕벌이 사냥해 온 먹잇감을 먹으며 허물을 4번 벗고 종령 애벌레가 됩니다. 애벌레를 키운 지 보름째입니다. 첫째 애벌레가 맛있는 고기 식사를 마다합니다. 여왕벌이 먹이려고 애쓰지만 실패. 첫째 애벌레가 밥을 뚝 끊은 까닭은 번데기를 만들 때가 다가왔기 때문입니다.

첫째 애벌레는 고치를 짓고 번데기로 탈바꿈할 준비를 합니다. 입에서 노란 실을 뽑아 자기가 지내던 방 입구를 막기 시작합니다. 고운 실을 한 올 한 올 뽑아 마치 베를 짜듯이 입구를 꼼꼼하고 촘촘하게 막습니다. 이렇게 입구를 틀어막으면 목숨앗이들 공격을 피할 수 있고, 세차게 내리는 비도 들이치지 않고, 바깥 기온이 올라가도 이겨 낼 수 있습니다. 몇 시간이 지났을까. 드디어 방 입구가 막혀 고치가 완성되었습니다. 신기하게도 고치 색깔이 노랗습니다. 고치 짓기에 성공한 애벌레는 고치 속에서 번데기로 탈바꿈합니다.

첫째 딸 날개돋이

참어리별쌍살벌 집에 종령 애벌레와 고치가 가득 들어차 있다.

6월 중순, 어느덧 여왕벌이 집안 번창을 꿈꾸며 집을 짓고 알을 낳기 시작한 지 한 달이 되어 갑니다. 이때쯤이면 여왕벌이 짓고 있는 왕국은 나뭇가지 사이에 있어도 잘 보일 만큼 나날이 번창합니다. 지금까지 만든 방을 얼른 세어 보니 30개가 넘습니다. 5월 초부터 집을 짓기 시작했으니 하루에 한 개꼴로 방을 만든 셈입니다. 가장 안쪽에 있는 몇몇 방들 속에는 노란색 고치가 들어 있고, 그 옆방들 속에는 토실토실하게 살찐 애벌레들이 꽉 차 있고, 맨 바깥쪽 방들 속에는 알들이 박혀 있습니다. 방 높이는 애벌레 크기에 따라 차이가 납니다. 이렇게 훌륭한 왕국을 여왕벌 혼자 힘으로 만들었으니 그동안 여왕벌 몸이 얼마나 고되었을지 짐작이 갑니다.

참어리별쌍살벌이 지은 방은 높이가 저마다 다르다.

첫째 애벌레가 고치를 튼 지 15일쯤째 되는 날, 드디어 여왕벌이 손꼽아 기다리던 첫딸 일벌이 태어납니다. 첫딸은 스스로 큰턱으로 고치 위쪽 노란 뚜껑 부분을 찢고 나옵니다. 여왕벌이 기다리고 기다리던 첫딸이 태어나는 순간입니다. 계산해 보니 여왕벌이 낳은 알에서 딸벌이 태어나기까지 45일쯤 걸렸습니다. 각 단계별로 기간을 따져 보니 알로 15일쯤, 애벌레로 15일쯤, 번데기로 15일쯤 걸렸습니다.

딸벌은 여왕벌보다 몸집이 좀 작습니다. 여름이 되기 전까지 여왕벌은 딸만 낳습니다. 딸들은 여왕벌을 돕는 일벌 노릇을 합니다. 그러니 딸벌과 일벌은 같은 뜻입니다.

참어리별쌍살벌 여왕벌에게 맏딸은 살림 밑천입니다. 이제부터 맏딸 벌은 여왕벌을 도와 자기들 유전자를 가진 왕국을 번창시킬 것입니다. 갓 태어난 맏딸은 몸을 추스르고 꽃꿀을 먹으며 영양을 보충한 뒤 본능적으로 온 힘을 다해 여왕벌을 돕습니다. 여왕벌이 했던 것처럼 썩은 나무껍질에서 긁어낸 섬유질에 침을 섞은 뒤 콩알만 한 경단을 빚어와 집을 짓습니다. 백지장도 맞들면 낫다고

참어리별쌍살벌 첫 맏딸이 사냥을 하러 나왔다.

여왕벌 혼자서 방을 짓는 것보다 둘이서 함께 지으니 공사 속도가 빠릅니다. 일을 척척 돕는 맏딸 덕분에 여왕벌은 한시름 놓습니다. 그렇지만 여왕벌은 쉬지 않고 고된 일을 계속합니다. 자손을 한 명이라도 더 늘리려면 서둘러야 합니다. 새 방을 짓고, 알을 낳고, 커 가는 애벌레 방을 넓히고, 하루가 다르게 커 가는 애벌레들에게 먹일 먹잇감도 사냥해 와야 합니다.

여왕벌, 일손을 놓다

맏딸이 태어난 지 이틀째 되는 날, 둘째 딸이 태어났습니다. 이어 셋째 딸, 넷째 딸, 이렇게 줄줄이 딸벌들이 날개돋이하니 일손이 눈덩이처럼 불어납니다. 이제 집 짓고 애벌레 키우는 일에 가속도가 붙습니다. 딸벌들은 여왕벌이 했던 집 짓기, 방 넓히기, 애벌레 돌보기, 먹이 사냥 같은 일을 도맡아 합니다. 여왕벌은 힘이 납니다. 수많은 일손을 얻은 셈이니 이보다 더 좋을 수는 없습니다. 맏딸이 태어난 뒤로, 여왕벌은 딸벌들과 3~4주 동안 함께 일을 하다가 시나브로 일손을 놓습니다. 이제야 비로소 지긋지긋하게 힘든 노동에서 벗어나 여왕벌 본래 모습으로 돌아옵니다. 모든 노동은 딸벌들이 도맡습니다. 이제부터 여왕벌은 아무 일 하지 않고 오로지 알만 낳습니다. 이때 여왕 물질을 뿜어 딸벌들 난소가 여물지 못 하게 막습니다. 그렇게 딸벌들이 알을 낳지 못하도록 막으면서 자기가 세운 왕국 식솔들을 거느립니다. 특이하게 여왕벌은 자기가 직접 집 짓는 초기에는 알을 쑥쑥 많이 낳지만, 애벌레 개체 수가 많아지면 알을 적게 낳습니다. 그러다 딸벌들이 날개돋이한 뒤에는 다시 알을 많이 낳습니다.

여왕벌 죽음과 차세대 여왕벌 출현

7월 말 여름은 참어리별쌍살벌 왕국이 가장 번창하는 때입니다. 여전히 딸벌인 일벌들은 먹잇감을 사냥해 와 동생인 애벌레에게 먹이고, 더우면 연못에서 물을 가져오거나 날갯짓으로 부채질

꼬마장수말벌이 쌍살벌류 집을 공격하고 있다.

을 해 벌집 온도를 낮추면서 애벌레들을 살뜰히 보살핍니다. 운 좋게 목숨앗이들 공격을 피하고, 여왕벌도 건강하게 살아남은 덕에 왕국이 별 탈 없이 잘 돌아가고 있습니다. 사실 거의 모든 쌍살벌 여왕벌들은 왕국을 세우는 데 실패합니다. 전체 여왕벌에 20퍼센트쯤만 맏딸 벌이 날개돋이할 때까지 살아 있을 정도입니다. 더 나아가 전체 쌍살벌류 가운데 수벌과 새 여왕벌을 낳을 때까지 살아남는 여왕벌은 거의 5퍼센트쯤밖에 안 된다니 척박한 환경에서 살아남는 것 자체가 기적에 가깝습니다. 이때쯤이면 꼬마장수말벌이 날아와 집을 쑥대밭으로 만들고 쌍쌀벌류 애벌레만 잡아갑니다. 자기 애벌레들을 먹이려고 말이죠. 또 장수말벌도 쌍쌀벌류 집에 쳐들어와 몇 달 동안 힘들게 세운 왕국을 몽땅 무너뜨립니다. 꼬마장수말벌이나 장수말벌은 쌍살벌 킬러들입니다.

7월 말, 어려운 고비를 잘 넘은 참어리별쌍살벌 왕국에 세대교체 바람이 붑니다. 수벌이 날개돋이에 성공해 벌집 위에 앉아 있습니다. 수벌 얼굴은 하얀색이라 쉽게 눈에 띕니다. 이제부터 8월 중순까지 왕국에서는 다음 세대를 위한 생식 계급, 즉 수벌과 새 여왕벌이 차례차례 날개돋이합니다. 수벌과 새 여왕벌이 나오기 시작하면 더 이상 딸벌은 나오지 않습니다. 이때쯤이면 왕국을 세운 늙은 여왕벌이 목숨을 다해 힘을 잃고 쓸쓸하게 죽습니다. 그래도 여한은 없습니다. 혈혈단신 무주택자가 50개가 넘는 방을 짓고, 50명도 넘는 자식을 낳고 죽으니 조상 볼 낯이 있습니다.

엄청난 노동을 하며 왕국을 세운 여왕벌 죽음은 새로운 세대교체를 예고합니다. 여왕벌이 죽고, 수벌과 차세대 여왕벌이 나오자 이제 왕국 지배 구조가 바뀝니다. 이미 날개돋이해 왕국을 돌보는

참어리별쌍살벌 집에 새 여왕벌과 수벌이 모여 있다.

일벌들도 시나브로 목숨이 다해 죽어 가기 때문에 결국 왕국은 서서히 무너지기 시작합니다. 다만 단번에 무너지는 게 아니라 한 달에 걸쳐 서서히 벌어집니다. 이 기간 동안 일벌들이 마지막으로 눈부시게 활약합니다. 이미 나온 일벌들은 수벌과 새 여왕벌을 극진히 보살핍니다. 새 여왕벌과 수벌은 날개돋이한 뒤 거의 1달 동안 벌집에 머물며 천하태평으로 지내며 일벌이 사냥해 온 먹이를 얻어먹기도 하고, 방 속에 있는 애벌레가 토해 내는 침을 받아먹기도 합니다. 이들은 얌체처럼 절대로 집안일은 하지 않습니다. 그럼에도 수벌과 새 여왕벌이 이때 잘 먹어야 성적으로 성숙해지니, 일벌들은 가문을 잇기 위해 열심히 수벌과 새 여왕벌을 먹여 살립니다.

차세대 여왕벌 탄생과 겨울나기

아침저녁으로 쌀쌀한 9월, 드디어 참어리별쌍살벌 왕국 식구들이 작별을 고하고 왕국을 떠납니다. 일벌들은 이미 다 숨을 거두고, 그 일벌들의 보살핌을 받은 수벌과 새 여왕벌 후보는 정들었던 집을 떠납니다. 날개돋이한 지 한 달 만입니다. 물론 집을 떠나는 때는 9월 초부터 10월 중순까지로 군집마다 조금씩 다릅니다.

집을 떠난 새 여왕벌 후보와 수벌은 각각 짝을 만나 짝짓기를 합니다. 물론 수컷은 가능한 한 다른 왕국 암컷과 짝짓기를 하고, 암컷 또한 다른 왕국 수컷과 짝짓기를 합니다. 다양한 유전자를 확보

하기 위해서입니다. 짝짓기를 마치면, 수컷은 힘을 잃고 시름시름 앓다가 삶을 마칩니다. 짝짓기에 성공한 새 여왕벌은 수컷이 죽든 말든 관심이 없습니다. 그저 자기 몸속에 정자를 모아 차세대 여왕벌이 될 자질을 갖추는 것에만 관심 있을 뿐입니다.

짝짓기를 마친 차세대 여왕벌은 겨울잠을 자며 추운 겨울을 이겨 냅니다. 겨울잠은 썩은 나무 속, 썩은 나무 그루터기 속, 식물 줄기 속, 집이나 창고 같은 건물 틈새 같은 곳에서 한 마리 또는 여러 마리가 모여 잡니다. 내년 봄에 어미가 밟은 길을 따라 새로운 참어리별쌍살벌 왕국 건설을 꿈꾸며 말이죠.

곤충 세계 딱다구리

어리호박벌

꽃에 날아온 어리호박벌

어리호박벌이 박태기나무 꽃에 날아와
꿀을 빨아 먹고 있습니다.

4월 말, 심술궂은 꽃샘추위도 물러가고 봄이 무르익어 갑니다.
양평에 있는 연구소 마당에도 봄이 날마다 날마다 머뭅니다.
살구나무 꽃, 복사나무 꽃, 매화나무 꽃, 자두나무 꽃,
박태기나무 꽃, 산철쭉 꽃, 보리수나무 꽃,
조개나물 꽃, 서양민들레 꽃…….
봄꽃이란 봄꽃은 죄다 피어나니 그야말로 꽃밭입니다.
곤충은 때를 알고 분수를 압니다.
꽃들이 흐드러지게 피니 봄 곤충들이 나와
이 꽃 저 꽃을 돌아다니며 중매쟁이를 자처합니다.
헤비급 어리호박벌도 긴 겨울잠에서 깨어나
'윙~~' 소리를 내며 꽃밭에 날아옵니다.
밥상에 차려진 꽃들이 너무 많아
도대체 무슨 꽃을 먼저 먹어야 할지 행복한 고민에 빠집니다.
박태기나무 꽃에 앉았다, 조개나물 꽃에 앉았다,
산철쭉 꽃에 앉았다, 보리수나무 꽃에 앉았다,
부산하게 이 꽃 저 꽃 옮겨 다니며
배부르게 꽃꿀 식사를 합니다.
묵직한 어리호박벌 몸이 움직일 때마다 꽃가지가 출렁입니다.

어리호박벌

이 꼭지는 벌목 꿀벌과 종인 어리호박벌(*Xylocopa appendiculata circumvolans*) 이야기입니다.

묵직한 몸집
어리호박벌

어리호박벌은 몸길이가 20밀리미터쯤 되어서 몸집이 굉장히 큰 편입니다. 몸매도 뚱뚱한 편이라 헤비급에 속합니다. 온몸은 까만데, 앞가슴등판과 가운데가슴 옆쪽이 노란빛이 도는 황토색입니다. 겹눈은 툭 불거져 큰 편이고, 더듬이는 커다란 몸에 비해 짧고 가는 편입니다. 날개 색깔은 보랏빛이 도는 밤색이라 우아합니다. 뭐니 뭐니 해도 어리호박벌이 가장 자랑할 만한 자산은 털입니다. 마치 모피 옷을 두른 것처럼 온몸에 긴 털들이 수북하게 나 있습니다. 특히 앞가슴등판과 다리에는 벨벳처럼 부드러운 황금색 털들이 물샐틈없이 빽빽하게 덮고 있습니다. 또 다리에도 꽃가루를 잘 모을 수 있게 밤색 털들이 쫙 깔려 있습니다. 배에도 털은 나 있지만 앞가슴등판과 다리 털과 비교가 안 될 만큼 짧습니다.

암컷과 수컷은 머리에 있는 이마방패 색깔이 살짝 다릅니다. 수

산철쭉 꽃에 날아온 어리호박벌

컷은 이마방패 색깔이 노랗고, 배 꽁무니 쪽에 독침이 없습니다. 암컷은 이마방패가 까맣고, 배 꽁무니 쪽에 독침이 있어 건드리면 쏩니다.

어리호박벌 어른벌레는 4월에 겨울잠에서 깨어나 9월까지 집을 짓고 알을 낳으며 살아갑니다. 주로 꽃에 날아와 꽃가루와 꽃꿀을 따러 온 암컷이 많이 보입니다. 특히 부지런히 돌아다니는 4~5월에 흔하게 만날 수 있습니다. 어리호박벌은 한 해에 한살이가 한 번 돌아갑니다. 우리나라와 일본에 널리 분포합니다.

어리호박벌 vs.
호박벌

어리호박벌은 족보상 벌목 가문에 꿀벌과 집안 어리호박벌아과 식구입니다. 우리나라에 사는 어리호박벌아과에 속한 벌은 6종밖에 안 됩니다. 그 가운데 어리호박벌속(*Xylocopa* Genus) 벌은 황어리호박벌과 어리호박벌로 단 2종뿐입니다.

어리호박벌속 벌은 특이하게 죽은 나무에 구멍을 뚫어 집을 지어 육아 방을 만듭니다. 그래서 영어 이름이 목수 벌이라는 뜻인 'carpenter bee'이고, 또 구멍을 뚫는 벌이라는 뜻으로 'borer bee'라고도 합니다. 속명인 질로코파속(*Xylocopa* Genus)은 그리스어인 'xylokopos'에서 왔는데, 이 말은 '나무를 자르는 벌(wood-cutter)'이라는 뜻입니다.

우리나라 곤충 이름에 이따금 '어리'라는 말이 들어가는데, '어리'는 '비슷하다'라는 뜻을 가진 접두어입니다. 따라서 어리호박벌은 호박벌과 매우 닮아서 붙은 이름입니다. 아마 털이 북슬북슬하고 몸 색깔이 엇비슷해서 그리 이름을 지은 것 같습니다. 실제로 곤충 초보자들은 호박벌과 어리호박벌을 잘 구분하지 못해 헷갈릴 만큼 생김새가 비슷합니다. 하지만 어리호박벌과 호박벌은 같은 꿀벌과 집안 식구라고는 해도 어리호박벌은 어리호박벌아과에, 호박벌은 꿀벌아과에 속해 있어 그리 가까운 친척은 아닙니다. 도리어 호박벌은 양봉꿀벌, 뒤영벌류, 꿀벌과 촌수가 가깝습니다.

어리호박벌

· 어리호박벌아과에 속한다.
· 단독 생활을 한다.
· 나무에 구멍을 뚫어 둥지를 짓고 알을 낳는다.
· 배에 난 털이 짧고 성글어 언뜻 보면 반들반들하다.
· 앞가슴등판 털 색깔이 노랗다.

호박벌

· 꿀벌아과에 속한다.
· 사회생활을 한다.
· 땅속, 나무에 뚫린 구멍, 인공 새 둥지 같은 곳에 밀랍으로 집을 짓는다.
· 배에 난 털이 길고 빽빽해서 털북숭이처럼 보인다.
· 앞가슴등판 털 색깔이 까맣다.

겨울잠에서 깨어난 어리호박벌

어리호박벌이 산철쭉 꽃에 날아왔다.

연구소 마당을 가꾼 지 10년이 되어 갑니다. 한 해도 거르지 않고 봄이 되면 어리호박벌 몇 마리가 겨울잠에서 깨어나 연구소 마당에 '짠' 하고 나타납니다. 뒷산에 녀석들이 사는 죽은 통나무가 많기 때문입니다. 어리호박벌은 날마다 꽃 잔칫상을 차지하며 꽃꿀을 먹느라 시간 가는 줄도 모릅니다. 분위기 메이커답게 여기서 '붕~' 저기서 '붕~ 붕~'거리며 날아다니니 마당은 떠들썩떠들썩 활기가 넘칩니다.

마침 어리호박벌 한 마리가 시끌벅적하게 '부~웅' 소리를 내며 내려앉자 박태기나무 꽃들이 들썩입니다. 박태기나무는 잎이 나기 전에 분홍색 꽃을 먼저 피우는데, 다닥다닥 피어난 꽃들이 참 화려합니다. 그 고운 꽃 위에 앉은 어리호박벌은 망설일 것도 없이 꽃잎을 여섯 다리로 꽉 붙들고 주둥이를 꽃 속에 넣고 꽃꿀을 빨아 먹습니다. 아직 몸에 난 털에 꽃가루가 묻지 않은 것을 보니 오늘 첫 끼인가 봅니다. 밤새 곯은 배를 채우느라 주둥이를 꽃에 묻은 채 식사합니다. 경계심이 많아서 한 꽃에 오래 머무르지 않고 바로 옆 꽃으로 기어 옮겨 갑니다. 묵직한 몸매와 달리 움직임은 빨라 꽃들 사이를 부리나케 걸어 다닙니다.

하지만 아직 양이 다 안 찼는지 훌쩍 날아 박태기나무 아래쪽에 있는 산철쭉 꽃으로 옮겨 갑니다. 커다란 산철쭉 꽃 속으로 곧장 들어가 꽃잎에 안긴 채 꽃꿀을 마십니다. 밥만 먹고 꽃가루를 다리에 모으지 않는 걸 보니 아직 집을 짓기 전인 것 같습니다. 한참 동

어리호박벌이 보리수나무 꽃에 날아와 꿀을 빨고 있다.

안 활짝 핀 산철쭉 꽃에서 머물더니 다시 향기 좋은 보리수나무 꽃으로 날아갑니다. 보리수나무 꽃은 어리호박벌보다 서너 배 작은 데다 종처럼 생겨서 땅을 향해 핍니다. 몸집이 큰 어리호박벌이 먹기에는 얄궂을 만큼 자그마한 꽃입니다. 그럼에도 어리호박벌은 제 몸보다 훨씬 작은 보리수나무 꽃에 곡예사처럼 매달려 꽃꿀을 빱니다. 여의치 않으니 수시로 옆에 있는 다른 꽃으로 옮겨 식사에 열을 올립니다. 이렇게 밥을 먹다가 마음에 드는 짝을 만나면 짝짓기를 합니다. 그래서 봄이면 짝짓기에 성공한 뒤 땅바닥에서 나뒹군 채 죽어 가는 수벌을 심심치 않게 볼 수 있습니다.

이렇게 겨울잠에서 깨어난 어리호박벌 어른벌레는 긴 겨울 동안 굶주렸던 배를 채우며 영양을 보충합니다. 정말이지 며칠 동안 꽃이란 꽃은 다 찾아다니며 걸신 들린 것처럼 먹어 댑니다. 체력을 최고 수준으로 끌어올려야 튼튼한 몸으로 몇 달 동안 평생 숙원 사업인 육아 방 건축에 매달릴 수 있기 때문입니다.

죽은 나무에 구멍 파는 목수 벌

꽃꿀로 체력을 끌어올린 어리호박벌 어미 벌은 바라고 바라던 '번식 프로젝트'를 시작합니다. 어리호박벌이 집을 마련할 곳은 죽은 나무인데, 구멍을 뚫기에 손쉬운 나무여야 육아 방 공사를 할 수 있습니다. 그래서 어미 벌은 집터 고르는 데 공을 들입니다. 연구소 마당과 뒷산을 힘차게 날아다니며 구멍 파기에 알맞은 나무를 마치 형사처럼 여기저기 뒤지며 찾아다닙니다. 몇 번을 되풀이해서 돌아다닌 끝에 마음에 드는 나무를 찾았습니다. 겉으로는 멀쩡해 보이지만 이미 죽어서 썩기 시작한 나무입니다.

어리호박벌 어미 벌은 그 누구 도움 없이 혼자서 나무껍질 위에 앉아 구멍을 뚫기 시작합니다. 강력한 큰턱을 벌렸다 오므렸다 하면서 나무 조직을 물어뜯습니다. 질긴 껍질을 뜯어내는 게 만만치 않습니다. 젖 먹던 힘까지 다 짜내 껍질에 흠집을 깊게 냅니다. 나무껍질을 뜯어내고 나니 나무 속살은 조금 부드러워 작업하기 쉽습니다. 어미 벌이 구멍 뚫는 일을 할 때는 온몸을 떠는 소리가 납니다. 조금씩 조금씩 끈질기게 몇 시간 동안 나무를 파내니 손가락 굵기만 한 얕은 구멍이 뚫립니다. 겨우 윗몸만 들어갈 수 있는 구멍이라 아직도 갈 길은 멉니다. 머리를 구멍 속에 처박고 몸을 빙 돌아 움직이면서 나무를 파냅니다. 얼마나 열심히 파내는지 다리와 배에는 나무 부스러기가 잔뜩 묻어 있고 땅바닥에는 톱밥 같은 부스러기들이 차곡차곡 쌓입니다. 이 정도면 굴 파는 솜씨가 딱따구리와 견줄 만합니다. 힘이 드는지 잠시 어미 벌이 일을 멈추고 어디론가 '부웅' 날아갔습니다. 이때다 싶어 구멍 안을 들여다보니 기계로 판 것처럼 말끔합니다.

나들이 나갔던 어미 벌은 금세 다시 돌아와 나무 굴을 마저 팝니다. 이따금 나무 굴속에서 부스러기를 물고 뒷걸음질로 나와 굴 밖으로 내다 버리기도 합니다. 놀랍게도 어미 벌은 나무속에 여러 갈래 굴을 팝니다. 나무 굴 입구는 하나인데 어느 정도 파고 들어가면 굴을 두세 갈래 새끼 치면서 파고 들어갑니다. 다시 말하면 출

어리호박벌이 나무에 머리를 박고 구멍을 파고 있다.

입구는 하나이지만 출입구 통로를 지나면서 본래 중심 굴에서 갈라지는 새끼 굴을 여러 개 팝니다. 굴이 여러 갈래로 많이 갈라져야 나중에 태어날 새끼들이 날개돋이할 때 불편하지 않습니다. 새끼들이 날개돋이하는 때는 거의 비슷하지만 만일 맨 안쪽 방에 있던 새끼가 가장 먼저 날개돋이하게 되면 앞쪽에 지은 바깥쪽 방들에 막혀 밖으로 나오지 못하고 죽을 수 있습니다. 그래서 일직선으로 만든 굴보다 일직선 굴에서 옆으로 갈라진 보조 굴이 많을수록 새끼들이 날개돋이해 나오는 데 큰 도움이 됩니다. 즉 빨리 날개돋이하는 녀석들과 늦게 날개돋이하는 녀석들이 나무 굴에서 나올 때 서로 방해를 덜 받게 됩니다. 결국 옆으로 판 보조 굴은 왕국이 번성하는 데 큰 도움이 됩니다.

꽃가루와 꽃꿀 모으기

어미 벌이 열심히 나무 굴 파기 공사를 마친 끝에 드디어 나무 속 깊은 곳에 방 하나가 완성됩니다. 어미 벌은 기쁜 마음에 곧바로 꽃가루와 꽃꿀을 따러 굴 밖으로 나옵니다. 어리호박벌 애벌레가 먹는 밥은 꽃가루와 꽃꿀이기 때문입니다. 식물은 꽃을 피우기 위해 엄청난 비용을 쏟습니다. 광합성을 해서 모아 두었던 영양분을 투자해 만든 꽃가루는 탄수화물, 지방, 단백질, 비타민과 무기질이 풍부한 영양 식품입니다. 거기에 식물은 꽃꿀도 만듭니다. 꽃

어리호박벌이 나무 줄기에 판 구멍

어리호박벌이 연산홍 꽃에 날아왔다.

어리호박벌이 붉은인동 꽃에 날아왔다.

어리호박벌이 송엽국 꽃에 날아왔다.

어리호박벌이 조개나물 꽃에 날아왔다.

쉬땅나무 꽃에 날아 온 어리호박벌

꿀은 생식 기관이 아니어서 열매를 만드는 데 아무 쓸모가 없지만, 중매쟁이 곤충들을 불러들이기 위해 덤으로 만듭니다. 꽃꿀은 물에 설탕이 녹은 용액입니다.

어리호박벌 입장에서 보면, 그런 식물 사정은 알 바가 아닙니다. 어리호박벌 어미 벌에게 필요한 건 새끼에게 차려 줄 꽃꿀과 꽃가루일 뿐입니다. 부지런한 어미 벌은 아침 일찍부터 오후 늦게까지 조팝나무, 찔레나무, 산수국, 붉은인동, 개회나무 같은 여러 나무에 핀 꽃들을 돌아다니며 꽃가루와 꽃꿀을 모읍니다. 꽃을 드나들 때마다 북슬북슬한 몸털에 꽃가루가 듬뿍 묻습니다. 특히 배와 다리에 난 털에는 꽃가루가 집중적으로 덕지덕지 달라붙습니다.

하지만 세상에는 공짜가 없는 법입니다. 어미 벌이 그렇게 쉬지 않고 하루 종일 부지런히 꽃 속을 헤집고 다니면 그 덕에 꽃들은 꽃가루받이에 성공합니다. 어리호박벌이 식물들이 차려 준 꽃가루를 모을 때 몸에 묻은 꽃가루를 다른 꽃으로 옮겨 그 꽃 암술머리에 우연히 떨어뜨려 줬기 때문입니다. 비록 우연이지만 중매를 제대로 했으니 결과적으로는 식물에게 밥값을 치른 셈입니다.

꽃꿀을 도둑질하다

쪽동백나무 꽃에 날아온 어리호박벌

가끔 어리호박벌 어미 벌은 꽃꿀을 훔치기도 합니다. 인동 꽃처럼 꽃부리가 길 때, 꽃 가장 깊은 곳에 꿀샘이 있다는 것을 용케 알

어리호박벌이 붉은 인동 꽃 옆구리에서 꿀을 훔치고 있다.

고 있습니다. 그래서 꽃 옆구리에 구멍을 뚫은 뒤 그 속에 주둥이를 넣어 꽃꿀을 훔쳐 먹습니다. 꽃 입구로 들어가 꽃 속을 지나려면 노력이 많이 들지만, 꿀샘 있는 곳에 구멍을 내고 꽃꿀만 먹으면 힘이 훨씬 덜 듭니다. 말하자면 중매할 생각은 안 하고 꽃꿀만 훔쳐 먹으니 '도둑 벌'인 셈입니다.

과정이야 어떻든 어미 벌은 꽃가루와 꽃꿀을 모아 나무 굴속으로 들어갑니다. 맨 안쪽 1호 방에 꽃가루에 꽃꿀을 섞어 빚은 경단을 넣고 알을 낳습니다. 그러고는 굴을 파면서 생긴 부스러기로 방 앞쪽에 칸막이를 만듭니다. 완벽한 1호 방이 생겼습니다. 이어 또 꽃가루와 꽃꿀을 모아 만든 경단을 2호 방에 넣고 알을 낳습니다. 어김없이 방 앞쪽에 칸막이를 쳐 2호 방을 만듭니다. 어미 벌은 몇 달 동안 쉬지 않고 꽃가루와 꽃꿀을 따 와 3호 방, 4호 방, 5호 방,

이렇게 힘이 닿는 데까지 방을 완성합니다. 모든 일은 한 치 오차도 없이 정해진 순서대로 착착 이루어집니다. 이 작업은 중심 굴에서 갈라진 여러 개 새끼 굴에 만든 방이 알로 다 찰 때까지 이어집니다.

꽃가루 경단을 먹는 애벌레

굴속에 넣은 꽃꿀 경단에 어미가 낳은 알에서 애벌레가 태어납니다. 애벌레는 어미 벌이 들판을 헤매며 구해 온 꽃꿀 경단을 맛있게 먹고 무럭무럭 자랍니다. 몸이 커지면 허물을 벗고, 또 몸이 커지면 허물을 벗고 큽니다. 다 자란 애벌레는 번데기로 탈바꿈하는데, 번데기도 애벌레가 자랐던 굴속 방에서 지냅니다. 9~10월 가을이 되면 번데기에서 어리호박벌 2세대 어른벌레가 날개돋이해 나옵니다. 2세대 어른벌레는 긴 겨울 동안 덤불 속이나 바위틈, 나무 구멍 같은 안전하고 따뜻한 곳에서 겨울잠을 청합니다.

나무 구멍에 육아 방 짓는

북방띠호리병벌

꽃에 날아온 북방띠호리병벌

북방띠호리병벌이 개망초 꽃에 날아와
꽃가루를 먹고 있습니다.

불타는 여름, 7월입니다.

양평에 있는 연구소 마당에도 여름이 머물고 있습니다.

마당에 키 큰 나무가 없어 그늘이 적다 보니

한낮이 되면 마당이 뜨겁게 달궈집니다.

그래도 개망초 꽃, 왜당귀 꽃, 원추리 꽃, 마타리 꽃,

섬백리향 꽃들이 피어나니 때맞춰 벌들이 날아옵니다.

저마다 마음에 드는 꽃 위에 앉아 꽃꿀 식사를 하는데,

이름을 모르는 벌들이 자주 나타나 갑갑할 때가 많습니다.

끝물인 개망초 꽃에 매달려 밥을 먹는 벌이 눈에 익습니다.

해마다 마당을 찾아오는데 사진을 찍을라치면

곁을 안 주는 까칠한 녀석입니다.

오늘은 꽃꿀 식사 삼매경에 빠져서인지

가까이 다가가도 도망치지 않아 조심조심 기념 촬영을 합니다.

녀석은 이름도 낯선 북방띠호리병벌입니다.

원추리

이 꼭지는 벌목 말벌과 종인 북방띠호리병벌(*Discoelius zonalis*) 이야기입니다.

길쭉한 호리병처럼 생긴 배

북방띠호리병벌은 암컷 몸길이가 11~14밀리미터쯤 되어서 몸집이 좀 작은 편입니다. 수컷은 8~12밀리미터로 더 작습니다. 온몸은 까만데, 첫 번째와 두 번째 배마디 뒤쪽 가장자리에 가느다란 노란색 띠무늬가 있습니다. 배는 살짝 길쭉한 호리병처럼 생겼습니다.

북방띠호리병벌은 족보상 벌목 가문에 말벌과 집안 호리병아과 띠호리병벌속에 속한 벌입니다. 우리나라에 사는 띠호리병벌속(*Discoelius* Genus) 벌은 북방띠호리병벌과 듀포리띠호리병벌 단 2종뿐입니다.

미역취 꽃에 날아온 북방띠호리병벌

띠호리병벌속 벌은 사회 계급을 이루지 않고 암컷과 수컷이 독

립적으로 혼자 살며 대를 이어 가는 단독 생활 벌입니다. 이 무리가 가진 가장 큰 특징은 호리병벌아과에 속한 여느 감탕벌류나 호리병벌류와 전혀 다르게 진흙으로 집을 짓지 않고, 나무 구멍이나 속이 빈 식물 줄기 속에 육아 방을 짓는 점입니다. 그래서 영어로 'tube renter'라고 하는데, 우리말로 풀면 '구멍에서 세 든 벌'쯤 됩니다. 북방띠호리병벌 어미 벌은 빈 구멍 속에다 진흙이나 식물 조직으로 일정한 칸막이를 쳐서 육아 방을 만듭니다. 항아리 집을 빚는 큰호리병벌보다 시간과 노동을 엄청 적게 들이니 아주 경제적입니다.

호리병벌아과 곤충들이 집 짓는 방법

우리나라에 사는 호리병벌아과(亞科) 벌들은 62종으로 어미 벌과 수벌이 저마다 혼자 삽니다. 하지만 상위 계급인 말벌과(科)에 속해 있어서 하는 짓은 여러 모로 말벌들과 비슷합니다. 육아 방을 지은 뒤 먹잇감인 다른 힘없는 곤충 애벌레를 사냥합니다. 그러고는 이미 지은 육아 방에 넣고 알을 낳은 뒤 집 출입구를 막습니다. 이런 행동은 계급을 이루어 사는 말벌류나 쌍살벌류 같은 진사회성 곤충들보다 앞선 단계 습성입니다.

호리병벌아과에 속한 몇몇 종은 집 짓는 습성과 재료에 따라 세 무리로 나뉩니다.

1. 항아리처럼 생긴 집을 짓는 종(potter wasp)

진흙을 재료 삼아 항아리처럼 생긴 집을 만듭니다. 항아리 집 하나에 알을 하나씩 낳습니다. 호리병벌속 벌과 큰호리병벌속 벌이 여기에 속합니다.

- 호리병벌속(*Eumenes* Genus): 항아리처럼 생긴 집을 한 채 빚습니다. 점호리병벌, 민호리병벌 같은 벌이 있습니다.
- 큰호리병벌속(*Oreumenes* Genus): 항아리처럼 생긴 집을 잇달아 옆에 붙여 7~8개를 빚은 뒤 항아리 집 전체를 흙으로 덮어 버립니다. 큰호리병벌 같은 벌이 있습니다.

2. 진흙으로 큰 집을 만드는 종(mud dauber)

굴뚝처럼 생긴 기다란 집을 짓고 그 속에 식물이나 진흙으로 일정한 간격마다 칸막이를 쳐서 방을 여러 개 만듭니다. 방 칸칸마다 알을 낳아 집 하나에 여러 개 알이 있습니다. 줄무늬감탕벌 같은 벌이 있습니다.

3. 나무 구멍이나 속이 빈 식물 줄기 속에 집을 만드는 종(tube renter)

이미 만들어진 나무 구멍이나 속이 빈 식물 속에 진흙으로 일정한 간격마다 칸막이를 쳐서 방을 여러 개 만듭니다. 그러고는 방 칸칸마다 알을 낳습니다. 따라서 집 하나에 알이 여러 개 있습니다. 북방띠호리병벌, 듀포리띠호리병벌, *Ancistrocerus*(털감탕벌속), *Symmorphus*(잎벌레살이감탕벌속) 같은 벌이 있습니다.

죽은 나무 구멍에 집 짓는 목수 벌

북방띠호리병벌 어미 벌이 나무 구멍을 찾아왔다.

북방띠호리병벌 어미 벌은 이 꽃 저 꽃을 옮겨 다니며 꽃꿀로 배를 채워 영양분을 보충합니다. 이렇게 기운을 차리면 어미 벌은 육아에 온 힘을 쏟습니다. 어미 벌이 할 일은 태어날 새끼를 위해 집을 짓고 알을 낳는 일입니다. 어미 벌이 집을 짓는 전략은 굉장히 실용적입니다. 남 집을 재활용하거나 갈대처럼 속이 빈 식물 속을 공짜로 사용합니다. 줄무늬감탕벌이나 큰호리병벌처럼 중노동을 하지 않아도 안전한 집을 얻을 수 있으니 행운이 통째로 굴러온 셈입니다.

어미 벌은 마당이나 뒷산에 쓰러져 널브러진 나무를 찾아다닙니다. 썩은 나무에는 틀림없이 하늘소나 비단벌레가 날개돋이한 뒤 나무를 뚫고 나온 구멍이 있습니다. 이리저리 마당을 돌아다니던 어미 벌은 개회나무 그늘 아래 놓아둔 통나무를 발견하고 날아옵니다. 역시 통나무에는 하늘소가 나온 구멍이 동그랗게 뚫려 있습니다. 어미 벌은 뛰어난 통찰력으로 그 구멍을 찾아낸 뒤 구멍 옆에 앉습니다. 이어 나무 구멍 속으로 기어 들어갔다가 잠시 뒤 되돌아 나옵니다. 아마 나무 구멍 속으로 들어가 안을 둘러본 것 같습니다. 이때 어미 벌은 육아 방으로 만들어도 되는지 안 되는지 곧바로 판단합니다. 마음에 들었는지 어미 벌은 이 나무 구멍을 손질하기 시작합니다. 여러 차례 나무 구멍 속으로 들어가 구멍 속에 있는 부스러기 같은 쓰레기를 물고 뒷걸음질로 나와 굴 밖으로 내다 버립니다.

나무 구멍으로 들어가는 북방띠호리병벌 어미 벌

사냥하는 어미 벌

나무 구멍을 손본 어미 벌은 사냥에 나섭니다. 여느 호리병벌들처럼 북방띠호리병벌 애벌레도 육식성이라 살아 있는 나방류 애벌레를 즐겨 먹습니다. 애벌레는 집 속에 머물며 한 발짝도 움직일 수 없으니 사냥은 어미 벌 몫입니다. 어미 벌은 풀밭이나 산언저리를 날아다니며 나방 애벌레를 찾습니다. 풀밭은 무성하지만 나방 애벌레가 많지 않은 때라 먹잇감 찾기가 쉽지 않습니다. 땡볕을 온몸으로 받아 내며 풀숲을 뒤지는 일이 이만저만 힘든 게 아닙니다. 더듬이를 움직이며 애벌레가 풍기는 냄새도 맡아 보지만 여의치 않습니다.

얼마 뒤, 어미 벌이 드디어 풀잎 뒤에 숨어 있던 자벌레와 딱 마주쳤습니다. 어미 벌은 재빨리 큰턱으로 자벌레 목덜미를 꽉 물었습니다. 넋 놓고 있다가 공격당한 자벌레는 당황해서 몸부림을 칩니다. 이에 밀리지 않고 어미 벌은 다리로 자벌레 몸을 껴안듯 꼭 붙잡습니다. 아니 아예 자벌레 몸 위에 올라탄 뒤 잇달아 배를 구부려 배 꽁무니에 있는 독침을 꺼내 자벌레 몸을 꾹꾹 찌릅니다. 애벌레는 괴로워서 꿈틀거리며 저항을 하고, 어미 벌은 아랑곳없이 독 주사를 잇달아 놓습니다. 잠시 뒤, 자벌레는 몸속에 독액이 퍼지면서 몸이 굳어 꼼짝을 안 합니다.

어미 벌은 마취되어 꼼짝도 못 하는 자벌레를 큰턱으로 꽉 물고 여섯 다리를 껴안은 채 날아오릅니다. 제 몸길이와 맞먹는 자벌레가 참 무겁습니다. 힘에 부친 어미 벌은 한 번에 날아 육아 방으로

북방띠호리병벌이 자벌레를 사냥했다.

곧장 가지 못하고 중간중간 쉽니다. 날다가 잎사귀 위에 내려앉아 쉬기도 하고, 땅바닥 위에 앉아 쉬기도 합니다.

이윽고 어미 벌이 자벌레를 썩은 나무 구멍까지 옮기는 데 성공합니다. 잠시 구멍 옆에 앉아 있다가 자벌레를 구멍 속으로 끌고 들어가 잘 눕혀 놓은 뒤 알을 낳습니다. 그런 뒤 어미 벌은 큰턱으로 썩은 나무 부스러기를 모아 구멍 속으로 가지고 들어가서 육아 방 칸막이를 만듭니다. 이렇게 1호 방이 완성되었습니다. 1호 방이 마무리되자, 어미벌은 또 사냥하러 나갑니다. 얼마 뒤 또 마취시킨 나방 애벌레를 집으로 가져와 구멍에 넣고 또 알을 낳습니다. 그런 뒤 또 똑같이 나무 부스러기를 모아 구멍 속으로 가져가서 육아 방 칸막이를 치고 2호 방을 완성합니다. 이렇게 어미 벌은 쉬지 않고 나무 구멍이 꽉 찰 때까지 나방 애벌레를 사냥해 넣고 칸막이 만드는 일을 되풀이합니다. 이제 집이 다 완성되면 터널 같은 나무 굴 속에 1호 방, 2호 방, 3호 방, 이렇게 예닐곱 개 육아 방이 일정한 간격으로 이웃해 있습니다.

며칠 뒤면 육아 방에 낳은 알에서 북방띠호리병벌 애벌레가 깨어납니다. 애벌레는 어미가 사냥해 넣어 둔 마취된 나방 애벌레를 야금야금 먹으면서 자랍니다. 그렇게 애벌레로 겨울을 난 뒤 이듬해 봄에 번데기로 탈바꿈합니다. 그러고는 6월이 되어서야 비로소 어른벌레로 날개돋이해서 자신을 낳아 준 어미 벌이 했던 그대로 따라 하며 대를 이어갑니다.

북방띠호리병벌이 나방 애벌레를 사냥했다.

4장

흙으로 집 짓거나 땅굴 파는 곤충

파이프처럼 생긴
흙집 짓는

털별감탕벌

털별감탕벌 종령 애벌레

흙집 속에 칸막이가 쳐진 방마다
털별감탕벌 종령 애벌레가 들어 있습니다.

6월 중순입니다.

여름이 코앞에 다가와 한낮 햇볕이 뜨겁습니다.

아침 일찍 집을 나서 여주에 왔습니다.

큰마음 먹고 산 대신 남한강을 따라 여강길을 걷습니다.

파사산성을 지나 얼마쯤 걸으니 정겨운 시골 마을이 나옵니다.

이따금 강아지들이 나와 꼬리를 흔들며 이방인을 반겨 줍니다.

좁다란 논길에 접어드니 뒤따라오던 강아지가 되돌아갑니다.

느린 것을 걱정하지 않고

느릿느릿 걷는 행복감에 빠져듭니다.

느릿느릿 걷는 이 느낌이 너무도 좋습니다.

개

이 꼭지는 벌목 말벌과 종인 털별감탕벌(*Euodynerus quadrifasciatus atripes*) 이야기입니다.

흙집 건축 대가 털별감탕벌

멈춘 듯 흐르는 듯 군데군데 물이 자박자박 고여 있는 농수로가 저 멀리까지 펼쳐져 있고 그 위로 사람만 다닐 수 있는 폭 좁은 시멘트 다리가 놓여 있습니다. 그 다리 아래에는 띄엄띄엄 자라는 풀들과 함께 흙과 모래가 군데군데 소복이 쌓여 있습니다. 그냥 지나치려는데 벌 한 마리가 다리 밑에 쌓인 흙 위에 앉아 꼬물꼬물하며 뭔가를 합니다. 눈이 번쩍 뜨여 잽싸게 다가가 보니 이름도 낯선 '털별감탕벌'입니다. 녀석은 머리를 땅에 댄 채 물기 있는 촉촉한 흙을 주둥이로 반죽해 콩알만 한 덩어리로 만들고 있군요.

흙을 반죽해 집 짓는 털별감탕벌을 시골길에서 만나다니! 생각지도 못한 행운에 고요했던 마음이 출렁다리 흔들리듯 들썩입니다. 사람 발길이 드문 길 한 귀퉁이에 퍼지고 앉아 다리 아래에서 흙 반죽하는 털별감탕벌을 들여다봅니다. 몸길이는 16밀리미터쯤 되어서 크지도 작지도 않습니다. 몸매는 길쭉한데 살짝 통통한 편

털별감탕벌이 막 날개돋이해서 밖으로 나왔다.

입니다. 온몸은 까만데 이마방패, 첫 번째 더듬이마디 안쪽, 앞가슴등판 앞 가장자리, 갸름한 허리인 전신복절 맨 아랫부분, 배에 난 가로줄 띠무늬와 다리 일부분이 밝은 노란색입니다. 살갗에는 작은 홈들이 빽빽하게 찍혀 있어 살짝 거칩니다. 겹눈은 넓은 콩팥처럼 생겼고, 머리 정수리에 홑눈 3개가 또렷하게 자리 잡고 있습니다. 이마방패는 오각형입니다. 더듬이는 두툼한 채찍처럼 길쭉하고 마지막 마디 쪽으로 갈수록 두터워집니다.

털별감탕벌은 족보상 벌목 가문에 말벌과 집안 호리병벌아과 식구입니다. 우리나라에 사는 호리병벌아과 곤충은 49종쯤 되어서 엄청 많습니다. 이 녀석들은 거의 여왕벌 혼자 집을 짓고 알을 낳는 단독 생활 벌인데 멋진 흙집을 짓는 대가들입니다. 따라서 털별감탕벌은 호리병처럼 생긴 집을 지어 곤충계에 도예가로 익히 소문난 호리병벌과 매우 가까운 친척뻘입니다. '감탕'이라는 말은 순수한 우리말로 '몹시 질퍽질퍽해 곤죽처럼 된 진흙'이라는 뜻입니다. 그래서 흙을 질퍽하게 반죽해서 흙집을 짓는 벌 이름에는 대부분 '감탕'이란 말이 들어가 있습니다.

시멘트 다리 밑에 흙으로 집 짓는 털별감탕벌

다시 시멘트 다리 아래 풍경으로 돌아갑니다. 털별감탕벌은 흙더미에 앉아 큰턱을 부지런히 오물오물 움직이며 흙을 갉아 모읍니다. 다행히 물가여서 흙이 촉촉하고 질퍽한 데다 침까지 섞어 가며 찰지게 반죽하니 흙이 경단처럼 잘 뭉쳐집니다. 어느덧 흙 반죽이 콩알만 하게 뭉쳐지자, 녀석은 서슴없이 흙 경단을 큰턱으로 꽉 물고 날아오릅니다. 이때 앞다리 두 개는 큰턱으로 문 흙 경단이 떨어지지 않게 잘 감싸 안습니다. 녀석이 휙 날아간 곳은 다리 상판 아래쪽입니다. 다리 상판에 가려 벌이 보이지 않지만 인내심을 가지고 잠자코 기다립니다. 3분쯤 지나자, 털별감탕벌이 다시 흙더미 쪽으로 되돌아옵니다. 좀 전에 주둥이로 물고 갔던 흙 경단은 온데간데없습니다. 짐작하건대 다리 상판 아래에 집을 짓고 있는 게 틀림없습니다. 물론 녀석 신분은 암컷인 어미 벌이지요.

털별감탕벌 어미 벌은 흙더미 위에 내려앉아 좀 전에 했던 것처럼 정해진 순서대로 다시 흙 반죽을 합니다. 큰턱으로 흙을 긁어모아 침을 알맞게 섞어 가며 질퍽질퍽하게 반죽합니다. 둘레에 아무도 없어 마냥 평화롭지만, 어미 벌은 본능적으로 이따금 머리를 들고는 이리저리 힐끗힐끗 쳐다보며 경계를 합니다. 5분쯤 정성 들여 부지런히 반죽한 끝에 드디어 콩알만 한 흙 경단이 또 빚어졌습니다. 그러자 이번에도 흙 경단을 입에 물고 다리 상판 아래로 날아갑니다. 그리고 어김없이 3분쯤 지나자 다시 흙더미 위로 날아옵니다. 여전히 주둥이로 물고 간 흙 경단이 보이지 않습니다. 그렇게 어미 벌은 쉬지 않고, 정해진 매뉴얼대로 흙 경단을 빚어 날아갔다 흙더미로 되돌아오기를 되풀이하며 다리 상판 아래에 집을 짓습니다.

거미 사냥

한동안 흙집 짓기에 온 힘을 쏟는가 싶더니, 이번에는 어미 벌이 흙 경단 빚는 일터를 벗어납니다. 집 지을 재료가 있는 흙더미에 오지 않고, 농수로를 벗어나 어디론가 부리나케 날아갑니다. 왜 그럴까? 혹시나 집 짓기를 포기하려는 걸까? 조마조마한 마음으로 기다리는데 잠시 뒤 어미 벌이 새집 짓는 곳인 다리 쪽으로 되돌아옵니다. 아! 놀랍게도 어미 벌 주둥이와 앞다리 사이에 거미가 들려 있습니다. 거미는 몸이 축 늘어져 꼼짝도 안 합니다. 아마도 어미 벌이 독침을 찔러 마취시킨 것 같습니다. 웬 거미일까? 그렇다면 녀석 애벌레 주식은 거미? 그렇습니다. 이 털별감탕벌 애벌레는 어미 벌이 사냥해 온 거미를 먹고 사는 것이 확실합니다. 세상에!

털별감탕벌 어미가 방마다 거미를 잡아 넣어 놓았다.

곤충이 가장 무서워하는 거미를 사냥하다니! 거미 킬러인 대모벌만 거미를 사냥하는 줄 알았는데, 녀석도 거미를 사냥하는군요. 새로운 사실을 두 눈으로 직접 확인하고는 곤충 생태를 알려면 아직도 멀었다는 생각에 잠시 먹먹해집니다.

어미 벌은 다리 상판 아래에 지은 흙방 안에 마취시킨 거미를 넣습니다. 이미 흙방 안에는 어미가 낳은 알이 떡 하니 자리 잡고 있습니다. 알을 낳은 방에 거미를 넣은 뒤 정성껏 빚은 흙 경단을 가져가 알과 거미가 들어 있는 방을 틀어막습니다. 이로써 흙방 짓고, 알 낳고, 먹잇감을 마련하는 어미 벌 임무는 끝났습니다. 하지만 어미 벌은 쉬지 않고 곧바로 그 옆에 또 다른 흙방을 짓기 시작합니다.

파이프처럼
길쭉한 흙집 짓기

갑자기 털별감탕벌이 어떻게 생긴 흙집을 만드는지 궁금증이 생깁니다. 혼신을 다해 흙집을 짓고 있는 털별감탕벌에게 미안하지만, 어미 벌 몰래 비탈진 농수로 둑을 내려가 다리 아래로 살금살금 걸어갑니다. 다행히 어미 벌은 흙더미에서 흙 반죽을 하느라 정신이 없습니다. 역시 예상했던 대로 다리 기둥과 상판 사이 후미지고 으슥한 곳에 흙집이 있습니다. 이미 흙집 2채는 완성되었고, 그 옆에 지금 짓고 있는 흙집이 보입니다. 이미 다 지은 집은 마치 파

털별감탕벌
중기 애벌레

털별감탕벌
종령 애벌레 앞면

털별감탕벌
종령 애벌레 등면

털별감탕벌
종령 애벌레 옆면

이프를 여러 개 겹쳐 놓은 모양과 움푹한 접시를 엎어 놓은 모양입니다. 특이하게 이 집들은 모두 파이프처럼 생긴 방들이 여러 개 겹쳐 있고, 그 방들 위를 미장 공사로 마무리했다는 점입니다. 즉 어미 벌은 알을 보호하기 위해 알이 있는 파이프처럼 생긴 방들을 흙으로 다시 꼼꼼하게 몽땅 덮어 버린 것이지요.

또 지금 새로 짓고 있는 집에는 파이프처럼 생긴 방이 여러 개 겹치듯 나란히 놓여 있습니다. 새로 짓고 있는 방을 살펴봅니다. 파이프처럼 길쭉한 방이 일정한 간격으로 흙 칸막이로 막혀 있고, 방마다 마취된 거미가 들어 있습니다. 물론 보이지는 않지만 거미가 놓인 방마다 알이 있을 것입니다.

열흘쯤 지난 뒤에 알에서 애벌레가 깨어나면, 어미 벌이 사냥해 온 먹잇감인 거미를 먹으면서 무럭무럭 자랍니다. 애벌레는 흙으로 만든 단칸방에서 몸집이 커지면 허물을 벗으면서 번데기가 될 때까지 거미를 먹으며 성장합니다. 그러고는 늦가을쯤에 다 자란 종령 애벌레가 되어 기나긴 겨울잠에 들어갑니다. 이듬해 5월에 번데기로 탈바꿈한 뒤, 6월에 어른벌레로 날개돋이합니다.

무덤도
최고 안식처

초여름 뜨거운 햇살을 당할 길이 없어 털별감탕벌 집 짓는 현장을 떠납니다. 시멘트 다리를 뒤로 하고 다시 시골 논길을 걷습니

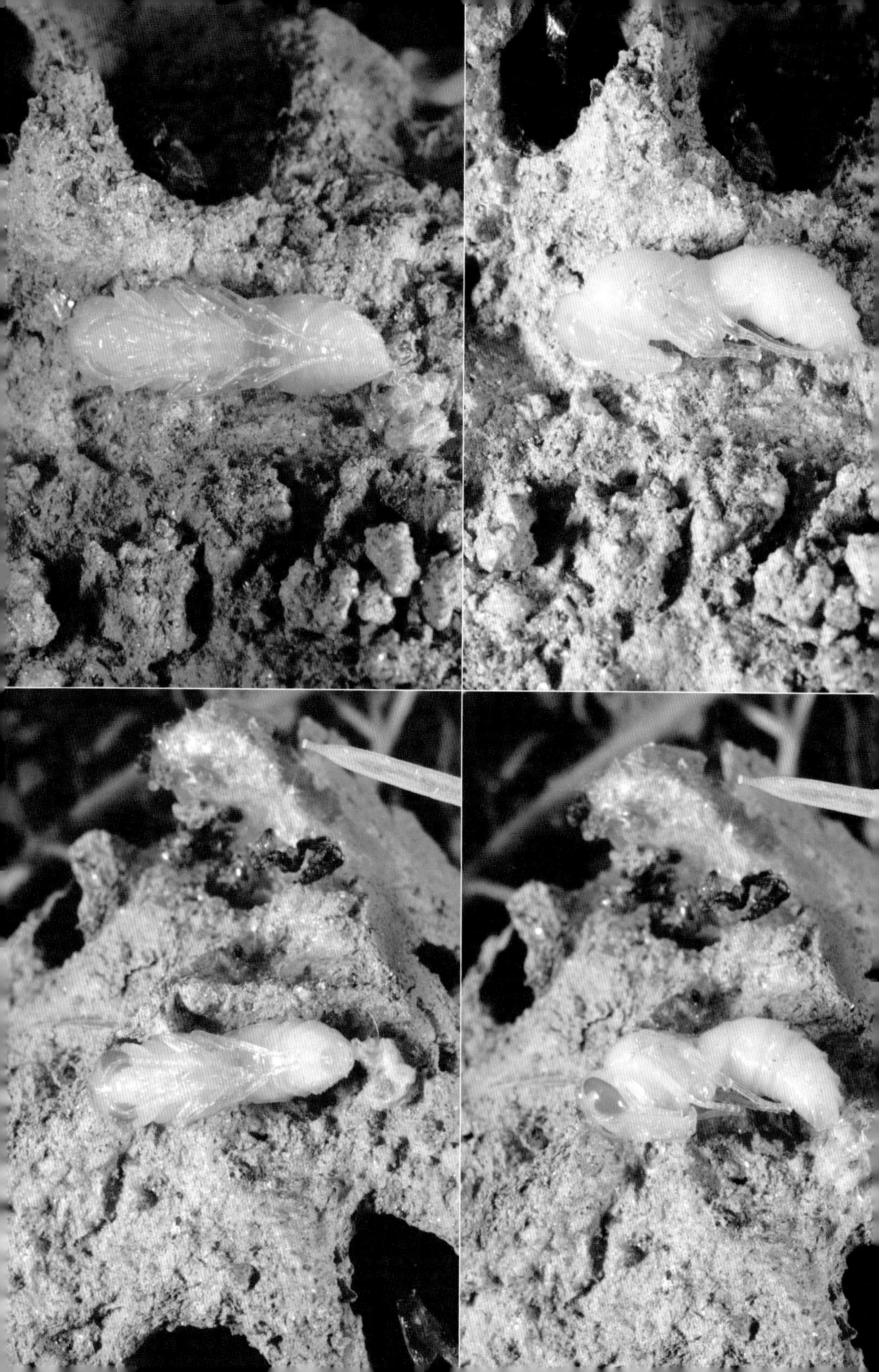

털별감탕벌 번데기 전기 앞면(왼쪽), 옆면(오른쪽) 모습

다. 논에는 나란히 줄 맞춰 선 벼들이 산들바람에 이리 흔들 저리 흔들거립니다. 걷다가 또 다른 시멘트 다리를 마주할 때마다 다리 아래로 내려가니 역시 좀 전에 봤던 파이프처럼 생긴 흙집이 몇 채 붙어 있습니다.

잰걸음으로 걷다 보니 어느덧 마을 뒷산 길로 접어듭니다. 길옆 무덤 앞에 비석과 상석이 보입니다. 혹시나 싶어 무덤 둘레를 둘러보니 역시 비석에 움푹 새긴 글씨 속에서도 털별감탕벌이 흙집을 짓고 있습니다. 심지어 상석 안쪽 으슥한 빈 곳에도 이미 흙집 여러 채가 붙어 있습니다. 확실히 이 마을은 감탕벌류가 터 잡고 살기에 안성맞춤인 곳인가 봅니다. 마을 둘레에 있는 빈 땅에 아직은 '건강한 흙'이 남아 있다는 증거입니다. 아직까지 청정 지역으로 마을을 가꾸고 있는 주민들에게 감사할 따름이다. 제발 개발 바람을 피해 오래오래 이곳이 감탕벌들에게 멋진 낙원으로 남기를 바라고 또 바라봅니다.

겨울잠 자는 털별감탕벌 애벌레

해가 바뀌었습니다. 이듬해 봄에 다시 여강길을 찾았습니다. 다행히 그 시멘트 다리 아래에는 지난여름 감탕벌류가 지었던 흙집이 그대로 붙어 있습니다. 고맙게도 집은 더 늘어 무려 4채입니다. 녀석이 날개돋이하는 과정을 보고 싶은 마음이 간절합니다. 어찌

털별감탕벌 번데기 후기 앞면(왼쪽), 옆면(오른쪽) 모습

할까 수십 번 넘게 갈등하고 고민하다가 결국 벌집 한 채를 연구소 마당으로 가져옵니다. 애벌레를 노리는 새에게 들키지 않게 비밀 장소에 잘 모셔 두고 꼼꼼하게 관찰합니다.

파이프처럼 생긴 방은 일정한 간격으로 흙 칸막이로 막혀 있는데, 각 방에는 애벌레들이 갓난아기처럼 누워 있습니다. 거의 다 자란 종령 애벌레입니다. 모두 얇은 고치 속에 들어 있고, 중간 크기쯤 되는 애벌레도 몇 마리 눈에 띕니다. 또 어떤 방에는 거미 주검이 그대로 있고, 곰팡이가 핀 애벌레 주검도 있습니다. 여러 가지를 따져 보아 확실히 이 감탕벌류는 애벌레로 겨울잠을 잡니다.

다 자란 애벌레는 색깔이 연한 노란색이라 어여쁩니다. 생김새는 오동통한 비엔나소시지 같습니다. 살갗은 맨눈에 털이 거의 보이지 않을 만큼 반들반들하고 부드럽습니다. 옆구리를 따라 자그마한 숨구멍이 쭈르륵 뚫려 있습니다. 좁은 방 속에서 애벌레 평생을 살다 보니 다리는 퇴화해 보이지 않습니다.

털별감탕벌 고치

이듬해 6월에 어른벌레로 날개돋이하다

봄이 무르익은 5월입니다. 드디어 종령 애벌레가 번데기로 탈바꿈합니다. 거의 4월 말에서 5월 초면 번데기가 됩니다. 번데기는 애벌레가 겨울 동안 지냈던 얇은 고치 속에 포대기에 싸인 갓난아기처럼 누워 있습니다. 번데기 몸 색깔도 연한 노란색입니다. 살갗 또한 기름을 바른 것처럼 윤이 반지르르 흐릅니다. 이미 번데기 몸에는 어른벌레로 날개돋이했을 때 생기는 더듬이, 다리, 겹눈, 날개 흔적이 고스란히 들어 있습니다. 어른벌레로 날개돋이할 때가 다가오자, 번데기 겹눈과 날개 부분이 불그스름한 색깔로 바뀌어 갑니다.

시간은 속절없이 흘러 6월로 접어듭니다. 드디어 감탕벌류가 누워 있는 방에서 어른벌레가 날개돋이해 나옵니다. 한 마리, 두 마

날개돋이한 털별감탕벌 어른벌레

털별감탕벌 어른벌레

리, 세 마리, 네 마리, 이렇게 집 한 채에서 모두 8마리 어른벌레가 날개돋이에 성공했습니다. 놀랍게도 기생벌도 3마리나 나와 더듬이를 쉼 없이 흔들며 흙집 위를 돌아다닙니다. 뛰는 놈 위에 나는 놈 있다고 거미는 감탕벌류에게 기생당하고, 감탕벌류는 기생벌에게 기생당했습니다. 새삼 자연 생태계에서 벌어지는 현실이 얼마나 냉혹한지 실감합니다. 날개돋이하느라 애쓴 털별감탕벌 어른벌레를 데리고 다시 녀석들 고향인 여강길 농수로를 찾아갑니다. 숙연한 마음으로 녀석들을 놓아 주니 '쌩~'하고 뒤도 안 돌아보고 날아갑니다.

털별감탕벌 집에서 나온 기생벌

나무 기둥 구멍 속에
흙집 짓는

대마도잎벌레살이감탕벌

대마도잎벌레살이감탕벌

대마도잎벌레살이감탕벌이
사시나무잎벌레 애벌레를 사냥해서
집으로 가져왔습니다.

6월, 꽃잎이 흩날리던 봄도 휘리릭 쏜살같이 지나가고
어느덧 초여름이 문밖에서 서성입니다.
오랜만에 경기도 가평에 있는 화야산에 왔습니다.
산들바람 맞으며 초록빛 그늘이 드리운 산길을 걷습니다.
곤충들이 한바탕 봄 잔치를 끝낸 탓에 드문드문 보입니다.
왕오색나비는 벌써 날개돋이해
골짜기 옆 바위 위에 앉아 해바라기를 즐기고,
뒤흰띠알락나방도 나뭇잎 위에 앉아 쉬고 있습니다.
도란거리는 골짜기 물소리를 들으며 쉬엄쉬엄 걷다 보면
소박한 절이 나옵니다.
절은 작지만 일주문은 엄청 커서 멀리서도 잘 보입니다.
단청이 벗겨져 나름 운치가 있는 일주문을 구경하는데,
아름드리나무로 만든 기둥에 벌들이 들락날락합니다.
무슨 일일까?
높은 곳에 있어 뚜렷하진 않지만
감탕벌류 두세 종이 볼펜 두께만큼 뚫린 구멍에
흙집 공사를 하고 있군요.
질척하게 반죽한 흙을 입에 물고 구멍 속으로 쏘옥 들어갑니다.

왕오색나비 수컷

왕오색나비 암컷

이 꼭지는 벌목 말벌과 종인 대마도잎벌레살이감탕벌(*Symmorphus tsushimanus*) 이야기입니다.

나무 기둥에 뚫린 구멍은 훌륭한 집터

일주문 기둥은 엄청나게 높고 두껍습니다. 분명히 기둥은 썩지 않고 튼튼해 보이는데 군데군데 구멍이 뚫려 있습니다. 이 구멍은 딱정벌레목 가문 하늘소과 곤충이나 바구미과 곤충들이 날개돋이하면서 만든 흔적입니다. 하늘소과 곤충 애벌레는 애벌레 평생 동안 10달 넘게 나무속에서 나무 조직을 먹고 살다 번데기로 탈바꿈합니다. 그리고 어른벌레로 날개돋이한 뒤 나무에 구멍을 내고 바깥세상으로 탈출하는데, 이때 생긴 구멍은 거의 동그랗습니다. 사람 입장에서는 건물 기둥에 구멍이 생기면 고칠 생각을 하지만, 곤충 입장에서는 아늑한 집터가 생겨 좋습니다. 특히 감탕벌류나 은주둥이벌류에게 이 나무 구멍은 육아 방이 되어서 대를 잇는 데 엄청난 도움을 줍니다.

줄무늬감탕벌이 나무 구멍에 흙집을 짓고 있다.

꼼꼼히 살펴보니 기둥에는 구멍이 여러 개 나 있고, 어떤 구멍은 이미 흙으로 막혀 있습니다. 감탕벌들은 오고 가는 사람들을 피해 거의 높은 곳에 집을 짓고 있습니다. 내 눈높이 위쪽에서 감탕벌 몇 마리가 띄엄띄엄 난 구멍을 차지하고 집 짓느라 바쁩니다. 그 와중에 어떤 감탕벌은 나무 구멍 옆에서 집을 짓다 말고 짝짓기 삼매경에 빠져 있습니다. 한참 동안 나무 기둥을 뚫어져라 바라보는데, 마침 흔치 않은 데다 이름도 낯선 대마도잎벌레살이감탕벌이 구멍 속을 들락거립니다.

나무 구멍 속에 흙집 짓는 대마도잎벌레살이감탕벌

대마도잎벌레살이감탕벌은 벌목 가문에 말벌과 집안 호리병벌아과 잎벌레살이감탕벌속(*Symmorphus* Genus) 식구입니다. 잎벌레살이감탕벌속에 속한 종들은 나무 구멍에 반죽한 흙으로 집을 지은 뒤 잎벌레 무리 애벌레를 사냥해 넣습니다. 우리나라에는 잎벌레살이감탕벌속 식구가 모두 9종 삽니다. '감탕'이라는 말은 '몹시 질퍽질퍽해 곤죽처럼 된 진흙'을 뜻하고, '잎벌레살이'라는 말은 잎벌레과 곤충을 사냥한다는 뜻입니다.

대마도잎벌레살이감탕벌은 혼자 사는 단독 벌입니다. 계급을 이루고 사는 사회성 곤충이 아니기 때문에 암컷인 어미 벌 혼자서 집 짓고 알 낳는 일을 도맡아 합니다. 작정하고 기둥 앞에 서서 대마도잎벌레살이감탕벌이 흙집 짓는 공사장을 지켜봅니다. 마침 집 지을 재료를 모으러 갔던 감탕벌류가 쌩하고 날아와 구멍 앞에 내려앉습니다. 몸길이가 12밀리미터쯤 되고, 온몸은 까만데 군데군데 노란 무늬가 찍혀 있습니다. 특히 배에 있는 노란 띠무늬가 뚜렷합니다. 얼른 보니 예상했던 대로 입에는 흙 경단을 물고 있습니다. 큰턱으로 꽉 물고, 앞다리로 잡고 있으니 놓칠 염려가 없습니다. 그래도 제 머리통보다 훨씬 큰 흙 경단이 무거운지 잠시 멈칫하다 이내 구멍 속으로 들어갑니다. 머리가 먼저 들어가고, 가슴과 배가 잇달아 구멍 속으로 들어가더니 한참 소식이 없습니다. 5분쯤 지나자 녀석이 구멍 밖으로 나오는데, 입에 물었던 흙 경단은 온데간데없습니다. 구멍 속에다 집을 짓는 데 흙 경단을 썼기 때문입니다.

집 짓는 일에 지칠 만도 한데 쉬지 않고 다시 쌩하고 날아갑니다. 다행히 일주문 옆은 골짜기라 촉촉하게 물기 많은 흙이 지천으

대마도잎벌레살이감탕벌이 집을 짓는 나무 기둥 구멍

로 깔렸습니다. 흙더미에 앉아 큰턱으로 흙을 긁어모으고 침을 섞어 반죽해 동그랗게 경단처럼 빚으면 됩니다. 그렇게 대마도잎벌레살이감탕벌은 여러 번 반죽한 흙 경단을 물고 와 나무 구멍 속을 들락거리며 흙집을 짓습니다. 기둥 아래에는 구멍을 드나들 때 흘린 흙가루가 떨어져 있습니다.

잎벌레 애벌레 전문 사냥꾼

구멍 속이라 잘 보이지 않지만, 어느 정도 흙방 공사가 마무리되었나 봅니다. 이번에는 녀석이 구멍 밖으로 나간 뒤 한참 동안 돌아오지 않습니다. 무슨 사고라도 당한 걸까? 목숨앗이에게 잡아먹혔을까? 애가 타는 마음에 1분이 10분만큼 길게 느껴집니다. 인내심이 바닥을 보일 때, 녀석이 날아옵니다. 얼마나 반갑던지 나도 모르게 환호성을 지릅니다. 놀랍게도 녀석은 입에 애벌레를 물고 있습니다. 아! 사냥을 나간 거였군요. 흙방을 다 만들자, 알을 낳은 뒤 알에서 깨어난 새끼가 먹을 밥을 사냥해 온 것입니다.

대마도잎벌레살이감탕벌 애벌레는 육식성으로 살아 있는 고기만 먹습니다. 그것도 입맛이 까다로워서 꼭 딱정벌레목 잎벌레과 애벌레만 골라 먹습니다. 그래서 어미 벌은 살아 있는 먹잇감을 사냥한 뒤 마취시켜 가져옵니다. 먹잇감을 마취해야 자그맣고 다리가 퇴화한 대마도잎벌레살이감탕벌 애벌레가 안전하게 밥을 먹을

대마도잎벌레살이감탕벌이 사시나무잎벌레 애벌레를 낑낑대며 집 속에 집어넣고 있다.

수 있기 때문입니다.

얼른 어미 벌이 물고 온 먹잇감을 보니, 세상에! 소문대로입니다. 흔하디 흔한 나방 애벌레가 아니라 사시나무잎벌레 애벌레입니다. 그것도 덩치가 큰 놈입니다. 사냥감이 매우 커서 제 몸무게보다 더 무거워 보입니다. 실제로 다 자란 사시나무잎벌레 종령(3령) 애벌레는 몸이 엄청나게 통통합니다. 먹잇감 몸이 얼마나 오동통한지 구멍 속에 잘 들어가지 않습니다. 감탕벌은 먹잇감을 물고 낑낑대며 겨우 구겨 넣듯 들이밉니다. 신기하게도 구멍 속으로 밀려 들어가는 사시나무잎벌레 애벌레가 꿈틀거리지도 몸부림치지도 않습니다. 그건 대마도잎벌레살이감탕벌에게 독침 주사를 맞았기 때문입니다. 아무리 몸집이 커도 제 몸보다 작은 사냥꾼 독침에는 속수무책입니다. 이렇게 마취된 사시나무잎벌레 애벌레는 저항 한 번 제대로 못 한 채 대마도잎벌레살이감탕벌에게 제삿밥이 되는 중입니다.

청벌이 대마도잎벌레살이감탕벌 집 둘레를 어슬렁거리고 있다.

잠시 뒤 대마도잎벌레살이감탕벌 어미 벌은 먹잇감을 흙방에 잘 놓아두고 나서, 방 밖으로 나옵니다. 흙집도 짓고, 알도 낳고, 먹잇감도 채워 넣었으니 이제 남은 건 마지막 관문입니다. 바로 흙집 입구를 막는 일입니다. 집을 막아야 비가 들이치지 않고, 기생 곤충을 막아 자기 새끼가 안전하게 자랄 수 있기 때문입니다. 하지만 뛰는 놈 위에 나는 놈이 있습니다. 어미 벌이 지은 흙방을 노리고 있는 기생 곤충이 싸늘한 웃음을 지으며 흙집에 쳐들어가려고 둘레를 어슬렁거리고 있습니다.

뛰는 놈 위에 나는 놈

기생 곤충은 야비하게도 대마도잎벌레살이감탕벌 어미 벌이 나무 구멍을 들락날락하며 흙집을 짓는 동안 나무 구멍 공사장과 조금 떨어진 곳에서 어슬렁거립니다. 오늘 나타난 기생 곤충은 바로 청벌류와 불개미붙이입니다. 청벌류는 벌목 청벌과 곤충이고, 불개미붙이는 딱정벌레목 개미붙이과 곤충입니다. 이들은 기생 곤충답게 몸 색깔이 눈이 번쩍 뜨일 만큼 엄청 화려합니다. 이들은 이제나저제나 대마도잎벌레살이감탕벌 어미 벌이 지은 흙방에 몰래

청벌이 대마도잎벌레살이감탕벌 집에 알을 낳고 나오고 있다.

불개미붙이

들어갈 수 있을까 하고 한량처럼 끈질기게 어슬렁거리며 호시탐탐 기회를 엿봅니다.

드디어 기회는 왔습니다. 대마도잎벌레살이감탕벌 어미 벌이 사냥해 온 사시나무잎벌레 애벌레를 구멍 속 흙집에 넣은 뒤 집 입구를 막을 흙을 구하러 나가자, 에메랄드 보석처럼 아름다운 청벌이 냉큼 흙집 입구로 날아옵니다. 두리번두리번 눈치를 보더니 이내 흙방 속으로 쏘옥 들어갑니다. 청벌은 조금 전에 대마도잎벌레살이감탕벌 어미 벌이 사냥해 온 먹잇감에 알을 낳습니다. 아! 백주대낮에 이런 일이 일어나다니! 대마도잎벌레살이감탕벌 어미 벌이 하루 종일 피땀 흘리며 노력한 번식 프로젝트가 한순간 도로 아미타불이 되는 순간입니다. 이제 먼저 깨어난 청벌 애벌레가 대마도잎벌레살이감탕벌 애벌레뿐만 아니라 사시나무잎벌레 애벌레까지 몽땅 먹어 치울 것입니다. 청벌은 알을 낳은 뒤 흙집 입구에 얼굴만 내놓고 바깥 상황을 살핍니다. 머리가 나왔다 들어갔다 하기를 여러 차례, 아주 신중하게 흙집을 나와 날아갑니다.

건물 틈새도 훌륭한 집터 황슭감탕벌

불개미붙이가 대마도잎벌레살이감탕벌 집을 찾아 가고 있다.

대마도잎벌레살이감탕벌 말고도 다른 감탕벌들도 건물 기둥 구멍뿐만 아니라 건물 틈새나 움푹 파여 안전한 곳이면 어디에나 흙집을 짓습니다. 7월, 배롱나무 꽃이 흐드러지게 핀 담양 명옥헌에

황슭감탕벌이 진흙을 물고 날아왔다.

서 황슭감탕벌이 건물 틈새에 흙집을 짓느라 정신없이 바쁩니다. 황슭감탕벌은 제법 자주 만나는 벌입니다. 몸길이가 15~17밀리미터로 몸집이 커서 맨눈으로도 잘 보입니다. 주로 여름에서 가을 들머리 사이에 많이 보이는데 대마도잎벌레살이감탕벌처럼 혼자 사는 단독 벌입니다. 배에 뚜렷하게 보이는 노란 띠무늬가 두 줄 있어서 '황테감탕벌'이라는 별명을 가졌습니다.

황슭감탕벌은 사람들을 피해 명옥헌 뒤꼍 마루 귀퉁이 속에 집을 짓습니다. 조심조심 살펴보니 나무 마루에 난 틈새 속을 들락거립니다. 못을 사용하지 않고 널빤지들을 알맞게 끼워 마루를 만들다 보니 자연스레 틈새가 생겼습니다. 이 틈새야말로 반듯하고 으슥한 게 황슭감탕벌이 가장 좋아하는 명당입니다. 더구나 명옥헌 건물 앞에는 넓은 연못이 있어 촉촉한 흙이 많습니다. 어미 벌은 찰진 흙을 긁어모아 침과 버무리면서 동그랑땡처럼 경단을 빚습니다. 마루 틈새로 흙 경단을 물고 들어가서는 흙을 나름 얇게 펼쳐 방을 만듭니다.

이렇게 황슭감탕벌은 5분 간격으로 흙 경단을 물고 와 마루 틈새로 들어가기를 되풀이합니다. 방 공사가 끝나면 알을 낳고, 나방류 애벌레를 사냥해 넣습니다. 그리고 방 입구를 흙 반죽으로 틀어막습니다. 시간이 가면서 틈새에 여러 개 방들이 만들어지면, 그 방들 위를 미장 공사로 마무리하듯 흙 반죽으로 모두 덮어 앞으로 태어날 새끼들을 보호합니다.

황슭감탕벌이 건물 틈에 진흙으로 집을 짓고 있다.

대나무 통에 흙집 짓는

줄무늬감탕벌

줄무늬감탕벌

줄무늬감탕벌이 갯기름나물 꽃에 날아와 꽃꿀을 먹고 있습니다.

7월 초, 여름이 성큼 다가와 한낮 온도가 30도를 넘나듭니다.
그래도 습도가 높지 않아 그늘에 있으면 견딜 만합니다.
연구소 마당에도 여름이 와 개망초 꽃이 흐드러지게 피어 있고,
마타리 꽃, 쉬땅나무 꽃, 꼬리풀 꽃, 참나리 꽃 같은
여름 꽃들이 활짝 피었습니다.
나이가 들어가니 더워도 얼음 음료보단 따뜻한 차가 좋습니다.
따뜻한 오미자차를 손에 들고 그늘에 앉아 멍 때리며
먼 산에 눈을 꽂습니다.
그때 '윙' 소리를 내며 벌 한 마리가 머리 위로 날아갑니다.
정신이 번쩍 들어 녀석이 날아간 쪽을 바라봅니다.
녀석은 오늘도 어김없이 연구소 건물 후미진 귀퉁이에 마련해 둔
'대나무 통'을 찾아왔습니다.
신기하게도 콩알만 한 흙덩어리를 입에 물고 있군요.
무겁지도 않은지 제 머리보다 큰 흙덩어리를 물고
대나무 통 속으로 쏘옥 들어갑니다.
흙집을 만들기 위해서이지요.
누굴까요?
흙집 건축의 대가, 줄무늬감탕벌입니다.

마타리

이 꼭지는 벌목 말벌과 종인 줄무늬감탕벌(*Orancistrocerus drewseni drewseni*) 이야기입니다.

연구소 건물 벽에 달아 놓은 대나무 통

연구소를 처음 만들 때만 해도 갖가지 벌들이 꽃을 찾아와 마당이 붐볐는데, 10년이 지난 지금은 벌들 수가 눈에 띄게 줄었습니다. 벌뿐만이 아닙니다. 다른 곤충들도 사정은 마찬가지입니다. 모자주홍하늘소와 먹가뢰 같은 딱정벌레목 곤충, 왕물결나비와 왕세줄나비 같은 나비목 곤충이 보이지 않은 지 몇 해 되었습니다. 밤하늘을 수놓는 운문산반딧불이까지 씨가 말라 가고 있고, 그나마 늦반딧불이 애벌레는 아직 연구소 마당에서 살고 있지만 사라지는 건 시간문제라 생각만 해도 속이 아픕니다. 구석진 산골에도 개발바람이 불어 둘레에 전원주택들이 들어서고 앞산 나무들을 무참하게 잘라 낸 결과이지요. 이러다간 식물만 잔뜩 우거지고 곤충은 하

줄무늬감탕벌 한 마리가 대나무 통에 날아왔다.

나 없는 '사일런트 가든'이 될 것 같은 두려운 생각이 밀려듭니다.

위기감이 들어 지난해부터 연구소 마당을 찾는 곤충들을 틈나는 대로 사진 찍고 표본 작업을 해서 기록하고 있습니다. 그 연장 작업으로 연구소 건물 한쪽 그늘진 구석에 '대나무 통 트랩'을 설치해 뒀습니다. 트랩은 조릿대 굵기쯤 되는 대나무를 수십 개 다발로 묶어 만든 것입니다. 말하자면 요즘 생태 공원 같은 곳에서 전시용으로 설치하는 '곤충 아파트'인 셈이지요. 대나무 통 트랩은 햇볕이 들지 않아 그늘지고 후미지면서 관찰하기 좋은 곳에 만들었습니다. 과연 벌이 대나무 통 트랩을 찾아올까? 그렇다면 어느 벌이 날아올까? 트랩을 설치하고 몇 주 지나고 나서 우연히 대나무 통 트랩을 들락거리는 벌과 마주쳤습니다. 누굴까? 100퍼센트 가위벌일 거란 예상을 뒤엎고, 감탕벌이 쌩하고 날아와 대나무 통 입구에 앉아 있습니다. 배에 노란색 띠무늬가 뚜렷한 걸 보니 줄무늬감탕벌입니다. 입에 동그란 흙 경단을 물고 있는 걸 보아 흙집을 짓고 있는 중임이 틀림없습니다.

줄무늬감탕벌 어른벌레

맨눈에 잘 띄는 줄무늬감탕벌

방해하지 않으려 건물 벽에 딱 붙어 앉아 대나무 통을 들락거리는 줄무늬감탕벌을 들여다봅니다. 몸길이는 18밀리미터쯤 되어서 몸집이 꽤 큰 편입니다. 온몸 색깔은 까맣습니다. 하지만 이마, 이마방패, 첫 번째 더듬이 마디 안쪽이 노랗고, 배에도 굵고 짙은 노란색 띠무늬가 그려져 있습니다. 살갗에는 거칠게 팬 홈들이 빽빽하게 찍혀 있습니다.

줄무늬감탕벌이 먹는 밥은 애벌레와 어른벌레가 서로 다릅니다. 어른벌레는 주식이 꽃꿀이라 갯기름나물, 산초나무, 마타리 같은 여러 식물 꽃에 날아와 꽃꿀 식사를 합니다. 이에 비해 애벌레는 육식성이라 나비목 애벌레를 먹고 사는데, 스스로 사냥할 능력이 없어 어미가 마취시켜 가져온 고기를 얻어먹습니다.

굴뚝 같은 흙집 짓는 줄무늬감탕벌

줄무늬감탕벌은 벌목 가문에 말벌과 집안 호리병벌아과에 속해 있는 벌입니다. 장수말벌이나 쌍살벌류처럼 여왕벌을 중심으로 계급을 이루고 사는 사회성 벌이 아니라 암컷 혼자서 집 짓고 알 낳는 단독 벌입니다. 집 지을 때 쓰는 건축 재료는 흙입니다. 흙집 건

줄무늬감탕벌이 수도 파이프 옆에 집을 지었다.

줄무늬감탕벌이 건물 천장에 집을 지었다.

줄무늬감탕벌이 굴뚝처럼 생긴 집을 돌담 밑에 지었다.

줄무늬감탕벌이 바위틈에 집을 지었다.

축은 오롯이 암컷이 도맡아 합니다. 수컷은 전혀 집 짓는 일을 거들지 않고 오로지 짝짓기만 해서 유전자를 암컷에게 넘깁니다. 암컷이 피땀 흘려 흙집 짓는 노동을 하는 까닭은 단 하나, 새끼를 키우기 위해서입니다. 새끼를 낳고 떠나는 거의 모든 곤충들과 달리 집을 지어 새끼를 안전하게 보호합니다. 그렇게 해서 자기 유전자를 다음 세대에 성공적으로 넘길 가능성을 높이는 것이지요.

줄무늬감탕벌은 대개 굴뚝처럼 길쭉하게 생긴 진흙집을 짓는데 집터는 다양합니다. 산 밑에 있는 건물 틈새나 바위틈, 돌담, 야외용 목조 테이블이나 의자 아랫면, 나무 구멍 같은 곳에 흙을 날라다 흙집을 짓고 알을 낳습니다. 장소는 다르지만 모든 집은 굴뚝처럼 길쭉하게 만듭니다. 그리고 그 속에 여러 개 방을 칸막이로 나누어 놓습니다. 순서로 보면 가장 먼저 지은 방이 집 맨 안쪽에 있고, 가장 나중에 지은 방은 맨 바깥쪽에 있습니다. 재미있게도 가

줄무늬감탕벌이 통 안에 흙을 펼쳐 방을 만들고 있다.

장 안쪽 방이 가장 큰데 이곳에는 암벌이 될 애벌레가 자랍니다. 바깥쪽 작은 방에서는 수벌이 될 애벌레가 자랍니다. 어미 벌은 아들과 딸을 구별해 낳습니다. 자기 난자와 수정낭에 보관한 정자를 수정시켜 암벌이 될 알을 낳고, 정자를 쓰지 않고 자기 난자만 배란시켜 수벌이 될 미수정 알을 낳습니다.

대나무 통에 흙집 공사

줄무늬감탕벌이 흙방 속에서 부스러기를 가지고 나왔다.

7월 중순, 오늘도 줄무늬감탕벌 어미 벌은 오전부터 저물녘까지 쉬지 않고 대나무 통 속에 흙집을 짓습니다. 흙으로 입구를 막아

놓은 대나무 통, 즉 다 지은 흙집이 15개쯤인 걸 보니 어미 벌은 몇 주 동안 쉬지 않고 흙집 공사를 했나 봅니다. 건물 둘레는 온통 흙 마당이라 재료 구하기는 쉽습니다. 어미 벌은 주로 수돗가 옆 축축한 땅에서 흙을 모읍니다. 강력한 큰턱을 오물오물 움직이며 흙을 긁어 침과 섞으며 동그란 경단처럼 반죽합니다. 입놀림이 얼마나 빠른지 몇 분 만에 아주 찰지고 끈적거리는 흙 경단을 뚝딱하고 빚습니다. 크기는 팥알만 합니다. 입을 손처럼 사용하다니! 정말이지 '입' 재주 하나는 끝내줍니다.

어미 벌은 후딱 반죽한 흙덩어리를 주둥이와 앞다리 사이에 껴안고 날아오릅니다. 물기를 머금어 제법 무거울 텐데 떨어뜨리지 않고 가뿐히 날아갑니다. 큰턱을 크게 벌려 흙덩어리를 꽉 물고, 앞다리 두 개 또한 흙덩어리를 꼭 감싸 안고 있으니 떨어뜨릴 일은 없습니다. 어미 벌이 도착한 곳은 대나무 통. 입구에 도착해 잠시

줄무늬감탕벌이 방을 만들고 밖으로 나와 옆방을 살펴보고 있다.

앉아 멈칫하더니 이내 대나무 구멍 속으로 쏙 들어갑니다. 그러고는 구멍 속에서 걸쭉하게 모아 온 흙덩어리를 얇게 펼치며 방을 만듭니다.

이삼 분 지나자, 어미 벌이 뒷걸음치며 구멍 밖으로 나옵니다. 입에는 흙과 대나무 속껍질 같은 부스러기를 물고 있는데 곧 땅에 버립니다. 이어 어미 벌은 공사 중인 옆방으로 걸어가 입구를 들여다봅니다. 다시 그 옆에 있는 빈 구멍 속으로 들어가 공사장 둘레를 살핍니다. 그러고는 마음이 놓였는지 쌩 날아 수돗가 옆 흙에 내려앉은 뒤 다시 흙 반죽 삼매경에 빠집니다. 그러기를 수십 번 되풀이한 끝에 드디어 대나무 통 속 맨 바깥방이 완공되었습니다. 대나무 통 속에는 모두 방이 4개 있는데, 안쪽 방 3개는 이미 다 지었고 오늘에야 비로소 4번째 바깥방까지 완성했습니다.

먹잇감
사냥하기

방 공사가 끝난 뒤 다음 차례는 사냥입니다. 줄무늬감탕벌 새끼가 육식성이라 고기를 먹기 때문입니다. 사냥감은 나비나 나방 애벌레입니다. 어미 벌이 향한 곳은 풀밭. 이때쯤 마당에는 온갖 식물들이 무성하게 자라나 나방 애벌레가 어디 숨었는지 보이지 않습니다. 어미 벌은 연구소 마당과 뒷산 언저리를 날며 먹잇감을 찾습니다. 하지만 여름이라 나방 애벌레들이 많지 않아 발품을 많이 팔아야 합니다. 나방 애벌레들은 거의 봄에 많이 나오기 때문입니다. 한참을 날아다닌 끝에 드디어 미국쑥부쟁이 줄기에서 밤나방류 애벌레를 찾았습니다. 줄무늬감탕벌이 득달같이 애벌레에게 달려듭니다. 풀잎에 앉아 큰턱으로 애벌레를 꽉 문 뒤 독침으로 애벌레 몸 여기저기를 찌르며 마취를 시킵니다. 애벌레가 제 몸길이와 맞먹을 만큼 크니 사냥은 대성공입니다. 영문도 모른 채 얼떨결에 공격당한 애벌레는 저항 한 번 못 해 보고 혼수상태에 빠집니다.

줄무늬감탕벌이 잎벌 애벌레를 잡아 왔다.

어미 벌은 축 늘어진 애벌레를 큰턱과 앞다리 사이에 껴안고 위풍당당하게 날아 대나무 통으로 날아옵니다. 제 몸길이와 맞먹을 만큼 큰 사냥감이 무거운지 잠시 대나무 통 가까이 있는 기둥 벽에 앉아 쉽니다. 여전히 주둥이에 밤나방 애벌레를 물고 있고, 애벌레는 꼼짝도 못 한 채 뻗어 있습니다. 쉬는 것도 잠시, 어미 벌은 사냥감을 안고 대나무 속에 지은 흙방으로 들어갑니다. 사냥감이 무겁고 커서 한 번에 못 들어가고 멈칫멈칫 엉금엉금 기어 들어갑니다.

잠시 뒤 어미 벌이 방 밖으로 나옵니다. 양이 안 찼는지 다시 마당으로 날아가 사냥감을 찾습니다. 뜨거운 햇살을 이고 풀밭 여기저기를 '매의 눈'으로 뒤집니다. 이번에는 '꿩 대신 닭'입니다. 새끼가 좋아하는 나방 애벌레 대신 살구나무 잎 뒤에 숨어 있는 잎벌 애벌레를 사냥합니다. 여지없이 마취시킨 뒤 큰턱과 다리 사이에 껴안고 '쉬익' 날아 대나무 통으로 옵니다. 뇌라고 해 봐야 모래알보다 작은데 어떻게 집을 정확하게 찾아오는지 신통방통합니다. 이번에도 힘에 부쳐서인지 곧바로 구멍으로 들어가지 않고 구멍 입구 둘레에 앉아 한소끔 숨을 고른 뒤 흙방이 있는 구멍 속으로 쏙 들어갑니다. 어미 벌은 마저 사냥감을 집어넣고서는 알을 낳습

청벌이 줄무늬감탕벌 집 둘레에서 어슬렁거리고 있다.

니다. 이때 소름 끼칠 일이 벌어집니다. 흙방 밖에서 기생벌이 멀찌감치 떨어져 줄무늬감탕벌이 지은 흙방에 몰래 들어가려 어슬렁거리고 있습니다.

그걸 알 리 없는 어미 벌은 흙방 밖으로 나와 이제 마지막 마무리 공사만 남겨 놓고 있습니다. 마지막 작업은 흙집 입구를 틀어막는 일입니다. 알도 낳고, 알에서 깨어날 애벌레가 먹을 밥상도 차려 놨으니 방 입구만 막으면 됩니다. 모든 것이 막힘없이 척척 진행되니 어미 벌은 기쁜 나머지 콧노래를 부르며 흙집 입구를 막을 흙을 가지러 수돗가 옆 땅으로 날아갑니다.

눈치 빠른 기생벌

어미 벌이 흙 반죽을 가지러 나들이한 사이, 조금 전부터 대나무통 둘레를 얼쩡거리던 얍삽한 청벌이 재빠른 작전을 펼칩니다. 어미 벌이 돌아오는 데 걸리는 시간은 고작해야 3분 남짓. 이 짧은 시간에 청벌은 일생일대 숙원 사업을 해치워야 합니다. 청벌은 더듬이를 흔들흔들 움직이며 재빠른 걸음으로 이 방 저 방을 살피며 걸어 다닙니다. 이윽고 조금 전에 줄무늬감탕벌이 먹잇감을 사냥해 넣었던 방에 다다르자, 종종걸음을 딱 멈춥니다. 아마 흙집 속에 있는 나방 애벌레와 잎벌 애벌레 냄새를 맡은 것 같습니다.

'옳지 바로 이 방이야. 내가 알 낳을 방을 제대로 찾았군.'

청벌이 줄무늬감탕벌 집에 알을 낳으러 날아왔다.

환호하는 기색이 역력합니다. 청벌은 머리를 이리저리 움직이며 둘레를 경계하듯 살피는가 싶더니 이내 흙방 속으로 쏙 들어갑니다. 흙방 속에 들어간 청벌은 방 속에 누워 있는, 조금 전에 줄무늬감탕벌 어미가 사냥해 놓은 나방 애벌레 위에 알을 낳습니다. 그러고는 자기 혈육인 알에게 잘 크라는 작별 인사를 할 새도 없이 얼른 흙방 밖으로 나옵니다. 모든 게 번갯불에 콩 볶듯 이루어지니 흙 반죽을 가지러 간 줄무늬감탕벌 어미 벌은 전혀 눈치챌 수 없습니다. 이로써 줄무늬감탕벌 어미 벌이 하루 종일 힘들게 일하며 공들인 번식 작업은 실패로 끝났습니다.

청벌은 아름답기로 소문난 기생벌입니다. 에메랄드빛과 쪽빛이 섞인 몸 색깔은 그 어느 물감을 섞어도 만들어 낼 수 없는 오묘한 색깔입니다. 게다가 살갗은 보석 가루를 가늘게 빻아 뿌린 것처럼 반짝반짝거립니다. 저 아름다운 몸으로 소름 끼칠 만큼 얍삽하게 남의 가문을 끊어 버리다니! 역시 자연 생태계에는 기는 놈도 있고, 뛰는 놈도 있고, 청벌처럼 뛰는 놈 위에 나는 놈도 있습니다.

어마어마하게 큰일이 벌어진 줄도 모르고, 줄무늬감탕벌 어미 벌이 입에 흙덩어리를 물고 돌아옵니다. 흙집 입구에 도착하자 질척하게 반죽한 흙덩어리를 얇게 펼치며 입구를 막습니다. 한 번으로는 모자라 여러 번 흙덩어리를 빚어 와서 완벽하게 틀어막습니다. 안전하게 막힌 흙방 속에서 자기 새끼가 아닌 청벌 새끼가 자랄 것을 꿈도 꾸지 못하면서 말이죠.

흙집에서 겨울잠을 자는 애벌레

온갖 어려움을 뚫고 어미가 낳은 흙방 속 알에서 줄무늬감탕벌 애벌레가 깨어납니다. 애벌레는 깜깜한 흙방 속에서 애벌레 평생인 거의 10달 동안 지냅니다. 어미 벌이 사냥해 놓은 나방과 잎벌 애벌레를 먹으며 삽니다. 방이 비좁다 보니 애벌레는 걸어 다닐 필요가 없어 다리가 퇴화했습니다. 그저 좁은 공간에서 꼼짝 않고 지냅니다. 먹다가 몸이 불어나면 허물을 벗고, 또 먹다가 몸집이 커지면 허물을 벗으며 무럭무럭 자랍니다. 늦가을이면 다 자란 종령 애벌레가 되는데, 이 종령 애벌레는 추운 겨울 내내 흙방에서 겨울잠을 잡니다.

줄무늬감탕벌 애벌레가 대나무 속에 있다.

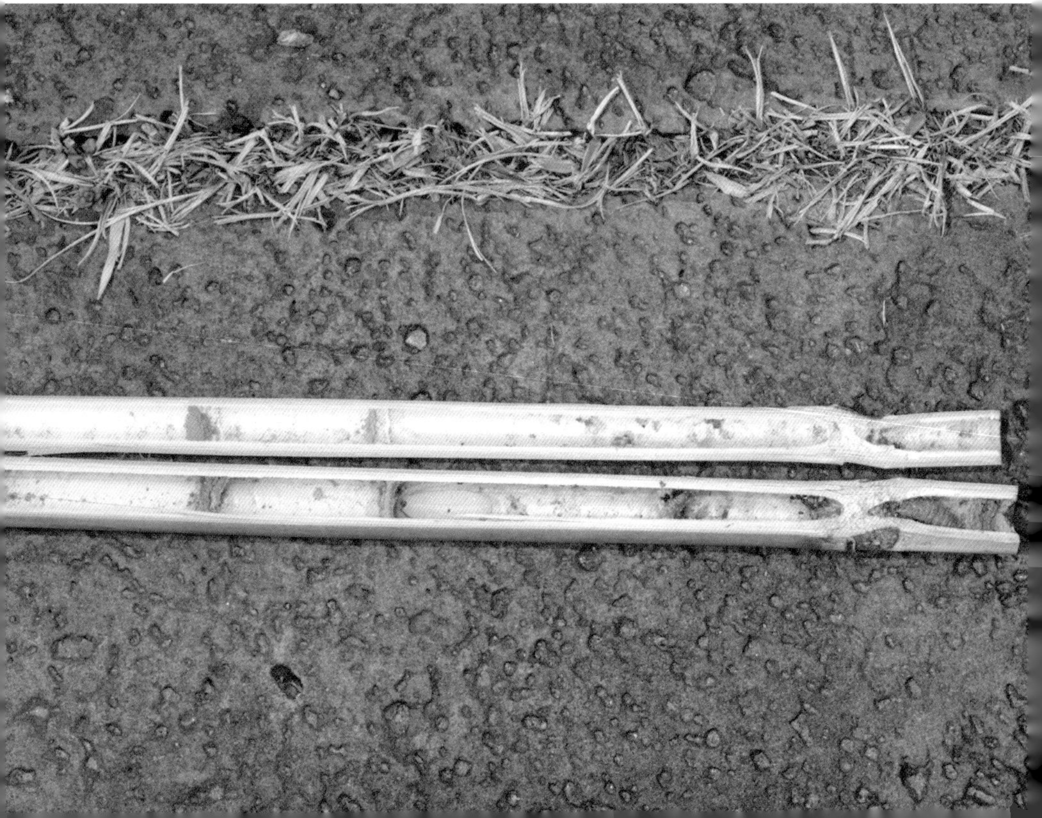

줄무늬감탕벌
애벌레 옆모습

이듬해 5월 초가 되면 애벌레는 번데기로 탈바꿈하고, 5월 말에서 6월 사이에 번데기에서 어른벌레로 날개돋이합니다. 줄무늬감탕벌은 한 해에 한살이가 한 번 돌아갑니다. 한살이가 시작되는 때는 5월 말 이후 초여름이고 마무리되는 때는 이듬해 5월입니다.

줄무늬감탕벌
번데기

흙 항아리 속에
아파트 짓는

큰호리병벌

큰호리병벌

큰호리병벌이 메밀 꽃에 날아와
꽃꿀을 먹고 있습니다.

11월 초,

단풍이 온 세상을 알록달록 물들이는 늦가을입니다.

불어오는 스산한 바람에 단풍 든 잎들이

갈 길을 잃은 채 공중을 떠돌다 길바닥에 나뒹굽니다.

이제 만추입니다.

물 밀듯 몰려오는 쓸쓸함을 내치며 천마산 산길을 걷습니다.

그늘을 피해 따사로운 볕받이를 골라 걷는데,

잎사귀를 떨군 나무줄기에

보름달처럼 커다란 흙덩어리가 붙어 있습니다.

사람이 흙손으로 정성껏 발라 놓은 것처럼 매끈합니다.

가까이 다가가 자세히 톺아보니

꼼꼼하게 흙을 펴 발라 놓은 솜씨가 보통 수준을 뛰어넘습니다.

어찜 저리도 클까? 달걀보다 더 큽니다.

이 커다란 흙집은 큰호리병벌이 만든 작품입니다.

메밀

이 꼭지는 벌목 말벌과 종인 큰호리병벌(*Oreumenes decoratus*) 이야기입니다.

몸집이 큰
큰호리병벌

8월 말, 갈수록 낮 길이가 짧아집니다. 연구소 마당에는 아직 여러 가지 벌들로 북적입니다. 여름에 왕성하게 돌아다니는 큰호리병벌이 꼬리풀, 메밀, 마타리, 벌개미취, 산초나무 꽃에 찾아와 꽃꿀을 먹습니다. 큰호리병벌은 애벌레와 어른벌레가 먹는 밥이 다릅니다. 어른벌레는 채식주의자라 꽃꿀을 먹고, 애벌레는 지독한 육식주의자라서 살아 있는 나방류 애벌레를 먹습니다. 마침 꼬리풀 꽃에 앉아 꽃꿀을 먹는 큰호리병벌을 멀찌감치 서서 바라봅니다. 큰호리병벌은 눈치가 매우 빠르고 경계심이 많아서 좀처럼 곁을 주지 않습니다. 가까이서 관찰하기 참 어려운 벌입니다.

큰호리병벌은 몸길이가 25~30밀리미터쯤 되어서 우리나라 호

메밀 꽃에 날아온 큰호리병벌 어른벌레

리병벌류 가운데 덩치가 가장 큽니다. 온몸은 까맣고, 몸 곳곳에 크고 작은 노란색 무늬가 그려져 있습니다. 특히 첫 번째와 두 번째 배마디 뒤쪽 가장자리에는 굵고 노란 띠무늬가 있습니다.

큰호리병벌은 흙집을 짓습니다. 직접 지은 흙집이 호리병을 닮았고, 몸집이 커서 '큰호리병벌'이라는 이름이 붙었습니다. 영어 이름은 'potter wasp'인데, 큰호리병벌뿐만 아니라 다른 호리병벌속(*Eumenes* Genus) 곤충까지 모두 'potter wasp'라고 합니다. 'potter wasp'라고 하는 벌들은 모두 진흙을 써서 단지처럼 생긴 집을 짓습니다. 그런데 호리병벌속에 있는 벌들은 단 한 개짜리 항아리 집을 짓고, 큰호리병벌속에 있는 벌들은 항아리 집을 여러 채 지은 뒤 집 전체를 흙으로 덮어 버립니다.

큰호리병벌은 벌목 가문에 말벌과 집안 호리병벌아과 큰호리병벌속(*Oreumenes* Genus)에 속해 있습니다. 우리나라에 사는 큰호리병벌속에는 단 한 종인 큰호리병벌만 삽니다. 큰호리병벌은 장수말벌이나 꿀벌처럼 사회생활을 하지 않고 암컷 혼자서 집을 짓고 알을 낳으며 단독 생활을 합니다. 물론 수컷은 집 짓는 일은 전혀 거들지 않고 오직 암컷과 짝짓기를 해서 유전자 다양성을 유지하는 데 큰 이바지를 할 뿐입니다. 큰호리병벌도 호리병벌아과에 속한 감탕벌류나 호리병벌류처럼 흙으로 육아 방을 짓습니다. 큰호리병벌 어른벌레는 6월에서 10월까지 돌아다닙니다. 그리고 한 해에 한 번 한살이가 돌아갑니다.

집터
고르기

꽃꿀을 먹고 기운을 차린 큰호리병벌이 이제 마음먹고 흙집 짓는 일을 시작합니다. 우선 본 공사에 앞서 집 지을 터를 찾습니다. 가장 좋은 곳은 목숨앗이들 눈에 잘 안 띄는 으슥한 곳, 축축한 흙 반죽이 잘 마르도록 햇빛이 이따금 드는 곳입니다. 이 두 가지를 만족할 수 있는 명당은 큰 바위가 잇달아 쌓여 있는 옹벽 사이, 지붕이 있는 돌담, 나뭇잎이 무성하게 달린 나뭇가지 사이처럼 집 지을 지지대가 있으면 됩니다.

흙 항아리 집
여러 채 짓기

연구소 마당을 돌아다니던 큰호리병벌이 으슥한 흙막이 바위에 터를 잡습니다. 이제 어미 벌은 집 지을 재료를 구해 와야 합니다. 재료는 흙입니다. 다행히 연구소 마당과 뒷산에는 포슬포슬한 흙이 널려 있습니다. 어미 벌은 본능적으로 물기가 있는 수돗가 옆으로 날아옵니다. 물기에 젖어 촉촉한 땅에 앉은 뒤 머리를 땅에 대고 엉덩이는 들썩들썩거리며 흙을 모읍니다. 큰턱으로 흙을 긁어 침을 섞어 가며 동그란 덩어리로 흙을 반죽합니다. 이렇게 침을 섞어 반죽한 흙은 물에 적셔도 잘 풀어지지 않을 만큼 단단하게 굳

바위에 흙으로 지은 큰호리병벌 집

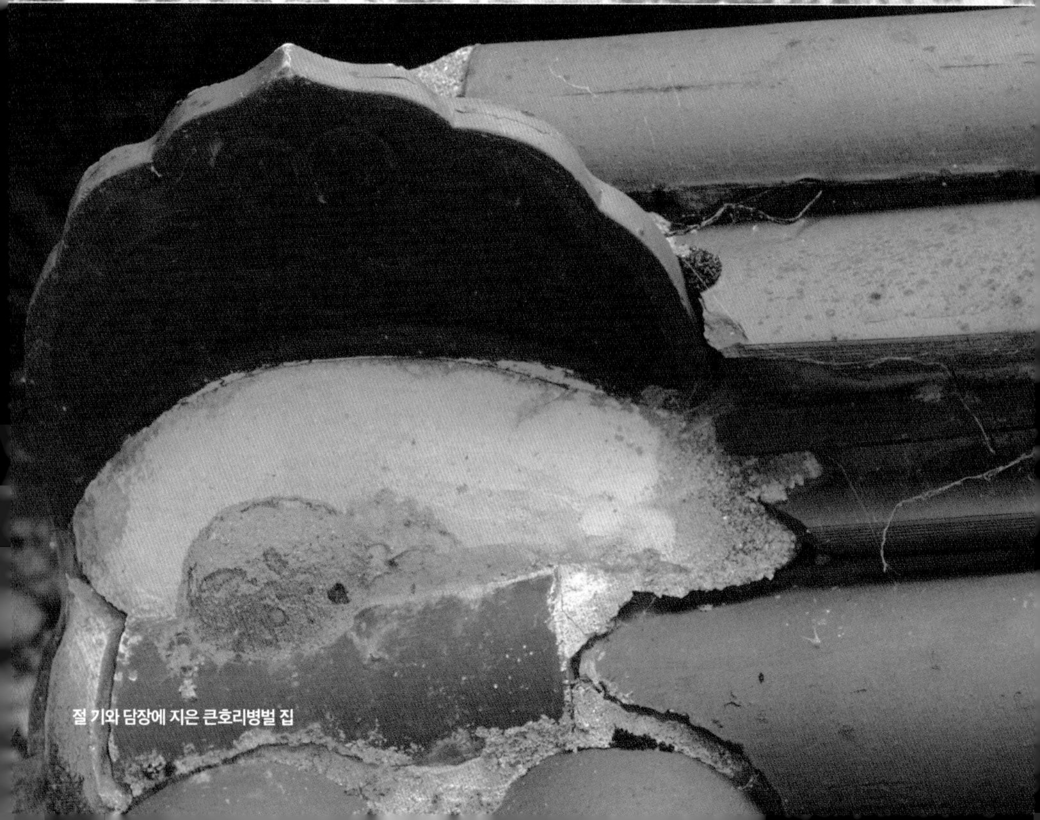

절 기와 담장에 지은 큰호리병벌 집

나무줄기에 지은 큰호리병벌 집

나뭇가지에 지은 큰호리병벌 집

습니다. 그러니 비나 눈이 내려도 흙집이 무너지지 않습니다. 어미 벌은 몇 분 동안 쉼 없이 큰턱을 오물오물 움직여 흙을 뭉친 뒤 콩알만 한 경단을 빚습니다. 그러고는 흙 경단을 큰턱으로 꽉 물고 다리로 껴안은 채 훌쩍 날아오릅니다. 방향을 바꾸어 쏜살같이 향한 곳은 좀 전에 봐 뒀던 흙막이 바위입니다. 우선 바위 윗면에 집지을 크기만큼 흙을 펴 바르며 터 잡는 공사를 합니다. 여러 번 흙을 날라 와 터 잡는 기초 공사를 한 뒤 항아리처럼 생긴 흙집을 만들기 시작합니다.

• 1호 항아리 집

어미 벌은 수돗가 옆 축축한 땅에 단단히 마음이 꽂혔나 봅니다. 끊임없이 날아와 흙을 구슬처럼 뭉쳐 갑니다. 그러고는 정성껏 반죽한 흙덩어리를 큰턱으로 얇게 펼쳐 항아리처럼 생긴 흙집을 빚습니다. 사람은 발과 손으로 물레질을 하며 항아리를 만들지만,

큰호리병벌이 촉촉하게 젖은 흙을 모으고 있다.

큰호리병벌 어미는 항아리를 빙 둘러 걸어 다니며 흙을 붙여 만듭니다. 수십 차례 수돗가와 바위 일터를 오가며 흙덩어리를 나른 덕분에 작은 흙 항아리 집 한 채가 완성됩니다. 1호 항아리 집입니다. 1호 항아리 집 입구 구멍은 살짝 넓어서 옛 어른들이 쓰던 술병이나 초병과 똑 닮았습니다.

1호 집을 다 짓자, 어미 벌은 도예가에서 사냥꾼으로 역할을 바꿉니다. 알에서 태어날 새끼가 입맛이 까다로운 탓에 살아 있는 나방 애벌레만 먹기 때문입니다. 어미 벌은 서둘러 새끼가 먹을 식량을 구하러 사냥을 떠납니다. 마당에 무성하게 자란 풀밭을 낮게 날며 먹잇감을 찾습니다. 하지만 사냥이 신통치 않습니다. 여름에는 나방 애벌레들이 봄에 비해 많지 않아 사냥하는 데 시간 품을 많이 팔아야 합니다. 인내심을 가지고 풀밭을 뒤지고 또 뒤지며 날아다닙니다. 그 순간 미국쑥부쟁이 잎 뒤에 숨어 있던 나방 애벌레와 딱 마주쳤습니다. 사냥꾼답게 잽싸게 나방 애벌레를 덮칩니다. 무시무시한 큰턱으로 나방 애벌레 목덜미를 꽉 물고 몸 위에 올라탑니다. 난데없이 나타난 목숨앗이에 붙잡힌 나방 애벌레는 발버둥을 치며 몸을 뒤틉니다. 어미 벌은 몸부림치는 나방 애벌레와 몸싸움을 벌이면서 배를 둥글게 구부려 배 꽁무니에 있는 독침으로 나방 애벌레 몸을 찌르고 또 찌릅니다. 독액이 몸에 퍼지자 나방 애벌레는 서서히 마취되어 움직이지 못합니다. 어미 벌은 마취된 나방 애벌레를 큰턱과 다리 사이에 껴안고 날아오릅니다. 사냥감이 무겁다 보니 한 번에 날아서 옮기지 못하고, 중간중간 땅에 내려앉아 쉽니다. 힘에 부치면 사냥감을 질질 끌어오기도 합니다. 어미 벌은 낑낑대며 어렵사리 사냥감을 데리고 1호 항아리 집으로 무사히 돌아옵니다.

쉴 틈 없이 곧바로 나방 애벌레를 항아리 집 속에 넣고 또다시 사냥을 떠납니다. 대개 항아리 집 한 채에 나방 애벌레를 여러 마리 사냥해 넣습니다. 만족할 만큼 사냥감을 넣으면 흙덩이를 뭉쳐 와서 항아리 집 입구를 완전히 막아 버립니다. 며칠 뒤면 알에서 큰호리병벌 애벌레가 깨어나 어미가 차려 놓은 고기 밥인 마취된 나방 애벌레를 맛있게 먹고 클 것입니다.

• 2호 항아리 집

1호 항아리 집을 다 짓자, 큰호리병벌 어미 벌은 곧바로 2호 항아리 집 짓기에 들어갑니다. 2호 집은 1호 집 바로 옆에 덧붙여 짓기 때문에 공사가 조금 더 쉽습니다. 1호 항아리 집이 2호 집 벽 노릇을 하기 때문에 노동력, 시간, 재료를 그만큼 아낄 수 있습니다. 2호 집 역시 항아리처럼 둥그렇게 빚습니다. 흙덩이를 수십 번 뭉쳐 와 집을 빙 둘러 가며 큰턱으로 얇게 펴 바릅니다. 하지만 오늘은 비가 내려 잠시 일을 쉬어야 하네요. 하지만 마음이 편하지 않습니다. 비가 그칠 때까지 어미 벌은 초조하게 기다립니다. 그러고는 비가 그치자 다시 일을 시작합니다.

여러 고비를 넘기면서 어미 벌은 드디어 2호 항아리 집을 다 지었습니다. 2호 집 역시 입구가 뻥 뚫려 있습니다. 알을 낳고 새끼가 먹을 먹잇감을 사냥해 집어넣어야 하니 출입구를 만들어 놓은 것이지요. 정해진 수순대로 어미 벌은 나방 애벌레를 사냥하러 집을 떠납니다. 풀밭과 떨기나무 덤불을 뒤지며 나방 애벌레를 잡아 마취시킨 뒤 2호 집으로 돌아옵니다. 항아리 집 안에 먹잇감이 차면 다시 흙덩이를 반죽해 와서 입구를 틀어막습니다.

• **3호, 4호, 5호 항아리 집**

2호 항아리 집 공사가 끝나면 또 곧장 3호 항아리 집을 빚기 시작합니다. 3호 집이 완성되면 4호 집, 4호 집이 완성되면 5호 항아리 집을 빚습니다. 이렇게 큰호리병벌은 항아리 집을 여러 채 이웃해서 빚습니다. 대개 7~8채 되는 항아리 집을 잇달아 짓습니다. 그러고 보니 큰호리병벌은 다세대 건축 전문가로군요.

항아리 집이 여러 채 빚어지자, 어미 벌은 드디어 마지막 작업인 도장 작업을 합니다. 서로 이어진 항아리 집 전체를 흙으로 몽땅 덮습니다. 하루 종일 흙 반죽을 뭉쳐 와서 흙손으로 펴 바르듯 큰턱으로 꼼꼼하게 펴 바릅니다. 작업을 마치니 마치 바위 위에 타원형 흙 그릇을 엎어 놓은 것처럼 보입니다. 만일 나뭇가지에 집을 지었다면 마치 동그란 알처럼 보이는데 그 크기가 달걀만 합니다. 흙으로 마감한 흙 항아리는 유약을 바르지 않은 옹기처럼 질감이 굉장히 따뜻하게 느껴집니다.

이렇게 많은 항아리 집을 빚는 데 걸리는 시간은 엄청납니다. 하루 이틀 작업해서 끝날 일이 아닙니다. 날이 궂어 비가 오기라도 하면 일손을 멈춰야 하니 집 짓는 기간은 그만큼 늘어납니다. 몸길이가 고작 3센티미터밖에 안 되는 큰호리병벌 혼자서 7~8개 흙집을 빚는다는 건 실로 어마어마한 작업입니다. 위대한 도예공이 아니고서는 시도조차 하기 힘든 일입니다. 게다가 집 한 채가 빚어질 때마다 새끼가 먹을 먹잇감을 하나하나 사냥해 와야 하니 어미 벌이 쏟는 노고는 말로 표현할 수 없을 만큼 큽니다.

흙 도자기 속에서 겨울을 나는 애벌레

흙 항아리 집 속에 낳아 둔 알에서 큰호리병벌 애벌레가 깨어납니다. 애벌레는 어미 벌이 사냥해 둔 나방류 애벌레를 먹으며 폭풍 성장합니다. 다행히 먹잇감은 마취되어 있기 때문에 썩지 않고 신선해서 먹기 좋습니다. 추운 겨울이 되면 거의 다 자란 애벌레로 흙집 속에서 겨울잠을 잡니다. 이듬해 5월이 되면 애벌레는 번데기로 탈바꿈합니다. 1~2주 지나면 번데기는 어른벌레로 날개돋이해 큰턱으로 단단한 흙집을 뚫고 바깥세상으로 나옵니다. 이렇게 어른벌레가 나온 큰호리병벌 집은 구멍이 뻥뻥 뚫려 있습니다. 그 구멍이 바로 어른벌레가 나온 통로입니다. 새로 나온 큰호리병벌은 이제 또 알 낳을 집을 지을 것입니다. 그런데 이미 지은 집을 다시 고쳐 쓰면 어떨까요? 새로 나온 어른벌레는 이미 구멍이 뚫려 속이 빈 항아리 집을 다시 고쳐 쓰지 않습니다.

오른쪽은 큰호리병벌 애벌레이고, 왼쪽은 기생파리류 애벌레다.

뛰는 놈 위에 나는 청벌

큰호리병벌 어미 벌이 항아리 집들 입구를 하나하나 흙으로 막아 문단속을 하고, 그 집 전체를 다시 흙으로 뒤덮어 막아도 목숨 앗이를 막을 수는 없습니다. 청벌류나 맵시벌류는 늘 큰호리병벌 집을 노립니다. 특히 청벌류는 큰호리병벌에 대놓고 기생합니다. 항아리 집을 덮은 흙을 큰턱으로 파낸 뒤, 그 속에 배 꽁무니를 넣고 알을 낳습니다. 알에서 깨어난 청벌 애벌레는 큰호리병벌 애벌레나 애벌레가 먹을 밥인 마취된 나방류 애벌레를 먹으며 자랍니다. 그래서 가끔 큰호리병벌 항아리 집에서 청벌이 날개돋이해서 나옵니다.

큰호리병벌 집에서 청벌이 날개돋이해서 나왔다.

으뜸 도예공

호리병벌 무리

호리병벌류 식사

호리병벌이 싸리 꽃에 날아와
꿀을 빨아 먹고 있습니다.

7월, 본격적인 여름이 시작됩니다.
경기도 양평에 있는 중미산 가는 길,
뜨거운 햇볕이 머리를 달굽니다.
조금만 움직여도 숨이 턱턱 막히게 무더워
땀방울이 송골송골 맺힙니다.
땡볕을 피해 그늘진 오솔길을 골라 걷습니다.
무더위가 기승을 부리니 오가는 사람이 없어 오솔길은 적막합니다.
목청껏 울어 대는 애매미 노랫소리에 귀 기울이며 천천히 걷는데,
길섶 달맞이꽃 잎사귀 아래에
자그맣고 앙증맞은 흙 항아리가 붙어 있습니다.
몇 미터 떨어진 곳에도, 씨앗 맺힌 냉이 꽃줄기에도
방금 전에 봤던 것과 똑같이 생긴 흙 항아리가 붙어 있습니다.
그 항아리는 호리병벌류가 만든 육아 방입니다.
흙을 잘 반죽해서 호리병처럼 곱게 빚었는데
100원짜리 동전만 합니다.
호리병 입구에는 병마개까지 만들어 앙증맞기까지 합니다.

호리병벌

이 꼭지는 벌목 말벌과 호리병벌아과 호리병벌속(*Eumenes* Genus)에 속한 호리병벌 무리 이야기입니다.

배가 호리병 닮은 호리병벌 무리

호리병벌류는 이름에서 눈치챌 수 있듯이 배가 호리병처럼 생겼습니다. 호리병벌류는 족보상 벌목 가문에 말벌과 집안 호리병벌아과 식구입니다. 우리나라에서 사는 호리병벌속(*Eumenes* Genus) 곤충은 모두 8종인데, 그 가운데 흔히 볼 수 있는 종은 점호리병벌과 민호리병벌입니다. 호리병벌속(屬) 곤충이 가진 가장 큰 특징은 호리병처럼 생긴 흙집을 짓는 것입니다. 그래서 영어 이름이 'potter wasp'라고 하는데, 단지처럼 생긴 집을 짓는 벌이라는 뜻입니다. 몸길이는 15~20밀리미터쯤 되고, 5월에서 10월까지 나와 돌아다닙니다. 호리병벌류는 사회 계급을 이루지 않고 전적으로 암컷 혼자서 집을 짓고 대를 이어 가는 단독 벌입니다. 어미 벌은

호리병벌류

손수 흙으로 항아리처럼 생긴 흙집을 짓고 알을 낳은 뒤, 새끼가 먹을 먹잇감인 나방류 애벌레를 사냥해 흙집 속에 넣고 흙집 입구를 막습니다. 그래서 호리병벌 어미 벌은 훌륭한 도예가이자 사냥꾼입니다.

항아리 집 빚을 명당을 찾아서

호리병벌류 어미 벌은 그 누구에게도 도움을 받지 않고 혼자서 흙을 반죽해서 자그마한 항아리처럼 생긴 흙집을 짓습니다. 흙집 짓기에 대가인 자신은 정작 집이 없어 밤이 오거나 비가 오면 들판에 자란 식물 잎이나 줄기에서 지냅니다. 그러면 흙집은 누가 쓰는 집일까요? 호리병벌류 자식이 '알-애벌레-번데기' 시절 동안 사는 집입니다. 어미 벌은 알을 낳은 뒤 자식을 돌보지 못하고 죽기 때문에 앞으로 태어날 자식이 안전하게 머물며 밥을 먹을 수 있는 집을 마련합니다. 그래서인지 호리병벌류 어미 벌은 천부적으로 타고난 도예가처럼 항아리 집을 기막히게 잘 빚습니다.

7월 초, 모처럼 해가 났습니다. 며칠 빗속에서 웅크리고 있던 곤충들이 죄다 나와 연구소 마당을 날아다니며 굶주린 배를 채우느라 정신이 없습니다. 며칠 동안 항아리 집 공사를 못 해 초조했던 호리병벌류도 나와 노란 마타리 꽃과 하얀 개망초 꽃 들을 번갈아 찾아다니며 꽃꿀 식사를 합니다.

복사나무에 지은 호리병벌류 집

식사를 마친 뒤 어미 벌은 타고난 임무인 흙 항아리 집 빚는 작업에 들어갑니다. 항아리를 만들기 전에 해야 할 일은 명당을 찾는 일입니다. 비가 들이치지 않고, 목숨앗이들 눈에 띄지 않는 곳이 명당입니다. 어미 벌은 연구소 마당에 무성하게 자라는 풀과 키 작은 나무들 위를 날아다니며 명당자리를 찾습니다. 얼마 뒤 어미 벌이 마당 구석진 곳에 심어 놓은 복사나무 줄기에 자리를 잡았습니다. 후미지지만 햇볕이 드는 곳입니다. 가느다란 줄기들이 많아 목숨앗이들이 가까이 오기 어렵고, 나뭇잎이 줄기 사이를 메우고 있어 비를 피할 수 있으니 으뜸가는 명당입니다.

지구 최초 흙 항아리 도예공

말냉이 꽃대에 지은 호리병벌류 집

마음에 드는 곳을 골랐으니 이제부터 본격적으로 항아리 집을 빚습니다. 재료는 흙입니다. 다행히 연구소에는 여러 종류 흙이 있어서 어미 벌이 자기 취향에 맞게 골라 가져가면 됩니다. 어미 벌은 풀이 듬성듬성 자라는 흙막이 돌담 아래로 날아와 앉습니다. 흙막이 돌을 쌓을 때 모래가 섞인 흙을 썼기 때문에 돌담 아래는 모래 섞인 흙이 있습니다. 어미 벌은 엉덩이를 살짝 들어 올리고 머리를 숙인 채 주둥이 큰턱으로 흙을 긁어모읍니다. 며칠 동안 비가 내린 탓에 흙이 물기를 머금어 포슬포슬하니 작업하기 좋습니다. 큰턱을 쉬지 않고 오물오물 움직이며 흙을 긁어 침과 섞으며 동그랗게 빚습니다. 동작이 얼마나 빠른지 몇 분 안 걸려 팥알만 한 흙 경단이 만들어졌습니다.

작업에 탄력이 붙은 어미 벌은 재빨리 반죽한 흙 경단을 큰턱으로 문 채 다리로 감싸 안듯 껴안고서 쌩 날아오릅니다. 좀 무겁지만 버틸 만합니다. 어미 벌이 도착한 곳은 좀 전에 점찍어 뒀던 복사나무 줄기. 줄기에 내려앉자마자 곧바로 큰턱에 물고 온 흙 경단을 줄기에 얇게 펴 붙입니다. 걸쭉하게 반죽한 흙이라 줄기에 찰싹찰싹 잘 붙습니다. 팥알만큼 조그만 흙덩어리가 줄기를 다 덮지 못한 채 금방 바닥납니다. 그러자 바로 다시 돌담 밑으로 날아갑니다. 복사나무와 돌담까지 거리는 10미터쯤 됩니다. 어미 벌은 포슬포슬한 땅 위에 앉아 또 흙을 긁어 침과 찰지게 반죽해 팥알만 한 흙 경단을 빚습니다. 그러고는 흙 경단을 거뜬히 물고 항아리를 빚

달맞이꽃 잎 아래에 지은 호리병벌류 집

바위에 지은 호리병벌류 집

는 복사나무로 날아갑니다.

그러기를 수십 차례 되풀이하자 집 절반이 빚어져 제법 항아리 모양에 가까워졌습니다. 어미 벌은 쉬지 않고 흙 경단을 반죽해 와서 작업 중인 집 위에 흙을 오물조물 씹는 것처럼 큰턱을 부지런히 움직이며 얇게 펼쳐 붙입니다. 둥근 흙집 위를 빙 둘러 걸어가며 능수능란하게 흙을 붙입니다. 과연 도예 장인답게 흙 놀리는 솜씨가 예사롭지 않습니다. 항아리 몸통이 만들어지고 이어 꽃봉오리가 펼쳐지는 것처럼 입구까지 만드니 항아리 흙집이 완성됩니다. 항아리 흙집 겉은 울퉁불퉁 거칠고 투박해서 개성 만점입니다. 유약을 바르지 않으니 도리어 고급스러운 질감이 납니다. 역시 호리병벌류는 최고 수준에 오른 도예공입니다.

알 낳고 사냥 떠나는 어미 벌

육아 방이 완성되었으니 알 낳을 차례입니다. 어미 벌은 입구에 뚫린 구멍 속에 호리병 같은 배를 슬쩍 집어넣고 알을 낳습니다. 알은 텅 빈 항아리 집 천장에 붙여 낳습니다. 혹시라도 어미 벌이 항아리 집 속에 넣어 둔 먹잇감인 나방 애벌레가 마취에서 깨어나 알이나 어린 새끼를 다치게 할 수 있기 때문입니다. 혹시라도 벌어질 사고를 미리 막기 위해서 어미 벌은 하나하나 조심스럽습니다.

쑥 줄기에 지은 호리병벌류 집

알을 낳자마자 어미 벌은 서둘러 사냥을 떠납니다. 호리병벌류

자벌레를 사냥하는 호리병벌류

1

2

3

4

애벌레는 육식성이라 고기를 먹기 때문입니다. 게다가 입맛이 최고급이라 죽은 고기는 먹지 않고 살아 있는 고기만 먹습니다. 어미 벌은 좋고 싫고가 뚜렷해서 나방류 애벌레, 그것도 꼭 자벌레만 골라 사냥합니다. 그러니 시간 품을 많이 팔아야 합니다. 자벌레는 가지나방과 집안에 속한 애벌레를 일컫는 말인데, 오체투지 하듯 몸을 웅크렸다 펼쳤다를 되풀이하며 한 뼘 한 뼘 자를 재듯이 기어 다녀 붙은 별명입니다.

어미 벌은 허리춤까지 무성하게 자란 마당 풀밭을 날아다니며 자벌레를 찾습니다. 풀잎이나 나뭇잎 뒤에 숨어 있으니 잘 보이지 않습니다. 어딘가에 숨어 있을 자벌레 냄새를 맡느라 어미 벌은 더듬이를 쉼 없이 움직입니다. 한참 동안 이리저리 날아다닌 끝에 싸리나무 잎에 숨어 밥을 먹고 있는 자벌레를 찾았습니다. 어미 벌이 득달같이 달려들어 자벌레를 부둥켜안자 갑작스러운 공격을 받은 자벌레가 몸부림을 칩니다. 순간 어미 벌과 자벌레가 뒤엉키며 사람 손바닥만 한 잎사귀 위에 뚝 떨어집니다. 여전히 어미 벌은 자벌레를 놓치지 않고 끌어안고 있습니다. 제 몸길이보다 긴 자벌레가 젖 먹던 힘을 다해 꿈틀거리며 저항을 합니다. 이에 굴하지 않고 어미 벌은 큰턱으로 자벌레 목덜미를 꽉 움켜잡고, 다리로 몸통을 끌어안은 채 배를 구부려 배 꽁무니에 있는 독침을 자벌레 몸에 찌릅니다. 독침 한 방으로는 어림없는지 자벌레는 어미 벌 손아귀에 벗어나려 몸부림을 칩니다. 그럴수록 어미 벌은 당황하지 않고 자벌레를 꼭 끌어안은 채 배 꽁무니를 구부려 독침 주사를 여러 번 놓습니다. 몇 분간 사투를 벌인 끝에 어미 벌이 승리했습니다. 자벌레 몸에 독액이 퍼지자 움직임이 시나브로 줄어들더니 이내 죽

완성되기 전에 공격 당해 부서진 호리병벌 집

은 것처럼 꼼짝도 하지 않습니다.

알에서 깨어난 애벌레

어미가 알 낳은 지 열흘째, 마침내 항아리 집에 낳은 알에서 새끼 애벌레가 깨어납니다. 새끼는 어미 벌이 사냥해 둔 마취된 먹잇감을 배부르게 먹으며 자랍니다. 다행히 먹잇감인 자벌레가 마취에서 깨어나지 못해 몸부림치지 않으니 힘들이지 않고 밥을 먹을 수 있습니다. 그러다 겨울이 다가오면 다 자란 애벌레 모습으로 흙 항아리 집에서 겨울잠을 잡니다.

추운 겨울이 지나고 봄이 찾아왔습니다. 따스한 햇살이 땅에 내려앉자 흙 항아리 집에서 겨울잠을 쿨쿨 자던 호리병벌 애벌레가 긴 잠에서 깨어납니다. 애벌레는 흙 항아리 집에서 번데기로 탈바꿈한 다음 늦봄에서 여름 들머리 사이에 어른 호리병벌로 날개돋이합니다. 호리병벌 2세대는 조상이 물려준 전통대로 또 흙 항아리 집을 빚고 알을 낳으며 대를 이어갑니다.

기생파리에게 기생 당한 호리병벌 집

땅굴 파기 명수

홍다리조롱박벌

홍다리조롱박벌

홍다리조롱박벌 어미 벌이 베짱이를 잡아 굴로 데려가고 있습니다.

7월 끝자락, 여름이 최고 절정으로 치닫습니다.
영월에 여름 곤충을 관찰하러 왔습니다.
뜨거운 바람이 불어와 조금만 움직여도 땀이 송골송골 맺힙니다.
너무 더워 땀을 식힐 겸 늦은 점심을 먹을 겸 밥집을 찾습니다.
주차장에 차를 대고 잔디밭을 가로질러 밥집을 가려는데
잔디밭에서 까만색 벌이 엄청 빠른 뒷발질로
모래흙을 파헤치며 땅굴을 파고 있습니다.
'혹시 조롱박벌?'
본능적으로 촉이 와 쪼그리고 앉아 들여다봅니다.
과연 땅 파는 솜씨가 예사롭지 않습니다.
얼마나 빨리 다리를 움직이며 파는지
오토매틱 기계를 달아 놓은 것 같습니다.
작업한 지 오래되었는지 한참 전에 파낸 아래쪽 모래흙은 말랐고,
지금 파내고 있는 맨 위쪽 모래흙은 살짝 젖어 있습니다.
공사 중인 녀석 다리가 빨간 걸 보니 홍다리조롱박벌이군요.
땅굴 집 건축가를 사람 사는 집 둘레 잔디밭에서 만나다니!
더운 것도 배고픈 것도 잊은 채
홍다리조롱박벌을 뚫어져라 바라봅니다.

잔디

이 꼭지는 벌목 구멍벌과 종인 홍다리조롱박벌(*Isodontia harmandi*) 이야기입니다.

다리가 빨간 홍다리조롱박벌

점심을 거르고 땀으로 목욕을 하며 잔디밭에 퍼질러 앉아 땅굴 파기에 진심인 홍다리조롱박벌을 뚫어져라 쳐다봅니다. 홍다리조롱박벌은 몸길이가 22~30밀리미터쯤 됩니다. 몸집이 큰 편이어서 맨눈에도 잘 보입니다. 온몸은 까만색인데, 가운뎃다리와 뒷다리 넓적다리마디와 종아리마디가 붉은색을 띱니다. 날개는 투명하고 밤빛이 도는 검은색인데, 배 꽁무니 쪽으로 가면서 살짝 보랏빛을 띱니다. 더듬이는 채찍처럼 길쭉하고, 겹눈도 큰 편입니다.

홍다리조롱박벌은 벌목 가문에 구멍벌과 집안 구멍벌아과 식구입니다. 우리나라에 사는 구멍벌아과 벌은 모두 6종으로 무리를 짓지 않고 혼자 삽니다. 7월부터 9월 사이에 많이 보입니다. 한살이는 한 해에 한 번 돌아가고, 애벌레 모습으로 겨울을 납니다. 어른벌레로 날개돋이해서 한살이가 시작되는 때는 5월입니다.

홍다리조롱박벌

이름 유래를 보면, 배 생김새가 마치 조롱박처럼 생긴 데다 다리가 붉은색이니 '홍다리조롱박벌'이라는 이름이 붙은 것으로 여겨집니다. 특이하게 홍다리조롱박벌은 나나니처럼 집을 짓거나 땅굴 입구를 모래로 막을 때 '지지지' 소리를 냅니다. 홍다리조롱박벌은 육아 곤충이라 땅굴을 파서 새끼가 자랄 육아 방을 만듭니다. 그런 뒤 새끼가 먹을 여치류나 가끔 메뚜기류를 사냥해 와서 육아 방에 밥상을 차려 놓고 땅굴 입구를 막아 버립니다. 아무런 도구 없이 주둥이 큰턱과 다리로 땅굴 파는 공사를 하는 데 5시간 넘게 걸립니다.

홍다리조롱박벌은 우리 둘레에서 이따금 만날 수 있는 땅굴 파기 전문가 벌입니다. 그늘진 마당이나 잔디처럼 키 작은 풀이 자라는 벌판 같은 곳에서 땅굴 공사를 합니다. 녀석들이 집 짓기 좋아할 만한 곳은 거의 사람들이 개발해서 논밭을 만들거나 집터로 쓰기 때문에 홍다리조롱박벌이 살 보금자리가 시나브로 사라지고 있습니다.

물이 잘 빠지는 땅이 명당

뜨거운 바람이 불 만큼 무더운 여름 한낮에 홍다리조롱박벌은 쉬지 않고 땅굴을 팝니다. 다행히 영월은 석회암이 많은 곳이라 땅이 부드러워 흙을 파내기 쉽습니다. 또 흙 속에는 돌멩이가 많이

홍다리조롱박벌이 잔디밭에 땅굴을 파기 시작했다.

섞여 있는 데다 흙 알갱이가 모래알처럼 굵고 거칠어 물이 잘 빠집니다. 이런 땅이 홍다리조롱박벌이 땅굴을 파는 데 가장 좋은 명당입니다.

홍다리조롱박벌은 암컷인 어미 벌만 땅굴을 팝니다. 수컷은 짝짓기만 할 뿐 육아에는 전혀 참여하지 않습니다. 어미 벌은 '잉잉잉' 소리를 내면서 똑같은 행동을 되풀이하며 땅굴을 팝니다. 가운뎃다리와 뒷다리로 중심을 잡은 뒤 앞다리를 빠르게 뒷발질하면서 땅굴을 파고들어 갑니다. 뒷발길질하는 속도는 엄청 빨라서 마치 자동 장치가 달린 기계 같습니다. 특이하게 녀석이 파낸 흙은 땅굴 입구에 소복이 쌓여 있습니다. 파낸 흙에는 자그마한 돌멩이가 섞여 있어 딱 봐도 끈적끈적한 점성이 없이 포슬포슬해 보입니다. 나나니는 땅굴 파낸 흙을 물어다 멀리 내다 버리는데, 성격 좋은 홍다리조롱박벌은 바로 땅굴 앞에 그대로 둡니다. 쌓인 흙은 어미 벌이 노동한 시간을 말해 줍니다. 바싹 마른 맨 아래쪽 흙은 한참 전에 파낸 것일 테고, 살짝 젖은 듯 촉촉한 맨 위쪽 흙은 방금 파낸 것입니다.

어미 벌은 8센티미터쯤 되는 곳까지는 비스듬히 파고 내려가다가, 바로 직각으로 꺾어 옆으로 파고 들어갑니다. 그 까닭은 빗물이 스며드는 걸 최대한 막고 새끼가 안전하게 자라게 하기 위해서입니다. 물론 이런 모양으로 땅굴을 파려면 몇 시간이 걸리는 대공사입니다.

철저한
문단속

오전부터 시작한 땅굴 공사가 어느 정도 마무리되어 갑니다. 땅굴 앞에 흙더미가 모래 한 삽을 떠다 놓은 것처럼 수북하게 쌓였습니다. 촘촘한 잔디 사이로 허연 흙더미가 훤히 드러날 만큼 보입니다. 몸길이가 2센티미터 남짓한 벌이 파내기에는 참 많은 양입니다. 마침내 어미 벌이 땅굴 공사를 멈추고 땅굴 밖으로 나옵니다. 굴 바깥에서는 안 보이지만 아마 땅굴 속에 육아 방이 완성되었을 것입니다. 그런데 어미 벌이 갑자기 뻥 뚫린 땅굴 입구를 도로 메우기 시작합니다. 다행히 땅굴 공사할 때 파낸 흙이 굴 입구에 있어 입구 막는 일은 아주 쉽습니다. 그저 소복이 쌓인 흙을 다리로 뒷발질해서 입구를 막으면 되니까요.

어미 벌이 땅굴 입구를 다시 막는 까닭은 단순합니다. 나들이 가기 위해서입니다. 나들이는 왜 할까요? 놀러 가는 것이 아니라 사냥하러 가는 것입니다. 앞으로 태어날 새끼가 먹을 음식을 구하러 풀밭으로 나갑니다. 외출할 때 땅굴을 막아 놓지 않으면 다른 홍다리조롱박벌이 기껏 힘들여 지은 육아 방을 빼앗을 수 있고, 기생파리 같은 기생 곤충들이 얌체처럼 몰래 땅굴 속에 새끼나 알을 낳을 수 있습니다. 만일 기생 곤충에게 당하거나 다른 경쟁자에게 집을 빼앗기면 대 잇기 전략에 치명타를 맞습니다. 따라서 어떤 경우든 열이면 열 멀리 갈 때는 반드시 문단속을 해야 합니다.

홍다리조롱박벌이 땅굴을 다 판 뒤 입구를 막고 있다.

여치 사냥

문단속한 뒤 땅굴을 떠나 어미 벌이 서둘러 날아간 곳은 풀밭입니다. 어미 벌은 풀밭에서 새끼가 먹을 밥을 사냥합니다. 어미 벌은 먹잇감을 고르는 취향이 뚜렷합니다. 아무 곤충이나 사냥하는 게 아니라 반드시 메뚜기목 곤충만 골라 사냥합니다. 특히 베짱이, 쌕쌔기, 여치, 매부리 같은 여치아목 곤충만 타깃으로 삼습니다. 어미가 가진 이런 별난 사냥 특성 때문에 새끼들은 자연스레 한평생 여치류를 먹을 수 밖에 없습니다. 그래서 새끼들이 울며 겨자 먹기처럼 가장 좋아하는 음식은 여치류입니다. 다행히 이곳 영월 시골 마을은 오염되지 않은 맑고 깨끗한 곳이라 풀밭을 조금만 걸어도 여기저기에서 툭툭 튈 만큼 메뚜기류와 여치류들이 많이 삽니다.

홍다리조롱박벌 어미 벌은 더듬이를 휘휘 저으며 풀밭 속에 있

홍다리조롱박벌이 사냥한 베짱이를 옮기고 있다.

을 먹잇감을 찾습니다. 낮에 돌아다니는 주행성이라 눈도 밝지만 냄새는 더 잘 맡아 보호색을 띠고 있는 먹잇감을 찾는 데 결정적인 역할을 합니다. 마침 베짱이 애벌레가 여섯 다리로 풀잎을 꼭 붙들고 숨어 있습니다. 이를 그냥 지나칠 어미 벌이 아닙니다. 어린 베짱이에게서 풍겨 나오는 희미한 냄새를 맡은 어미 벌은 득달같이 달려들어 베짱이 애벌레를 큰턱으로 꽉 물어 제압합니다. 그러고는 다리로 껴안듯 붙잡은 채 베짱이 몸 위에 올라탑니다. 이어 조롱박 같은 배를 구부린 뒤 배 꽁무니에 있는 독침으로 베짱이 몸을 푹푹 찌릅니다. 독침 주사 몇 방에 베짱이 애벌레 몸속으로 독이 퍼져 나갑니다. 베짱이 애벌레는 발버둥 한 번 제대로 못 쳐 보고 서서히 죽은 듯 늘어집니다. 베짱이 입장에서는 그야말로 마른 하늘에 날벼락 치는 꼴입니다. 독이 몸에 퍼졌다 해도 베짱이 애벌레는 여전히 살아 있습니다. 몸에 퍼진 신경들만 마비되었을 뿐 물질대사는 여전히 일어나 목숨은 끊어지지 않습니다. 어미 벌은 베짱이의 이런 생물학적 속성을 잘 꿰고 있어 사냥한 즉시 독침으로 마취를 시키는 것입니다. 결국 자식 사랑꾼인 어미 벌은 죽은 고기를 안 먹고 살아 있는 신선한 고기만 골라 먹는 새끼를 위해 사냥꾼 노릇뿐 아니라 마취 전문가 일까지 척척 다 해냅니다.

사냥에 성공했으니 이제 옮길 차례입니다. 그런데 제 몸 크기와 비슷한 사냥감을 옮기는 일은 결코 쉽지 않습니다. 그래도 일단 시도해 봅니다. 어미 벌은 베짱이 몸을 큰턱으로 물고 다리로 감싸 안으며 날아오릅니다. 역시 힘에 부칩니다. 사냥감이 무거운 데다 부피까지 커서 얼마 날지 못하고 잔디밭 위에 내려앉습니다. 그래도 여전히 사냥감은 꼭 끌어안고 있습니다. 할 수 없습니다. 마음

같아서는 한 번에 휘리릭 날아서 옮기면 좋으련만, 너무 무거우니 조금 날다 쉬고 조금 날다 쉬며 옮기기로 마음먹습니다. 힘에 부치면 이따금 걸어서 사냥감을 끌고 가기도 합니다. 하지만 잔디밭이라 사냥감이 풀에 턱턱 걸리는 바람에 운반이 더디고 애를 먹습니다. 특이하게 베짱이를 옮길 때 어미 벌은 반드시 큰턱으로 가늘고 기다란 베짱이 더듬이를 꽉 문 채 여섯 다리로 몸통을 끌어안듯 꽉 껴안습니다. 더듬이를 물고 옮겨야 공기 저항을 덜 받기 때문입니다. 이런 유별난 행동은 오랜 기간 조상 대대로 터득한 본능일 것입니다.

문밖에 놓아둔 먹잇감

어미 벌은 '산 넘고 물 건너' 힘들게 사냥감인 베짱이 애벌레를 땅굴 입구까지 데려왔습니다. 잔디밭이라 어디로 가야 할지 알려주는 표지판도 없을 텐데 자기가 하루 종일 일했던 땅굴 집 공사장으로 용케도 잘 찾아 왔습니다. 그런데 무슨 일인지 홍다리조롱박벌 어미 벌은 곧바로 땅굴 집 속으로 안 들어가고 사냥감을 땅굴 입구에 눕혀 놓습니다. 아까 땅굴 입구를 흙으로 막아 놨기 때문입니다. 어미 벌은 베짱이 애벌레를 집 문밖에 놔둔 채 입구 흙을 파냅니다. 한참 걸려 흙을 파내니 땅굴 입구가 다시 열립니다. 이제 어미 벌은 주저 없이 땅굴 안으로 들어갔다 나왔다 되풀이하며 집

안을 살펴봅니다. 그때마다 수시로 문밖에 누워 있는 사냥감을 어루만지듯 건드리기를 되풀이합니다.

그때 음흉한 기생 곤충들이 베짱이 냄새를 귀신같이 맡고 찾아옵니다. 기생 곤충은 다름 아닌 개미와 기생파리입니다. 기생파리는 땅굴에서 멀찌감치 떨어져 마른 풀 줄기 위에 앉아 호시탐탐 베짱이를 노리고 있습니다. 어미 벌이 땅굴로 들어간 틈을 타 문밖에 놓여 있는 베짱이 몸에 새끼를 낳을 작정입니다. 놀랍게도 기생파리는 알을 낳지 않고 자기 몸속에서 깨어난 새끼를 베짱이 몸에 낳습니다. 그러면 뒤늦게 알에서 깨어나는 홍다리조롱박벌 애벌레보다 훨씬 먼저 먹잇감인 베짱이를 독차지할 수 있습니다. 만일 얌체 같은 기생파리가 노리는 각본대로 된다면, 홍다리조롱박벌 어미 벌이 쏟은 피땀 어린 육아 노력은 도로 아미타불이 되고, 홍다리조롱박벌이 애써 잡아 온 먹잇감에서는 기생파리 자손이 자랍니다. 그러고 보니 기생파리는 곤충 세계에서 뻐꾸기인 셈입니다.

개미 또한 쫄쫄쫄 빠른 걸음으로 걸어와 베짱이 몸을 겁없이 오르내립니다. 제 몸보다 몇십 배 큰 베짱이 몸 위를 마치 등산이라도 하듯 올라갔다 내려갔다 하며 얼마나 큰지 살핍니다. 개미가 꿈꾸는 각본은 사냥감이 마음에 들면 집합페로몬을 풍겨 동료 개미들을 불러 모으는 것입니다. 수십 마리 개미가 떼로 몰려들면 홍다리조롱박벌이 꿈꾸는 번식 전략은 실패로 끝날 것입니다.

바로 그때 홍다리조롱박벌 어미 벌이 땅굴 밖으로 나와 베짱이를 굴속으로 서둘러 끌고 갑니다. 홍다리조롱박벌은 땅굴 속 육아방에 마취된 베짱이 애벌레를 눕혀 놓고 알을 낳습니다. 홍다리조롱박벌 삶에서 가장 큰 임무를 훌륭하게 마무리하는 순간입니다.

기생파리가 홍다리조롱박벌이 사냥한 베짱이를 노리고 앉아 있다.

이쯤 되면 기생파리가 꿈꾼 꼼수 기생 전략도, 개미가 노린 원대한 기생 전략도 각본대로 이뤄지지 않고 실패로 끝났습니다. 이들끼리 서로 밀고 당기는 관계를 보면서 시작과 끝이 서로 맞물려 하나이듯이 성공과 실패도 한 끗 차이라는 걸 새삼 느낍니다.

알을 낳은 홍다리조롱박벌 어미 벌은 땅굴을 나와 마지막 남은 공사를 합니다. 문밖에 쌓인 흙을 다시 긁어 새끼 보금자리인 땅굴 입구를 막습니다. 흙을 뒷발질로 헤쳐 뿌리고, 돌멩이를 물어다 넣고, 흙을 다리로 밟아 다지면서 입구를 꼼꼼하게 틀어막습니다. 이만큼 했으니 이제 조상 볼 낯이 생겼습니다. 이제 어미 벌은 느긋하게 새끼 보금자리인 땅굴을 떠나 또 다른 곳으로 땅굴 집을 지으러 날아갑니다.

모래 더미에 날아온 홍배조롱박벌

겨울이 시작할 무렵이면 마을에서 이곳 연구소와 맞닿은 길에 눈이 올 때 뿌릴 모래를 쌓아 둡니다. 추운 곳이라 눈이 내리면 도로가 어는 날이 많은 곳이라 그렇습니다. 6월 중순 어느 날, 지난겨울 쌓아 둔 그 모래 더미에 홍배조롱박벌이 날아왔습니다. 어미 벌과 수벌이 제각각 날아와 자동차 높이만큼 쌓인 모래 더미 위를 오르락내리락합니다. 어미 벌은 땅굴을 파려고 집터를 둘러보고 있고, 수벌은 그런 어미 벌과 짝짓기를 해 볼까 싶어 둘레를 어슬렁

개미가 홍다리조롱박벌이 사냥한 베짱이를 노리고 있다.

거리며 기회를 엿봅니다. 특이하게 홍배조롱박벌은 어미 벌인 암컷과 수벌 몸 색깔이 다릅니다. 이름처럼 어미 벌은 온몸이 까만데 배만 빨갛습니다. 반면에 수벌은 온몸 전체가 까만색이라 자칫하면 다른 종으로 착각하기 쉽습니다.

홍배조롱박벌이 집을 짓는 모래 더미

어미 벌이 모래 더미에 땅굴 집을 짓기로 마음을 먹었습니다. 머리를 땅에 대고 앉아 흙을 파내기 시작합니다. 다행히 모래와 작은 돌멩이들이 섞여 있어 땅 파기에 아주 좋습니다. 땅 파는 모습을 자세히 들여다보니 가운뎃다리와 뒷다리로는 땅을 단단히 짚고, 앞다리만 뒷발길질하며 흙을 파 배 꽁무니 뒤쪽으로 흩뿌립니다. 마치 닭이 모이를 헤치는 것 같습니다. 뜨거운 햇볕을 오롯이 받으며 땅을 파고 또 팝니다. 가끔 자동차가 지나가면 훌쩍 날아 도망갔다가 모래 더미로 도로 날아오지만 이미 땅을 파던 곳을 포기하고 다른 곳으로 옮겨 흙을 팝니다. 그러니 부지런히 굴 파는 작업을 하지만 완공까지는 너무도 더딥니다. 오전 10시쯤부터 시작한 공사가 오후 1시쯤에 드디어 끝났습니다. 높이 쌓인 모래 더미에 공사를 하다 보니 땅굴 입구가 바닥에 난 게 아니라 흙더미 옆구리에 났습니다. 다행히 모래 더미 옆구리 쪽에 땅굴 출입구가 있으니 비가 와도 빗물이 들이치지 않아 좋습니다.

서둘러 어미 벌은 돌멩이를 물어다 출입구를 막고, 출입구에 쌓인 모래를 다리로 긁어 뿌리며 출입구를 덮습니다. 그리고 연구소 마당으로 사냥감을 찾아 날아옵니다. 연구소 마당은 드넓지는 않지만 풀이 수북하게 자라 실베짱이, 검은다리실베짱이, 매부리, 날베짱이, 우리나라 고유종인 긴날개중베짱이 같은 여치류가 많이 삽니다. 어미 벌은 거뜬하게 실베짱이 애벌레를 사냥한 뒤, 무서운

모래 더미에 땅굴을 파고 있는 홍배조롱박벌 암컷

3025F
741
47
R10
위험

홍배조롱박벌 암컷

속도로 배를 둥글게 구부린 뒤 배 꽁무니에 있는 독침으로 사정없이 찌릅니다. 순식간에 실베짱이 애벌레는 마취되어 혼수상태에 빠집니다. 홍배조롱박벌 어미 벌은 하루아침에 제삿밥 신세가 된 가여운 실베짱이를 물고 모래 더미에 판 땅굴로 갑니다. 큰턱으로 더듬이를 움켜쥐고, 여섯 다리로 실베짱이 몸통을 꼭 끌어안고서는 늠름하게 휘익 날아갑니다. 먹잇감이 가벼워서인지 쉬지 않고 한 번에 옮깁니다.

땅굴 입구에 도착하자, 홍배조롱박벌 어미 벌은 실베짱이를 출입구 앞에 눕혀 놓고, 땅굴 안으로 들어가 육아 방을 살핍니다. 별 이상이 없는 걸 확인한 뒤에야 출입구에 놓인 실베짱이를 끌고 땅굴 속으로 들어갑니다. 그리고 육아 방에 먹잇감을 눕혀 놓은 뒤 알을 낳고 땅굴 밖으로 나옵니다. 그리고 정해진 매뉴얼대로 모래 흙으로 출입구를 막아 버립니다.

어미 벌은 거의 열흘 동안 모래 더미에서 땅굴을 파서 집을 5채 만들었습니다. 어미 벌이 출입구를 막은 지 열흘쯤 지나면 육아 방에 낳은 알에서 애벌레가 깨어납니다. 애벌레는 어미 벌이 방바닥에 차려 놓은 실베짱이 밥을 먹으면서 무럭무럭 자랄 것입니다.

홍배조롱박벌 수컷

지~지~지~ 우는

큰애기나나니

꼬마나나니

꼬마나나니가 꽃봉오리를 주둥이로 꼭 물고서 잠을 자고 있습니다.

5월도 중순으로 접어듭니다.

강원도 강릉 근처에 있는 바닷가 모래 둔덕에 왔습니다.

해를 더할수록 심각하게 무너지고 망가져 가는

동해안 모래 둔덕에 올 때마다 가슴이 먹먹합니다.

바닷가 경계를 위해 세운 콘크리트 시설물이 모래밭에 나뒹굴고,

바닷가 도로는 깎이고 무너져 더 이상 기능을 잃은 채 흉물로 바뀌었고,

다양한 생물들이 사는 보물 창고인 모래 언덕은 군데군데 무너져 버려

더 이상 모래 둔덕 구실을 못합니다. 어쩌다 이렇게 되었을까?

슬금슬금 사라지는 바닷가 모래 둔덕을 이제는 지킬 방법을 마련해야 할 텐데…….

쓰린 마음을 다잡고 그나마 남아 명맥을 잇고 있는,

망가져 가는 모래 둔덕을 찾아갑니다.

바닷가 모래밭에는 갯메꽃과 통보리사초 같은

모래밭에서 자라는 식물이 군데군데 자라고 있지만

서서히 땅으로 바뀌면서 잔디와 쑥 같은 식물이 자리 잡고 있습니다.

그 식물들 틈에 벌 몇 마리가 걷고 나느라 부산합니다.

언뜻 봐도 '개미허리'는 저리 가라 할 만큼 늘씬하고 허리가 매우 가늡니다.

잠시 모래밭에 앉아 있는 녀석을 요모조모 살펴봅니다.

흔히 볼 수 없는 벌, 큰애기나나니입니다.

통보리사초

이 꼭지는 벌목 구멍벌과 종인 큰애기나나니(*Podalonia affinis*) 이야기입니다.

보기 드문
큰애기나나니

큰애기나나니는 암컷과 수컷 생김새가 조금 다릅니다. 우선 암컷을 살펴볼까요? 암컷은 몸길이가 19밀리미터쯤 됩니다. 몸매는 매우 가늘고 늘씬하고, 머리는 작습니다. 허리는 개미처럼 비현실적으로 잘록해서 때때로 사람들의 부러움을 삽니다. 온몸은 까맣고, 2번째 배마디와 3번째 배마디 삼분의 이가 짙은 주황색입니다. 날개는 밤색을 띱니다. 더듬이는 채찍처럼 길쭉하면서 굵고, 다리도 길쭉합니다. 머리와 앞가슴에는 매우 짧고 자잘한 털이 나 있습니다. 반면에 수컷은 몸길이가 17밀리미터쯤 되어서 암컷보다 좀 작습니다. 몸매는 암컷보다 더 가늘어서 살짝 왜소해 보입니다. 2번째 배마디와 3번째 배마디 삼분의 이는 노란빛이 도는 주황색을 띱니다. 머리와 앞가슴에는 긴 털들이 수북하게 나 있습니다.

큰애기나나니는 족보상 벌목 가문에 꿀벌상과 구멍벌과 집안의

큰애기나나니 암컷

나나니아과(亞科) 식구입니다. 우리나라에는 나나니아과 벌이 모두 7종 살아서 수가 조금 적습니다. 나나니아과 곤충이 가진 가장 큰 특징은 첫 번째와 두 번째 배마디가 철사처럼 가늘고 길어 '개미허리'처럼 잘록하다는 점입니다. 우리 둘레에서 가장 흔히 만나는 녀석은 '나나니'로 큰애기나나니보다 몸길이가 더 길고 첫 번째와 두 번째 배마디가 훨씬 가늘어서 엄청 늘씬해 보입니다.

어쩌다 '나나니'라는 이름이 붙었는지 궁금하지만, 정확한 유래는 알 수 없습니다. 다만 나나니가 땅굴을 파거나 땅굴 입구를 돌멩이나 모래로 막을 때 '지~지~지~' 소리를 초조하게 냅니다. 옛 어른들은 이 소리를 '나나니 나나니 나나니'로 들어 녀석 이름을 나나니로 불렀다는 소문이 있지만 확실치 않습니다.

땅굴 파고 알 낳는 큰애기나나니

큰애기나나니는 5월에서 10월까지 나와 돌아다닙니다. 겨울잠은 애벌레 모습으로 잡니다. 한살이는 한 해에 한 번 돌아가는데, 어른벌레로 한살이가 시작되는 때는 5월입니다. 큰애기나나니는 일가친척 없이 혼자서 모든 일을 척척 해내며 살아가는 단독 벌입니다. 새끼 사랑이 지극해서 새끼가 자랄 방을 만들기 위해 손수 땅굴을 팝니다. 땅굴에다 육아 방을 만든 뒤 새끼가 먹을 밥인 신선한 나방 애벌레를 사냥해 넣어 두고 땅굴 입구를 막습니다. 다리로 땅굴을 파 방 한 칸 만드는 데 걸리는 시간은 짧게는 네다섯 시간, 길게는 오전부터 오후까지 하루 종일입니다. 아무리 못 되어도 최소한 한나절 걸립니다. 그러니 땡볕 아래에서 땅굴 집 한 채 짓는 데 얼마나 강인한 체력과 인내심이 필요할지 짐작이 갑니다. 이제부터 설계도와 육아 지침서 하나 없이 어미 벌이 어떻게 땅굴 속에 육아 방을 짓는지 살펴봅시다.

• 집터 고르기

봄 끝자락, 5월 말입니다. 하지가 다가오니 낮이 점점 길어져 해 뜨는 시간이 날마다 조금씩 빨라집니다. 오전 10시, 바닷가 모래 언덕에도 햇볕이 내리쬐니 금세 모래밭이 따뜻하게 데워집니다. 약속이나 한 것처럼 모래 속이나 덤불 속에서 밤을 지냈던 곤충들이 나와 하루를 시작합니다. 큰애기나나니도 햇볕이 땅을 데우면 일을 시작하기 때문에 이른 아침부터 나와 정적만 감도는 아침 모래밭을 돌아다닙니다. 땅굴 공사를 한낮에 끝내려면 오전 일찍부터 일을 시작해야 합니다. 그래야 먹잇감인 나방 애벌레를 손쉽게 사냥할 수 있습니다. 곤충들은 변온 동물이라 온도가 내려가는 이른 아침이나 늦은 오후에는 움직임이 뜸하기 때문에 사냥하는 데 차질이 생기기 때문입니다.

우선 땅굴 집을 짓기 전에 집터 고르는 일을 먼저 해야 합니다. 어미 벌은 식물 사이를 바지런히 걸어 다니며 명당자리를 찾습니다. 머리를 이리저리 움직이기도 하고, 엉덩이를 치켜든 채 머리를 땅에 대보기도 합니다. 더듬이를 이리저리 부산하게 흔들며 여기 갔다 저기 갔다 바쁩니다. 잠시 땅을 파는 시늉을 하다가 마음에 안 드는지 포기하고 다른 장소를 찾습니다. 어미 벌이 명당에 집착하는 까닭은 노동 시간을 줄이기 위해서입니다. 집 하나를 다 지으려면 몇 시간이 걸리는데, 혹시나 집터가 안 좋을 때는 중도에 포기하게 됩니다. 이때 엄청난 체력을 쏟아부었기 때문에 대 잇는 일

큰애기나나니가 집지을 곳을 찾아다니고 있다.

에 차질이 생길 수 있습니다. 한참 뒤 어미 벌이 다시 명당을 찾았습니다. 풀이 듬성듬성 자라고 있는 모래 언덕 안쪽 모래밭입니다. 풀이 있어 목숨앗이들 눈을 피할 수 있고, 모래가 알맞게 섞인 땅이니 땅굴 파기 좋습니다.

• 땅굴 파기 시작

어미 벌은 엉덩이를 들어 올리고 머리를 숙인 채 다리로 흙을 파헤치기 시작합니다. 마치 닭이 뒷발질로 흙을 헤치듯이 굉장히 빠른 발놀림으로 모래를 파냅니다. 움직임이 얼마나 빠른지 동영상을 2배 빨리 돌려보는 것 같습니다. 파고 또 파고, 파고 또 파고, 똑같은 동작으로 마치 강박증에 걸린 것으로 흙을 파내니 땅굴 모양이 생깁니다. 땅굴이 깊어질수록 어미 벌 몸은 굴속으로 들어가 배 꽁무니만 보이고, 땅굴이 더 깊어지면 아예 몸이 보이지 않습니다. 땅굴 속에서 이뤄지는 굴착 공사는 엄청 고난도 일입니다. 땅속에

큰애기나나니가 땅굴을 파고 있다.

구멍을 만들려면 흙을 밖으로 내보내야 하기 때문입니다. 그래서 어미 벌은 땅속에서 파낸 흙을 일일이 물어다 굴 밖으로 내다 버립니다. 땅을 파기도 힘든데, 파낸 흙을 내다 버리려면 시간과 노동력이 몇 배로 더 들어갑니다. 굵은 모래알을 뽑아낼 때는 '지~지~지~' 소리가 노동요처럼 요란하게 들립니다. 소중한 유전자를 남겨 대를 잇기 위해서는 그만한 일은 견뎌야 합니다.

• 공사 중 짝짓기

땅굴 공사를 시작한 지 벌써 2시간째입니다. 아직도 어미 벌은 흙 알갱이를 일일이 물어다 버리며 육아 방 공사를 진행 중입니다. 그때 수컷 등장! 가까운 어디엔가 있던 수컷이 어미 벌 냄새를 맡고 찾아와 공사 중인 어미 벌 곁을 얼쩡거립니다. 몸이 홀쭉하고 배에 난 띠무늬가 노란색인 걸 보니 수컷이 분명합니다. 흙 파는 일에 꽂힌 어미 벌은 수컷을 보는 둥 마는 둥 합니다. 하지만 어

큰애기나나니가 짝짓기하고 있다.

미 벌을 보자마자 첫눈에 반한 수컷은 흙 알갱이를 버리고 땅굴로 돌아오는 어미 벌을 다짜고짜 덮칩니다. 암컷 목덜미를 움켜쥐자 순간 공중을 날던 어미 벌과 수컷이 뒤엉켜 풀잎 위로 뚝 떨어집니다. 몇 초 동안 격렬한 격투기를 하듯 풀 위에서 나뒹굽니다. 순식간에 수컷은 큰턱으로 어미 벌 목덜미를 꽉 문 채 여섯 다리로 암컷 몸을 껴안습니다. 이어 배 꽁무니를 U턴하듯이 구부려 암컷 배 꽁무니에 집어넣습니다. 정말 속전속결입니다. 순식간에 짝짓기에 성공하자, 어미 벌과 수컷은 어엿한 부부가 됩니다. 배 꽁무니끼리 맞닿자 수컷은 배 꽁무니를 움찔움찔하면서 어미 벌에게 정자를 넘겨줍니다. 짝짓기 자세는 수컷이 어미 벌 등에 업힌 모양새입니다. 부부는 얌전하게 풀 줄기에 앉아 짝짓기 자세를 유지합니다. 엎어진 김에 쉬어 간다고 이때 어미 벌은 잠시 땅굴 파는 중노동에서 벗어나 한소끔 쉽니다. 그도 잠시, '찰칵, 찰칵' 신방을 엿보며 기념 촬영을 하자, 깜짝 놀란 부부가 겁먹고 움직입니다. 특히 예민한 어미 벌이 겁먹고 풀 줄기 뒤로 걸어가자 업혀 있던 수컷은 등에서 떨어지지 않으려 애를 쓰며 어미 벌을 힘주어 껴안습니다. 결국 부부는 모래밭에 떨어져 나뒹굴지만, 운 좋은 수컷은 떨어지지 않고 어미 벌 등에 무사히 업혀 있습니다. 허둥대는 큰애기나나니 모습에 너무 미안한 나머지 얼른 카메라를 거둡니다. 부부는 따뜻한 모래밭 위에 앉아 이십 분 동안 사랑을 나눕니다.

• 땅굴 막고 사냥하기

짝짓기를 마친 뒤 수컷은 멀리 날아가고, 어미 벌은 이내 싱숭생숭하게 흐트러진 마음을 추스르고 땅굴 공사장으로 돌아와 다시 일을 시작합니다. 여전히 좀 전에 했던 것처럼 순서 하나 바꾸지 않고 땅속에 굴을 파고, 파낸 흙을 날라다 멀리멀리 버립니다. 오전에 첫 공사를 시작한 지 서너 시간이 지났을 즈음, 드디어 육아방 공사가 끝났습니다. 어미 벌이 더 이상 땅굴에서 흙을 파내지 않습니다.

그런데 어미 벌이 이상한 행동을 합니다. 오전부터 몇 시간 동안 쉬지 않고 이제껏 파헤치던 땅굴을 서둘러 막기 시작합니다. 땅굴 옆에 있는 큰 돌멩이를 큰턱으로 물고 와 입구를 막습니다. 성에 안 찼는데 모래 알갱이며 지푸라기로 입구를 단단히 막습니다. 입구 막는 공사 또한 만만치 않아서 5분 넘게 걸립니다. 어미 벌은 왜 땅굴 입구를 막을까요? 사냥을 떠나기 위해서입니다. 앞으로 태어날 새끼가 먹을 먹잇감을 구하러 먼 길을 떠나는 것이지요. 조심성 많은 어미 벌은 몇 시간 노동 품과 시간 품을 들여 만든 땅굴 육아방에 혹시나 모를 목숨앗이가 들어오는 것을 막기 위해 임시로 입구를 막습니다. 일종의 안전 조치입니다. 피땀 흘려 만든 육아 방을 호시탐탐 노리는 목숨앗이는 곳곳에 있습니다. 그러니 사냥을 나간 사이 문단속을 철저히 하는 것입니다.

• 건축가에서 사냥꾼으로

모래 풀밭으로 나온 어미 벌은 1퍼센트밖에 안 되는 가능성이라도 붙잡기 위해 망망대해처럼 넓은 풀밭을 날아다닙니다. 너무 넓어 도대체 먹잇감이 어디 있는지 알 수 없습니다. 어미 벌이 목표로 삼은 먹잇감은 나방과 나비 같은 나비목 애벌레입니다. 왜 어미 벌은 집을 짓는 도중에 사냥을 할까요? 배가 고파서 그럴까요? 아닙니다. 앞으로 태어날 새끼를 키우기 위해서 사냥합니다. 정작 어미 벌 자신은 채식주의자라 여러 식물에서 꽃꿀을 먹습니다. 그런데 새끼는 육식주의자라 꼭 고기를 먹어야 합니다. 그것도 죽은 고기가 아닌 살아 있어 신선한 고기만을, 게다가 나비목 애벌레만 골라 먹습니다. 지독한 편식쟁이지요. 어미 벌은 알을 낳은 뒤 자식을 돌보지 못하고 죽기 때문에, 새끼가 먹고 자랄 먹을거리를 땅굴 속 육아 방에 놓아둡니다.

어미 벌은 풀밭 위를 낮게 낮게 날면서 애벌레를 찾습니다. 최근 들어 환경이 파괴되고, 기후 온난화까지 겹쳐 곤충들이 가파르게 사라지고 있습니다. 그러니 큰애기나나니 어미 벌이 벌이는 사냥에 비상이 걸렸지만, 대를 이으려면 갖은 어려움을 이겨 내고 먹잇감을 찾아야 합니다. 땅에 내려앉아 풀뿌리 둘레도 살펴보고, 땅바닥을 더듬이로 두들겨 보고, 똥 마려운 강아지마냥 이리저리 헤맵니다. 이때 더듬이와 털 같은 감각 기관이 큰 역할을 합니다. 사람으로 치면 코 노릇을 하는 더듬이는 냄새, 온도, 습도 같은 둘레 환경 정보를 잘 알아차리는데, 그 가운데 으뜸은 냄새를 잘 맡습니다. 모든 생명체는 물질대사를 통해 소화를 시킨 뒤 똥을 싸고, 심지어 독특한 자기 냄새를 풍깁니다. 어미 벌은 더듬이로 먹잇감 몸에서 나는 냄새나 똥 같은 물질에서 나는 냄새를 귀신같이 맡습니다. 물론 시각도 도움을 줄 테지만 후각 기능을 앞서지는 못합니다. 먹잇감에서 풍겨 나오는 희미한 냄새를 맡기 위해 어미 벌은 식물에 내려앉아 줄기나 잎 뒤에 숨어 있을 애벌레를 찾아다닙니다. 또한 풀뿌리 둘레에 앉아서 더듬이를 줄곧 이리저리 움직이고 톡톡 두들기며 땅속에 숨어 있을 거세미밤나방류 같은 나방 애벌레를 찾습니다. 밤에 나와 돌아다니는 야행성 나방 애벌레는 거의 밤에 식물 잎 위에 올라와 밥을 먹은 뒤, 낮에는 땅속으로 들어가 쉽니다. 그런 나방 습성을 어찌도 잘 아는지 어미 벌이 너무나도 똑똑해 보입니다.

뜻이 있으면 하늘이 돕습니다. 드디어 어미 벌이 풀뿌리 아래에서 나방 애벌레를 찾았습니다. 거세미밤나방류 애벌레라 몸집이 제 몸보다 더 큰 데다 아주 뚱뚱합니다. 사냥 본성이 발동한 어미 벌은 득달같이 거세미밤나방류 애벌레에게 달려들어 큰턱으로 머리를 꽉 뭅니다. 이어 여섯 다리로 애벌레를 껴안고 애벌레 몸 위에 올라탑니다. 갑작스런 공격에 놀란 애벌레는 날개가 없어 도망치지 못하고 몸만 격하게 흔듭니다. 그도 잠시 어미 벌은 잽싸게 애벌레를 움직이지 못하게 끌어안은 채 긴 배를 구부려 배 꽁무니에 있는 독침을 애벌레 몸에 푹 찌릅니다. 개미허리처럼 부드럽고 잘록한 허리 덕분에 배 꽁무니를 자유자재로 움직이며 독침 주사

큰애기나나니가 사냥한 나방 애벌레를 끌어오고 있다.

를 놓습니다. 독침 몇 방으로 애벌레는 마취되어 서서히 힘을 잃고 아무 저항 없이 늘어집니다. 이때 먹잇감인 애벌레는 마취만 되었을 뿐이지, 물질대사가 멈춘 것은 아닙니다. 즉, 죽지 않았으니 몸은 썩지 않고 신선하게 유지됩니다.

이제 어미 벌은 마취시킨 거세미밤나방류 애벌레를 큰턱으로 문 채 다리로 움켜쥐고 날아오릅니다. 역시 무겁습니다. 날다가 땅에 내려앉고 또 날다 땅에 내려앉습니다. 나중엔 힘에 부치는지 제대로 날지 못하고 먹잇감을 끌다시피 옮깁니다. 마음은 바쁜데, 몸이 따라주지를 않으니 아예 쉬엄쉬엄 땅굴 쪽으로 사냥감을 옮깁니다.

• 땅굴 속 육아 방에 먹잇감 넣기

드디어 어미 벌이 먹잇감을 물고 땅굴 입구에 도착했습니다. 어미 벌은 기막히게 자신이 막아 놨던 땅굴을 잘 찾습니다. 뇌 용량이 수천 배가 큰 사람조차 표시를 해 두지 않으면 찾을 수 없는데 말입니다. 어미 벌은 마취된 먹잇감을 땅굴 입구 옆에 잠깐 눕혀 놓습니다. 그러고는 임시로 막았던 땅굴 출입구를 엽니다. 큰턱으로 돌멩이를 물어다 버리고, 모래는 다리로 파냅니다. 입구가 뻥 뚫리자 어미 벌은 곧장 땅굴 속으로 들어갑니다. 들락날락하며 땅속 육아 방에 별 탈이 없는지 살피고 또 살핍니다. 또 밖에 나올 때마다 마취된 먹잇감에게 다가가 어루만지며 잘 있는지 확인하고 또 확인합니다.

모든 게 정상입니다. 만족한 어미 벌은 마취시킨 거세미밤나방류 애벌레를 끌고 땅굴 속으로 들어갑니다. 역시 먹잇감이 뚱뚱하고 커서 끌고 들어가는 게 고역입니다. 어미 벌은 혼자서 땅굴 속에 들어가 몸을 돌린 뒤 입구 쪽에 놓아둔 나방 애벌레를 끌어당깁니다. 이리저리 움직이며 끌어당기니 애벌레 몸이 땅굴 속으로 쑥 들어가 밖에서는 보이지 않습니다.

큰애기나나니가 나방 애벌레를 굴속으로 끌고 들어가려 애쓰고 있다.

어미 벌은 땅속 육아 방까지 먹잇감을 옮긴 뒤, 먹잇감 위에 알을 낳습니다. 알은 거의 한 개 낳습니다. 어미는 다시는 못 볼 자기 새끼를 방에 남겨 두고 홀연히 땅굴 밖으로 나옵니다. 이제 남은 마지막 작업은 땅굴 입구를 막는 일입니다. 어미 벌은 서둘러 알이 들어 있는 땅굴 입구를 막기 시작합니다. 우선 자기 몸만 한 돌멩이를 큰턱으로 물고 와서 구멍을 막고 그 돌을 발로 디디며 고릅니다. 이어 돌을 줄곧 날라 입구를 막습니다. 여러 번 왔다 갔다 오가며 부산하게 일을 합니다. 이따금 다리로 뒷발길질하며 모래흙을 구멍 속에 채웁니다. 어느 정도 입구가 메꿔지자, 여섯 다리로 입구를 디디며 꼼꼼하게 다집니다. 여기서 끝이 아닙니다. 마지막으로 풀밭에 떨어진 나무 부스러기와 가랑잎을 주워 와서 입구를 덮습니다. 이쯤이면 정말 감쪽같습니다. 어디가 육아 방이 있는 땅굴이고, 어디가 모래밭이고, 어디가 풀밭인지 알 수가 없습니다. 정말 입이 마르게 칭찬해도 모자라지 않는 어미 벌의 모성애입니다.

공사가 다 끝났습니다. 아침부터 오후까지 무려 5시간 걸린 대공사입니다. 어미 벌은 고단한 노동을 마치고 유유히 공사장을 떠납니다. 이제 다른 곳으로 옮겨 육아 방을 또 만들 것입니다. 큰애기나나니 어미 벌은 살아 있는 동안 육아 방을 10개쯤 만드니, 어미 벌이 낳은 자식은 10명쯤밖에 안 됩니다. 하지만 알은 적게 낳아도 안전한 육아 방을 만들기 때문에 자식 생존율을 따지면 알을 몇백 개씩 많이 낳고 그냥 떠나는 다른 곤충들과 비슷할 것입니다.

큰애기나나니가 먼저 굴에 들어가 나방 애벌레를 끌어당기고 있다.

꼬마나나니가 꽃봉오리를 주둥이로 물고 잠을 자고 있다.

풀밭에서 자는 어미 벌

늦은 오후, 어미 벌은 다시 육아 방을 지으려 명당을 찾고 있습니다. 육아 지침서에 적힌 매뉴얼처럼 어미 벌은 순서 하나 바꾸지 않고 정해진 순서대로 땅굴을 팝니다. 그러는 사이 뉘엿뉘엿 해가 집니다. 땅거미가 내려앉자 어미 벌은 고된 하루 노동을 마감하고 잠을 청합니다. 잠은 집도 절도 없이 들판에서 그냥 잡니다. 자신은 정작 땅굴 집을 멋지게 짓는 건축 대가지만, 자기를 위한 집은 하나도 없어 그저 풀 줄기나 꽃봉오리를 부여잡고 잠을 잡니다. 큰 턱으로 풀 줄기를 꽉 물고, 여섯 다리로 식물 줄기를 꽉 잡은 채 아침 햇살이 단잠을 깨울 때까지 잠을 잡니다. 내일 일은 내일 하면 되니 '노동 없는 세상'에서 편히 잠을 잡니다.

기생

때때로 어미 벌이 산 채로 기생당하는 경우도 있습니다. 어미 벌에 기생하는 놈이 누군지 정확하게 알 수는 없지만 선충류로 여겨집니다. 이 경우 몸은 마치 살아 있는 것처럼 멀쩡한데, 자세히 보면 배마디, 정수리, 가슴 같은 몸 곳곳에서 실 같은 게 나와 있습니다. 그 모습을 보면 조금 충격적입니다. 이렇게 어미 벌은 집도 절도 없이 들판에서 사니 늘 목숨이 위태로울 때가 많습니다.

꼬마나나니 몸에서 실처럼 생긴 선충류가 나오고 있다.

생태계는 끊임없이 먹고 먹히는 세계입니다. 큰애기나나니는 순진무구한 나방목 애벌레를 사냥하고, 그 사냥감을 기생파리가 훔칩니다. 훔친다 해서 몰래 가져가는 게 아니라 사냥감 위에다 자기 새끼를 낳습니다. 기생파리는 큰애기나나니 어미 벌이 사냥해 온 나방류 애벌레 냄새를 귀신처럼 맡고 졸졸 따라다닙니다. 찡찡거리며 먹잇감을 옮기는 어미 벌을 뒤쫓아 오기도 하고, 땅굴 입구에 먹잇감을 잠깐 눕혀 놓았을 때도 찾아옵니다. 어미 벌이 한눈팔기를 기다리다, 틈이 보이면 잽싸게 날아가 어미 벌이 어렵사리 사냥한 나방류 애벌레에 새끼를 낳습니다. 또 어미 벌이 땅굴을 틀어막기 전에 땅굴 입구에 새끼를 낳기도 합니다. 기생파리는 알이 아니라 알에서 나온 애벌레를 낳기 때문에 나중에 깨어날 나나니 애벌레보다 경쟁에서 더 앞섭니다.

알고 보면 큰애기나나니 삶도 쉽지 않고, 남의 힘을 빌어 자식을 키우는 선충류나 기생파리 같은 기생자들 삶도 만만치 않습니다. 분명한 것은 그들끼리 서로 얽힌 먹이망 관계가 생태계라는 커다란 바퀴를 돌리는 데 한몫을 한다는 것입니다.

5장

집 없이 떠도는 곤충

떠돌이 사냥꾼

왕주둥이노린재

왕주둥이노린재 어른벌레

왕주둥이노린재가 먹이를 찾아 돌아다니다가
잠시 풀잎 위에 앉아 있습니다.

6월 초, 강원도 춘천 어느 맑고 깨끗한 마을에 왔습니다.
짧았던 봄은 뒷문으로 소리 없이 물러나고
싱그러운 초여름이 앞 문턱을 넘었습니다.
나즈막한 산속 짙은 풀빛 숲길에는 잎 향기가 가득합니다.
풀 내음 가득한 숲길을 걸으며 이맘때 나오는 곤충을 찾느라
두 눈은 분주히 움직입니다.
그때 산괴불주머니 잎사귀 위에
어른 손톱만 한 '보석' 곤충이 앉아 있습니다.
눈이 번쩍 뜨여 살금살금 다가가 보니
방패연처럼 넙데데한 노린재입니다.
딱 봐도 보석 같은 광택이 나는 게 예사롭지 않습니다.
마치 여러 보석을 곱게 빻아 만든 가루를
온몸에 뿌린 것처럼 아름답습니다.
불청객 방문이 못내 못마땅한지 잎사귀 뒤로 도망치자
묵직한 무게에 못 이긴 풀잎이 휘청거립니다.
누굴까요?
떠돌이 사냥꾼, 왕주둥이노린재입니다.

산괴불주머니

이 꼭지는 노린재목 노린재과 종인 왕주둥이노린재(*Dinorhynchus dybowskyi*) 이야기입니다.

몸이 큰
왕주둥이노린재

몸빛이 아름다워서 한 번만 봐도 감탄하는 왕주둥이노린재는 건드리면 고약한 냄새를 풍기는 곤충입니다. 왕주둥이노린재 족보는 노린재목 가문에 노린재과 집안 주둥이노린재아과 식구입니다. 노린재목을 대표하는 노린재과 집안은 대개 몸매가 방패연처럼 넓적합니다. 우리나라에 사는 노린재과 곤충은 노린재아과, 주둥이노린재아과, 억새노린재아과, 홍줄노린재아과 이렇게 4개 아과로 나뉩니다. 지금까지 알려진 식구 수는 모두 71종입니다. 거의 모두 식물 즙을 빨아 먹는 초식성 곤충이지만 주둥이노린재아과를 포함한 몇몇 종은 힘없는 곤충을 잡아먹는 육식성입니다. 그 가운데 왕주둥이노린재는 육식성이라 우악스럽게 발달한 주둥이를 가졌고

왕주둥이노린재 어른벌레

몸집이 큰 헤비급이라 이름에 '왕'과 '주둥이'가 들어갔습니다.

마침 풀잎 위에 한가롭게 앉아 해바라기를 즐기는 왕주둥이노린재를 꼼꼼히 들여다봅니다. 몸길이는 23밀리미터쯤 되어서 노린재 세계에서는 몸집이 큰 헤비급에 들어갑니다. 몸매는 넓적하고, 몸통에는 털 하나 없이 매끈합니다. 살갗에는 섬세하게 조각한 것처럼 자그마한 홈들이 자잘하게 파여 있어 공예 작품을 보는 것 같습니다. 얼굴은 앞을 향하고 있고, 더듬이는 가느다란 실처럼 길쭉하고 5마디로 이루어져 있습니다. 주둥이는 두툼한 못같이 굵고 길고 뾰족한데, 밥을 먹지 않을 때는 머리와 가슴 사이 파인 홈 속에 넣어 두고 있어서 잘 보이지 않습니다.

특이하게 앞가슴등판 양쪽 옆에는 가시 같은 돌기가 뾰족하게 튀어나왔고, 작은방패판은 혓바닥처럼 길게 늘어났습니다. 몸 색깔은 얼마나 현란한지 눈부십니다. 온몸은 풀색을 띠지만 밤색, 붉

왕주둥이노린재 몸 아래로 두툼한 주둥이가 보인다.

은색, 파란색 같은 여러 가지 색들이 오묘하게 뒤섞여 뭐라 표현할 수 없을 만큼 아름답습니다. 더구나 보석 가루를 뒤집어쓴 것처럼 반짝반짝 빛이 나서 화려함의 끝을 달립니다. 1,400년 전쯤 신라 시대 무덤에 왕과 함께 묻었던 비단벌레에 결코 뒤지지 않는 미모입니다.

이런 미모와 달리 왕주둥이노린재는 평생을 떠돌며 삽니다. 집 짓는 수고 따위는 하지 않고 그저 장돌뱅이처럼 풀밭이나 숲 언저리를 돌아다니며 사냥을 합니다. 집도 절도 없으니 낮이나 밤이나 풀잎이나 나뭇잎 위처럼 우연히 자리 잡은 곳에서 머뭅니다.

나비와 나방 애벌레 전문 사냥꾼

6월 초, 산길 옆으로 삐죽 나온 팽나무 잎사귀에 뿔나비 번데기들이 여럿 붙어 있습니다. 마침 왕주둥이노린재 5령(종령) 애벌레가 쫄쫄쫄 걸어 다니며 먹잇감을 찾다 뿔나비 번데기와 딱 마주쳤습니다. 왕주둥이노린재는 예상치 못한 번데기 사냥감을 마주하고 몹시 흥분한 듯 움직임이 빨라집니다. 한 발짝도 움직이지 못하는 번데기 사냥은 누워서 떡 먹기나 마찬가지입니다. 그럼에도 왕주둥이노린재는 진지하게 다가가 여섯 다리로 번데기를 껴안듯 잡습니다. 잎사귀에 매달려 있어 오도 가도 못하는 번데기는 저승사자가 자신을 껴안은 걸 알아차리지만 거세게 저항할 수 없는 신세입니다. 도망갈 다리도 날개도 없기 때문입니다. 그저 몸뚱이만 진저리 치듯 꿈틀거릴 뿐 저승사자 손아귀를 벗어나기는 역부족입니다. 왕주둥이노린재는 숨을 가다듬고 번데기를 요리조리 쳐다보며 침처럼 뾰족한 주둥이를 꺼내 정조준합니다. 긴장감이 감돕니다. 죽음이 코앞에 다가온 걸 눈치챈 번데기는 잇따라 꿈틀거리며 살아보려 죽는 순간까지 안간힘을 씁니다.

하지만 인정사정 볼 것 없이 공격! 왕주둥이노린재는 두툼하고 굵직한 침 주둥이를 번데기 등짝에 푹 찔러 넣습니다. 다행히 번데기 몸이 부드러워서 어디를 찌르든 찌르는 곳이 곧 급소입니다. 여러 마디로 된 침 주둥이를 쭉 뻗어 번데기 등짝에 꽂은 모습을 보니 마치 공사장 굴착기 같습니다. 눈 깜짝할 사이에 눈앞에서 벌어진 비정한 사냥 장면은 소름 끼칠 만큼 무시무시합니다. 번데기는 모든 걸 내려놓은 듯 서서히 몸에서 힘이 빠집니다. 왕주둥이노린재 입장에서는 기울어진 운동장에서 경기하는 것처럼 너무 쉬운 사냥이라 여유롭게 요리를 시작합니다.

왕주둥이침노린재는 밥을 먹기 전에 사냥한 번데기 몸에 침 주둥이를 꽂은 채 소화 효소를 집어넣습니다. 다행히 번데기 몸은 부드러운 데다 몸속도 물이 많아 금방 먹기 좋게 흐물거리는 암죽으로 바뀝니다. 이렇게 미리 먹잇감 몸에 소화 효소를 집어넣어 소화시키는 것을 '체외 소화'라고 합니다. 요리가 완성되자 왕주둥이노린재는 맛있는 번데기 식사를 즐깁니다. 침 주둥이를 꽂은 채 번데기 체액을 쭉쭉 빨아 마십니다.

식사 삼매경에 빠진 녀석을 사진 기록으로 남기려 찰칵찰칵 카메라 셔터를 누릅니다. 순간 평화롭게 밥을 먹던 녀석이 안절부절

왕주둥이노린재 5령 애벌레가 뿔나비 번데기를 사냥하고 있다.

어찌할 바를 모릅니다. 여전히 침 주둥이를 단단히 꽂은 채 몸을 왼쪽으로 움직였다 오른쪽으로 움직였다 되풀이하며 먹잇감을 물고 도망가려는데 먹잇감이 나뭇잎에 딱 달라붙어 꿈쩍도 하지 않습니다. 돌발 상황이 벌어지니 어찌나 미안한지, 얼른 카메라를 치우고 멀찌감치 떨어집니다. 다시 고요한 평화가 찾아오자, 마음이 놓인 왕주둥이노린재는 먹잇감을 끌어안고 느긋하게 밥을 먹습니다. 식사가 무르익어 갈수록 뿔나비 번데기는 몸속 체액이 시나브로 줄어들다 결국 껍질만 남습니다.

좋아하는 사냥감은 나비목 애벌레

이렇게 왕주둥이노린재는 애벌레와 어른벌레 모두 나비류나 나방류 애벌레를 즐겨 사냥합니다. 나비목 애벌레들은 살갗이 부드러운 편이고, 몸속에 체액도 많은 편이라 왕주둥이노린재가 침 주둥이를 찔러 넣기에 좋습니다. 게다가 먹잇감인 애벌레들에게는 날개가 없어서 재빨리 도망가지도 못합니다. 대개 나비목 애벌레들은 몸집이 큰 편이라 한 마리만 잡아도 배를 넉넉히 채울 수 있습니다. 노린재에게 붙잡힌 나비목 애벌레들은 처음에는 심하게 몸부림치며 저항합니다. 하지만 그도 잠시, 애벌레는 왕주둥이노린재가 집어넣는 소화 효소 때문에 몸속이 서서히 죽처럼 묽어지면서 죽어 갑니다. 나비목 애벌레보다 더 좋은 사냥감은 번데기입

왕주둥이노린재 4령 애벌레가 황다리독나방 번데기를 사냥하고 있다.

니다. 번데기는 다리나 날개가 몸에 달라붙어 있어서 한자리에 꼼짝없이 머물기 때문에 왕주둥이노린재에게는 더할 나위 없이 좋은 사냥감입니다. 물론 먹잇감이 모자라면 나비목 애벌레 말고도 잎벌류나 잎벌레과 곤충 애벌레, 진딧물처럼 힘없는 곤충을 사냥합니다. 뾰족한 침 주둥이로 찌를 수 있는 곤충은 모두 왕주둥이노린재의 밥입니다.

안갖춘탈바꿈 하는 왕주둥이노린재

왕주둥이노린재를 포함한 모든 노린재목 가문은 '안갖춘탈바꿈'을 합니다. 알-애벌레-어른벌레 단계를 거치는 한살이를 합니다. 더 쉽게 말하면 한살이 내내 번데기 시기가 없습니다. 번데기 시기가 없다는 것은 애벌레와 어른벌레 생김새가 거의 닮았다는 뜻이기도 합니다. 실제로 알에서 막 깨어난 노린재 애벌레와 어른벌레는 몸 크기만 다를 뿐 몸 구조와 생김새가 거의 비슷합니다. 다른 점은 날개가 보이느냐 보이지 않느냐 뿐입니다. 1령부터 3령 어린 애벌레 때에는 겉보기에 날개가 안 보이지만, 4령과 5령 애벌레로 자라면 날개 흔적인 날개 싹이 코딱지처럼 보입니다. 하지만 분명한 것은 애벌레 시절 겉으로 보이지 않지만 실제로 몸속에는 앞으로 날개가 될 싹이 자리 잡고 있습니다. 이 날개 싹은 애벌레가 허물을 벗고 성장할 때마다 점점 자라다가 어른벌레로 날개돋이할

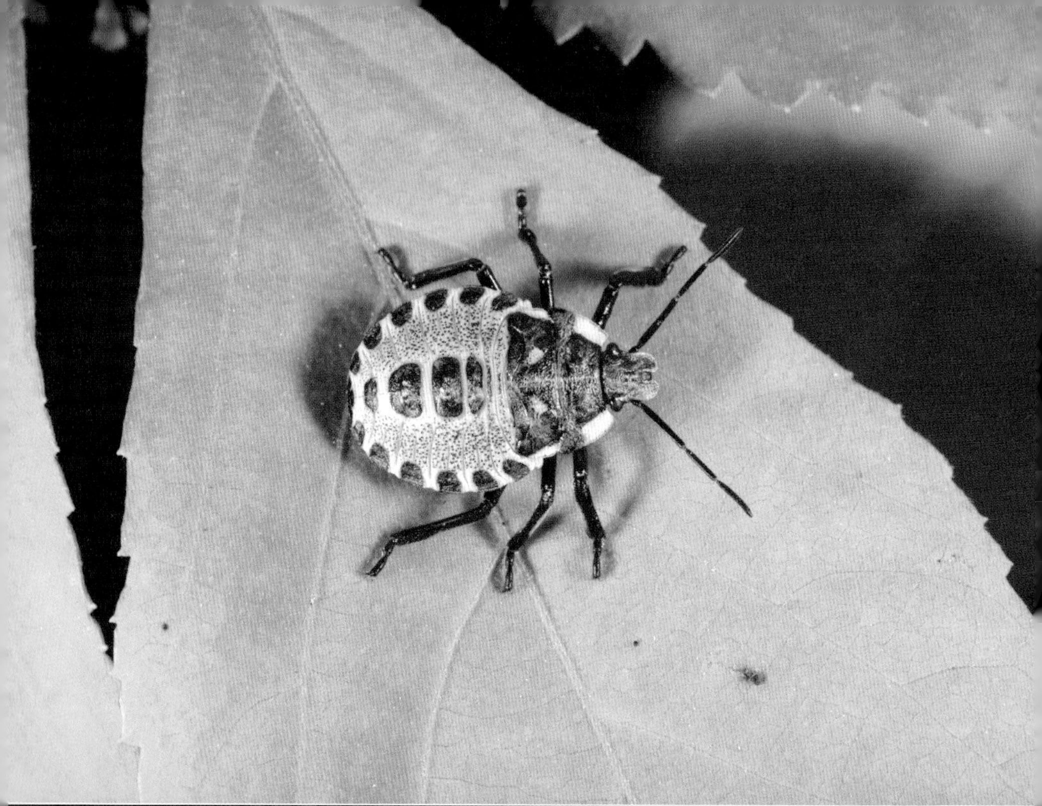

왕주둥이노린재
4령 애벌레

때 비로소 온전한 날개로 완성됩니다.

왕주둥이노린재 애벌레는 한꺼번에 성장하지 않고 여러 차례 허물을 벗으면서 점진적으로 몸을 불립니다. 모두 허물을 4번 벗으면서 자라는데, 애벌레 시기 마지막 단계는 종령인 5령 애벌레입니다. 날개 싹은 4령 애벌레 때부터 등짝인 가슴등판에서 보이기 시작합니다.

왕주둥이노린재 한살이는 1년입니다. 봄에 어미가 낳은 알에서 깨어난 애벌레는 여름쯤에 어른벌레로 날개돋이합니다.

길고 굵고 뾰족한 침 주둥이

왕주둥이노린재에게 트레이드 마크이자 사냥 도구는 침 주둥이입니다. 우선 침처럼 생긴 흡수형 주둥이는 메뚜기 입처럼 '씹는 주둥이(저작형, chewing type)' 모양에서 생겨났습니다. 곤충 주둥이는 입틀(mouthparts)이라고 합니다. 입틀은 5개로 나뉜 기관인 윗입술, 큰턱, 작은턱, 아랫입술과 혀(하인두)로 구성되어 있습니다. 그 가운데 왕주둥이노린재를 포함한 모든 노린재류는 큰턱과 작은턱이 침처럼 길고 뾰족한 생김새로 바뀌었습니다. 이런 주둥이로 먹을 수 있는 건 즙뿐입니다.

왕주둥이노린재
5령 애벌레

특히 노린재들은 식물이 됐든 동물이 됐든 살아 있는 생명체가 가진 즙을 빨아 먹는데, 대표적인 음식은 식물 즙입니다. 뾰족한 침 주둥이를 식물 줄기나 열매 같은 식물 조직 속에 찌른 뒤 식물 속에 있는 영양분을 쭉쭉 빨아 마십니다. 노린재류는 약 2억 9,900만 년~2억 5,100만 년 전쯤 고생대 페름기에 처음 지구에 나타나 중생대인 쥐라기와 백악기에 번성했습니다. 이때 주둥이 모양이 뾰족한 흡수형인 것으로 보아 이들 조상은 식물 즙을 먹는 초식성 곤충이었을 것입니다. 그 가운데 몇몇 노린재들은 자신보다 힘없는 동물 체액을 먹는 육식성으로 갈라졌습니다. 애초에 초식성 노린재가 침 주둥이로 질긴 식물 세포벽을 찔렀으니 작은 곤충 몸을 뚫는 건 일도 아니었을 것입니다. 진화적으로 보면 초식성 노린재 무리에서 육식성 노린재 무리가 갈라져 나온 것입니다.

다리무늬침노린재가 꼬마꽃벌류를 잡았다.

다만 초식이나 육식이나 모두 침처럼 뾰족한 주둥이이지만 어떤 밥을 먹느냐에 따라 침 주둥이 두께가 달라집니다. 초식성 노린재는 잎사귀, 열매 같은 식물 즙을 먹으니 주둥이가 가느다랗고 단순합니다. 육식성 노린재 주둥이는 초식성 노린재 주둥이보다 더 두툼하고 튼튼하게 생겼습니다. 또 초식을 하느냐 육식을 하느냐에 따라 행동도 조금씩 다릅니다. 초식성 노린재가 먹는 밥인 식물은 어디에나 널려 있습니다. 그러니 먹이를 찾아 헤맬 필요가 없어서 활동성이 조금 떨어집니다. 또 먹을 게 많으니 다른 초식성 곤충이나 자기 동족과 먹이 경쟁을 심하게 벌이지 않습니다. 이에 비해 육식성 노린재의 밥은 움직이는 동물이다 보니 먹잇감이 식물처럼 한곳에 있지도 않고, 여러 가지 살아남는 방법을 모두 동원해서 목숨앗이 공격을 피합니다. 따라서 육식성 노린재는 먹잇감을 사냥하기 위해 떠돌이처럼 돌아다녀야 하고, 움직이는 먹잇감을 만나면 재빨리 제압해야 합니다. 그래서 육식성 노린재는 초식성 노린

주둥이노린재 애벌레가 참콩풍뎅이를 잡았다.

주둥이노린재 애벌레가 별박이세줄나비 애벌레를 잡아먹고 있다.

재보다 움직임이 빠릅니다.

육식성 노린재는 사냥한 먹잇감을 어떻게 먹을까요? 체외 소화를 시킨 뒤에 먹습니다. 노린재 침 주둥이에는 원래 관이 두 개 있는데 서로 붙어 있습니다. 한쪽 관으로는 먹이를 쭉쭉 빨아 먹고, 다른 관으로는 소화 효소가 들어 있는 침을 내뿜습니다. 먹잇감을 찌를 때 들어간 소화 효소는 먹잇감 몸속에 있는 조직을 분해합니다. 이 소화 효소는 침샘에서 만들어지며, 몸 기관과 조직을 이루는 주요 성분인 단백질이나 지질을 분해하는 효소가 많이 들어 있습니다. 이 물질은 사냥당한 곤충 입장에서는 죽음으로 이끄는 독약이지만, 육식성 노린재 입장에서는 생존으로 이끄는 고마운 소화제입니다. 아무튼 침 주둥이에 찔린 먹잇감은 이 소화 효소 때문에 먹기 좋은 체액이 되어 육식성 노린재에게 소중한 밥이 됩니다.

우리나라에서 사는 육식성 노린재에는 침노린재과, 쐐기노린재과, 주둥이노린재아과, 몇몇 장님노린재과, 수서 노린재인 소금쟁이과, 물자라과, 장구애비과, 송장헤엄치게과 들이 있습니다.

홍도리침노린재가 털보바구미를 붙잡았다.

집도 절도 없이 떠도는

남색주둥이노린재

남색주둥이노린재 어른벌레

남색주둥이노린재가 먹잇감을 찾아
달맞이꽃 잎을 헤매고 있습니다.

꽃 피는 4월 초순입니다.

경기도 양평에 있는 연구소 마당에

날마다 화창한 봄 햇살이 한가득 넘칩니다.

따스한 봄볕 세례를 받은 봄꽃들이 앞다퉈 피어나고

온갖 풀들도 쑥쑥 자라 땅바닥을 덮습니다.

덩달아 곤충들도 죄다 나와 '한 해 농사'를 시작하느라 바쁩니다.

끝물인 복수초 꽃에는 흰점빨간긴노린재가 진을 치고 있고,

막 피어나는 앵초 꽃에는 재니등에가 들락거리고,

풍성한 유럽나도냉이 꽃에서는

북쪽비단노린재가 짝짓기에 정신이 팔려 있고,

흐드러지게 핀 돌단풍 꽃에서는 점날개잎벌레들이

꽃가루 식사 삼매경에 빠져 있습니다.

이에 질세라 가을 하늘보다 더 파란색 옷을 입은

남색주둥이노린재도 사냥감을 찾아

달맞이꽃 잎사귀를 헤집고 다닙니다.

집시처럼 집도 절도 없이 사냥감을 찾아 자유분방하게 떠도는

남색주둥이노린재!

햇빛에 내맡긴 몸 색깔이 얼마나 강렬하고 광택이 나는지

움직일 때마다 눈이 부십니다.

점날개잎벌레

이 꼭지는 노린재목 노린재과 종인 남색주둥이노린재(*Zicrona caerulea*) 이야기입니다.

사파이어 보석 같은 남색주둥이노린재

남색주둥이노린재는 족보상 노린재목 가문에 노린재과 집안 식구입니다. 몸 색깔이 남색이고 주둥이가 무시무시하게 생겨서 '남색주둥이노린재'라는 이름이 붙었습니다. 노린재 무리 가운데 다른 곤충을 잡아먹는 육식성 노린재입니다. 남색주둥이노린재는 몸길이가 6~8밀리미터쯤 되어서 노린재 무리 가운데 몸집이 중간쯤 되는 크기입니다. 신경 써서 찾으면 맨눈으로도 볼 수 있습니다. 생김새는 방패처럼 넓적한데, 앙증맞고 예쁘게 생겼습니다. 그래서 실물을 본뜬 브로치를 만들어 옷에 붙이고 다니고 싶어집니다. 더듬이는 가느다란 실처럼 길쭉하고 5마디로 이루어졌습니다. 주둥이는 노린재목 트레이드 마크인 침처럼 뾰족하게 생겼습니다.

남색주둥이노린재 어른벌레

거의 모든 노린재류는 식물 즙을 빨아 먹고 사는 초식성이지만 어떤 노린재들은 힘없는 곤충을 사냥해서 체액을 먹고 사는 육식성입니다. 초식성 노린재들은 주둥이가 바늘처럼 가느다란데 육식성 노린재들 주둥이는 굵직하고 튼튼합니다. 남색주둥이노린재도 몸집은 크지 않지만 육식성이라 몸 크기에 비해 주둥이가 크고 우악스럽게 생겨서 살짝 무섭습니다.

뭐니 뭐니 해도 남색주둥이노린재에게 가장 큰 특징은 매력적인 몸 색깔입니다. 몸은 짙은 청람색으로 햇빛이 내리쬐면 마치 보석처럼 반짝반짝 빛이 납니다. 사파이어 보석에 견줘도 손색이 없을 만큼 눈에 확 띕니다. 햇빛이 없어도 검은색이 감도는 남색을 띠어서 굉장히 우아하고 격조 높습니다. 살갗에는 바늘로 일일이 콕콕 찍어 조각한 것 같은 작은 구멍들이 수없이 찍혀 있어 독특합니다. 또 털이 하나도 없어서 마치 매니큐어를 바른 것처럼 윤기가 자르르 흐릅니다.

남색주둥이노린재는 한살이가 1년에 한 번 돌아갑니다. '알-애벌레-어른벌레' 단계를 거치는 안갖춘탈바꿈을 하며 3월부터 10월까지 보입니다. 몸집이 작은 육식성 곤충이다 보니 힘없는 작은 곤충들이 사는 축축한 풀밭에서 주로 지냅니다. 좋아하는 사냥감은 잎벌레과 곤충이나 나비목 애벌레입니다. 조상 대대로 집 짓는 기술이 없어서 힘들여 집을 짓지 않고 자유롭게 여기저기 떠돌면서 '내가 머무는 곳이 바로 집'이란 마음가짐으로 한평생을 살아갑니다. 제주도를 뺀 온 나라에서 살지만, 움직임이 빠르고 그리 흔하지 않아서 관심을 가져야 만날 수 있는 노린재입니다.

달맞이꽃에서 벌어지는 삼각관계

밤새 배고팠는지 남색주둥이노린재가 달맞이꽃 잎과 줄기를 오르락내리락하며 먹잇감을 찾습니다. 녀석은 달맞이꽃에 오는 고정 단골손님인 바늘꽃벼룩잎벌레 애벌레를 찾고 있습니다. 바늘꽃벼룩잎벌레는 딱정벌레목 가문에 잎벌레과 집안 식구입니다. 몸길이가 2밀리미터밖에 안 될 만큼 몸집이 아주 작고, 달맞이꽃 잎사귀를 주식으로 삼습니다. 그런 바늘꽃벼룩잎벌레를 남색주둥이노린재가 대놓고 잡아먹으니 달맞이꽃에서는 '식물-초식 곤충-육식 곤충' 사이에 복잡한 삼각관계가 펼쳐집니다.

용케도 쫄쫄대며 걷던 남색주둥이노린재가 달맞이꽃 잎 뒤에서 바늘꽃벼룩잎벌레 애벌레를 찾았습니다. 본능적으로 배 쪽으로 접어 두었던 침처럼 뾰족한 주둥이를 꺼내 바늘꽃벼룩잎벌레 애벌레를 푹 찌릅니다. 무방비 상태로 손 한 번 쓰지 못하고 무참히 침 주둥이 '창'에 찔린 애벌레는 '창'에서 벗어나려 몸부림치지만 헛수고네요. 바늘꽃벼룩잎벌레 애벌레 발버둥에도 남색주둥이노린재는 눈 하나 깜짝하지 않고 애벌레에게 소화제가 들어 있는 독 주사를 놓습니다. 서서히 먹잇감은 숨이 끊어져 이제 꼼짝도 안 합니다. 이제 남색주둥이노린재는 달맞이꽃 잎 위에 떡 하니 앉아서 체외 소화로 암죽이 된 먹잇감 체액을 빨아 마시기 시작합니다. 남색주둥이노린재에게는 미안하지만 실례를 무릅쓰고, 녀석이 눈치채지 않게 살살 카메라를 들이대고 진귀한 식사 장면을 찍습니다. '찰칵찰칵' 셔터 소리와 함께 번쩍번쩍 플래시가 터지자 녀석이 깜

비늘꽃벼룩잎벌레
어른벌레

짝 놀라 부리나케 도망칩니다. 놀란 와중에도 소중한 먹잇감을 놓지 않고 침 주둥이로 푹 찌르고 있습니다. 잎사귀 끄트머리로 도망쳤다 여의치 않은지 다시 되돌아왔다 이내 잎사귀 뒤쪽으로 사라집니다. 여전히 먹잇감을 주둥이에 꽂은 채 말이죠.

남색주둥이노린재 어른벌레는 평생 집을 짓지 않고 자유롭게 너른 들판에서 삽니다. 낮 동안 고픈 배를 채울 때까지 장돌뱅이처럼 이 풀밭 저 풀밭을 떠돌며 먹잇감을 사냥합니다. 밤이 되면 아무데서나 잠을 잡니다. 자는 곳은 정해지지 않아 매일 밤마다 그때그때 다릅니다. 오늘 밤 자는 곳과 내일 밤 자는 곳이 다른 것이지요. 풀잎이나 나뭇잎 아래, 덤불 속, 풀 줄기 틈처럼 안전한 곳에서 하룻밤을 보냅니다. 그렇게 어른벌레는 하루하루 들판을 떠돌다가 마음에 드는 배우자를 만나 짝짓기를 합니다. 짝짓기를 마친 남색주둥이노린재 암컷이 해야 할 마지막 임무는 알을 낳는 일입니다. 새끼도 역시 육식성이라 어미는 될 수 있는 대로 잎벌레과 곤충이 세 들어 사는 식물에 알을 낳습니다. 어미는 알을 낳고 죽어서 새끼를 돌보지 못합니다. 그래서 앞으로 태어날 새끼가 손쉽게 먹잇감을 사냥하도록 배려하는 것입니다.

어여쁜
애벌레

비늘꽃벼룩잎벌레
애벌레

봄이 무르익어 갈 무렵 남색주둥이노린재 알에서 애벌레가 깨어납니다. 개체와 지역마다 차이는 있지만 애벌레 전성시대는 5월 중순부터 여름까지입니다. 애벌레는 여러 번 허물을 벗으면서 크는데, 몸 색깔은 애벌레 나이인 '령'에 따라 조금씩 다릅니다. 하지만 기본 색깔은 빨간색과 짙은 남색입니다. 다 자란 애벌레 몸 색깔은 전체적으로 짙은 남색인데 배가 시뻘건 색입니다. 특이하게 시뻘건 배의 등 쪽과 아래쪽, 배 옆구리에 짙은 남색 무늬가 현란하게 그려져 있어서 참으로 매혹적입니다.

애벌레도
뛰어난 사냥꾼

어린 애벌레든 다 자란 애벌레든 간에 피는 못 속입니다. 애벌레도 부모처럼 육식성이라 직접 사냥을 해서 배를 채웁니다. 작은 몸집으로 수풀을 헤매며 먹잇감을 찾아다니는데 꾀가 많은 녀석은 잎벌레들이 살고 있는 먹이식물을 노립니다. 여뀌 잎을 먹는 딸기잎벌레, 돼지풀 잎을 먹는 돼지풀잎벌레, 달맞이꽃 잎을 먹는 바늘꽃벼룩잎벌레 들에게 눈독을 들입니다. 뿐만 아닙니다. 살갗이 부드러워서 침 같은 주둥이로 찌르기 쉬운 나방 애벌레들도 이따금 잡아먹습니다.

5월 말, 우연히 경기도 양평에 있는 연구소 마당에서 사냥하는 남색주둥이노린재 애벌레와 딱 마주쳤습니다. 정말이지 너무 놀라운 광경이라 입이 다물어지지 않습니다. 세상에! 3령 애벌레가 제 몸보다 5배도 넘는 밤나방 애벌레를 사냥해 요리하고 있습니다. 보아하니 다리는 사냥하는 데 아무런 힘을 못 쓰고, 오로지 주둥이 하나만으로 딱 봐도 엄청난 크기인 밤나방 애벌레를 잡아먹습니다. 남색주둥이노린재는 무시무시한 주둥이를 사냥감 배 꽁무니 몸속에 찔러 넣고서는 독 주사를 놓고 있습니다. 손쓸 틈 없이 공격당한 밤나방 애벌레가 몸통을 비틀며 발버둥을 치지만 소용이 없습니다. 남색주둥이노린재가 집어넣은 독액이 몸속으로 퍼지자

1 | 2 | 3

1. 남색주둥이노린재 4령 애벌레
2. 남색주둥이노린재 종령 애벌레
3. 남색주둥이노린재 꽁무니 배 쪽 모습

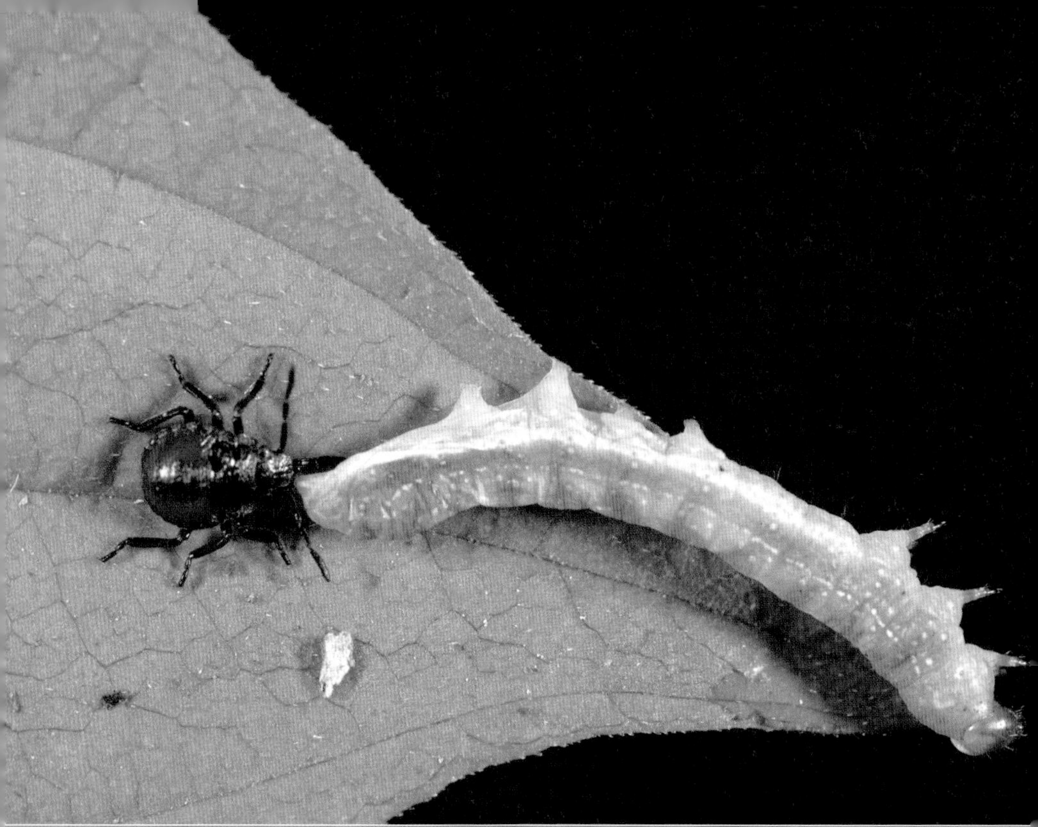

남색주둥이노린재 4령 애벌레가 자기보다 몸집이 큰 밤나방 애벌레를 붙잡았다.

이내 몸이 축 늘어져 남색주둥이노린재의 제삿밥이 됩니다. 자기를 지켜보는 불청객 숨소리가 거슬렸는지 남색주둥이노린재 애벌레가 크고 무거운 먹잇감을 끌고 자리를 옮기려 하지만 힘이 달려 마음대로 되지 않습니다. 자리를 옮기는 건 포기했는지 과감히 잎 위에 앉아 굵직한 침 주둥이로 밤나방 애벌레 체액을 쪽쪽 빨아 마십니다.

이렇게 남색주둥이노린재 애벌레는 한편으로 목숨앗이들 눈을 피하면서, 한편으로 먹잇감을 찾아다니며 고달픈 떠돌이 생활을 합니다. 같은 시기에 태어난 형제자매들은 뿔뿔이 흩어져 이 식물 저 식물을 옮겨 다니며 혼자 지내며 자랍니다. 수많은 어려움과 고비를 넘어 살아남은 애벌레는 가을에 마지막 허물을 벗고 어른벌레가 됩니다. 그리고 추운 겨울이 오면 따뜻하고 안전한 곳에서 겨울잠을 잡니다.

남색주둥이노린재 5령 애벌레가 바늘꽃버룩잎벌레 애벌레를 잡았다.

세밀화로 보는
곤충

거위벌레 무리

거위벌레는 딱정벌레 무리 가운데 목이 가장 길다.
넓게 보면 바구미상과(上科)에 속하는 딱정벌레다.
머리 뒤쪽이 길게 늘어나 마치 거위 목처럼 보인다고 거위벌레라고 한다.
거위벌레과 무리는 우리나라에 60종쯤 알려졌다. 몸집이 작은 것은 4~5mm쯤 되고,
큰 것은 8~12mm쯤 된다. 거위벌레마다 알을 낳는 식물이 다르고, 잎을 접는 모양이 다르다.
접은 풀잎이나 나뭇잎을 땅에 떨어뜨리기도 하고 그냥 매달아 놓기도 한다.
식물 잎이 아니라 열매나 나뭇가지에 알을 낳는 것도 있다.

포도거위벌레

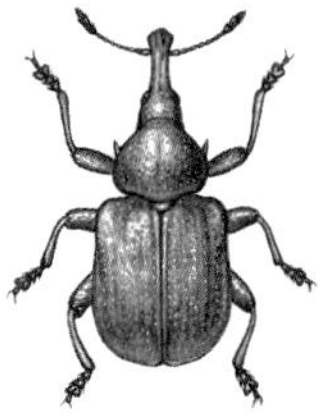

뿔거위벌레

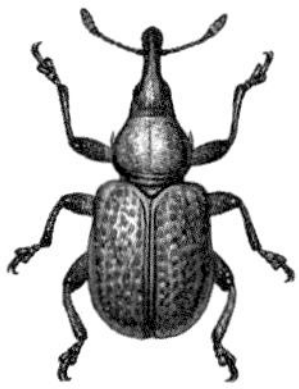

황철거위벌레

댕댕이덩굴털거위벌레

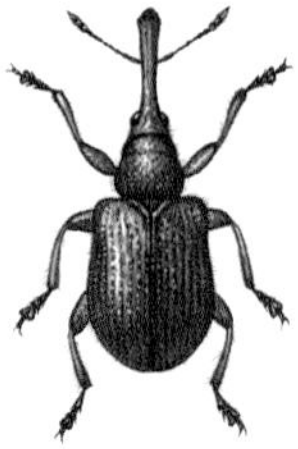

어리복숭아거위벌레

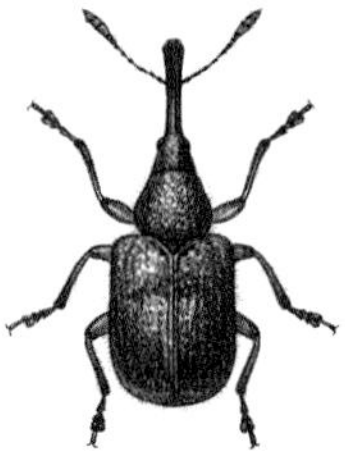

복숭아거위벌레

도토리거위벌레

거위벌레

북방거위벌레

분홍거위벌레

어깨넓은거위벌레

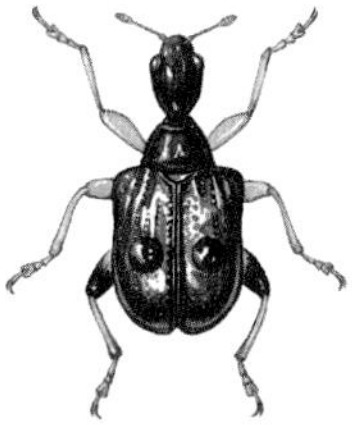
꼬마혹등목거위벌레

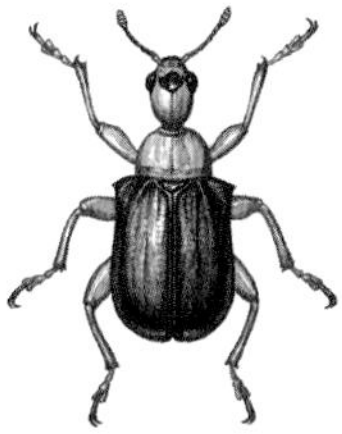
등빨간거위벌레

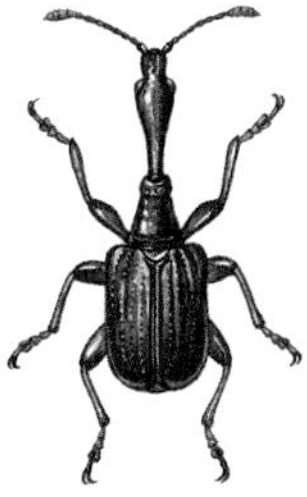
노랑배거위벌레

사과거위벌레

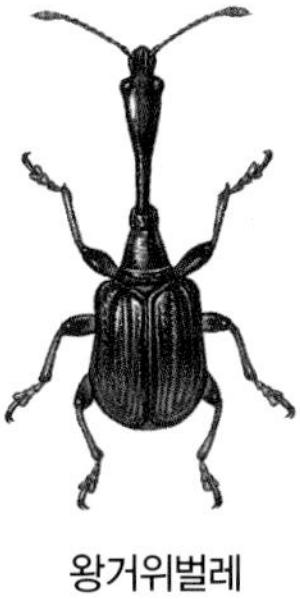
왕거위벌레

싸리남색거위벌레

네발나비 무리 애벌레

네발나비과(科) 애벌레는 머리와 몸에 돌기들이 튀어나온 종이 많다. 몸빛이나 크기는 저마다 다르다. 애벌레는 벼과, 사초과, 백합과, 느릅나무과, 제비꽃과, 쐐기풀과, 인동과, 버드나무과, 장미과, 자작나무과, 참나무과, 국화과, 삼과, 콩과, 마편초과, 쥐방울덩굴과, 쇠비름과, 미나리아재비과, 단풍나무과, 갈매나무과, 포도과, 벽오동과, 산형과, 나도밤나무과, 박주가리과, 메꽃과, 현삼과, 쥐꼬리망초과, 질경이과, 마타리과, 산토끼꽃과 식물 잎을 갉아 먹는다. 이 가운데 느릅나무과와 제비꽃과 식물을 각각 15종이 갉아 먹는다. 그래서 네발나비 무리를 많이 보려면 느릅나무과나 제비꽃과 식물을 찾는 것이 좋다.

작은멋쟁이나비 애벌레

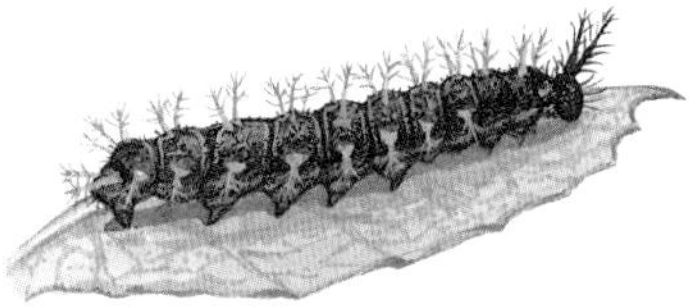

거꾸로여덟팔나비 애벌레

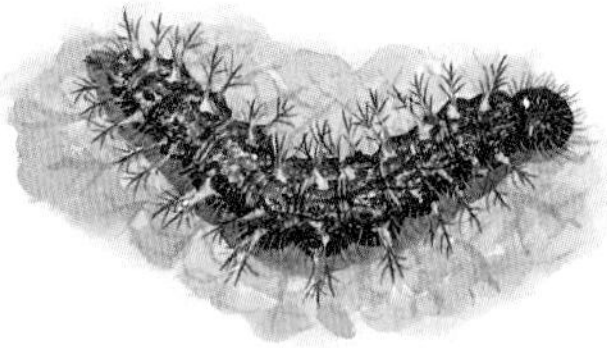

큰멋쟁이나비 애벌레

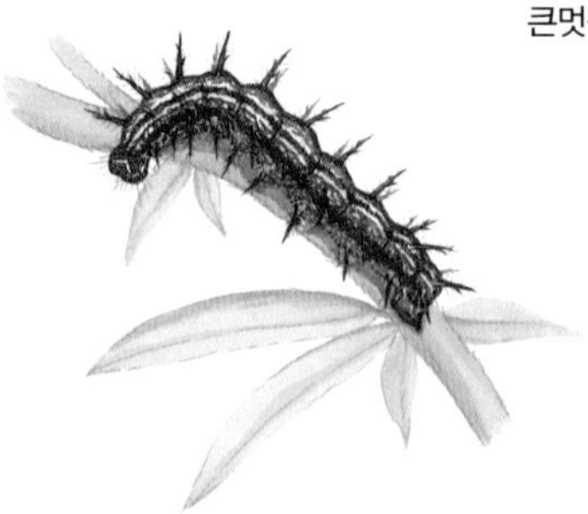

들신선나비 애벌레

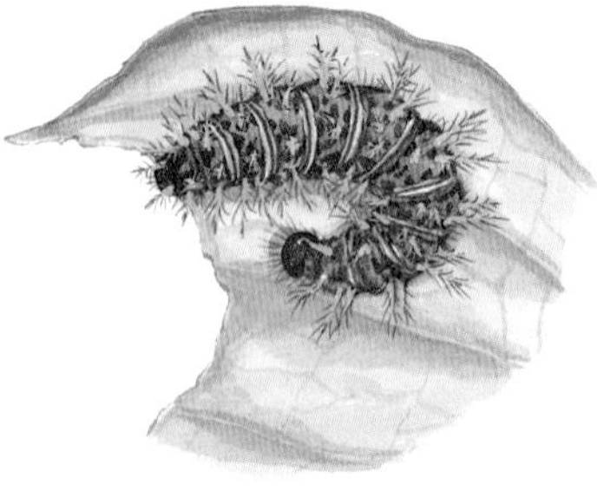

청띠신선나비 애벌레

네발나비 애벌레

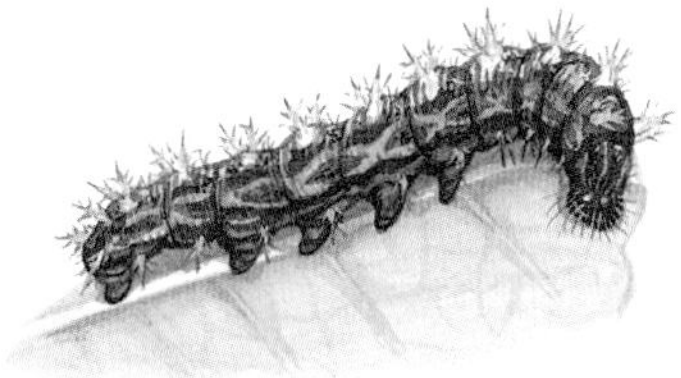

산네발나비 애벌레

금빛어리표범나비 애벌레

암어리표범나비 애벌레

돌담무늬나비 애벌레

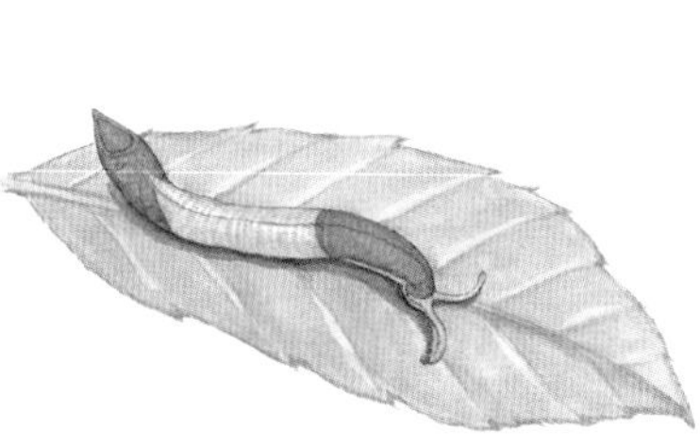

먹그림나비 애벌레

벌 무리

벌목(目) 무리는 우리나라에 4,000종이 넘게 살고 있다. 벌목 무리는 크게 잎벌아목과 벌아목으로 나누고, 그 밑에 잎벌, 맵시벌, 좀벌, 대모벌, 구멍벌, 청벌, 배벌, 말벌, 꿀벌처럼 여러 가지 무리로 나뉜다. 개미 무리도 크게 벌목 무리 가운데 하나다. 몸길이가 1mm도 안 되는 종부터 40mm가 넘는 장수말벌까지 크기와 생김새가 다양하다. 잘 발달한 큰턱과 겹눈이 있고, 날개가 2쌍 있다. 암컷은 배 끝에 산란관이 있는데, 적을 쏘는 침으로 바뀐 종도 있다. 벌 무리는 개미처럼 사회생활을 하는 종부터 혼자 사는 종, 다른 곤충에 기생하는 종까지 사는 모습이 다양하다. 또 다양한 집을 짓고 사는 벌들도 있다. 진화가 덜 된 무리는 식물을 먹고, 조금 발전한 종은 다른 곤충에 기생하고, 더 진화한 종은 다른 곤충을 잡아먹는다. 가장 진화한 종은 다시 식물을 찾아와 꽃가루나 꿀을 먹는다.

큰호리병벌

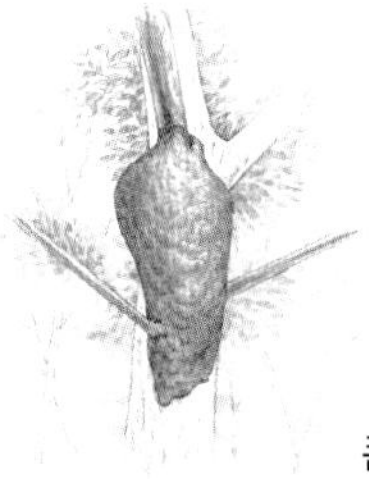

큰호리병벌 집

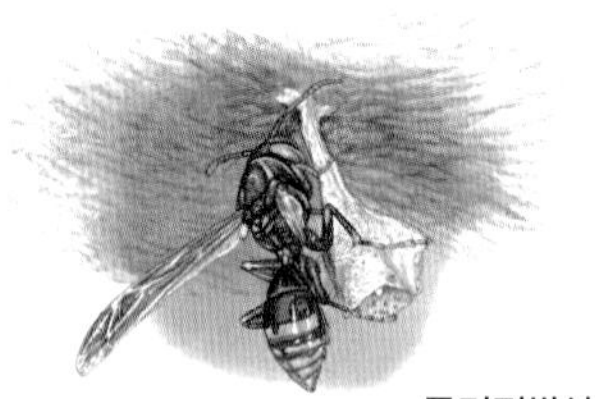

등검정쌍살벌

등검정쌍살벌 집

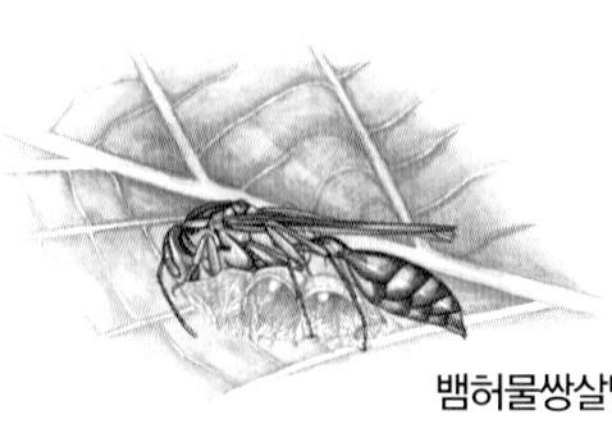

뱀허물쌍살벌

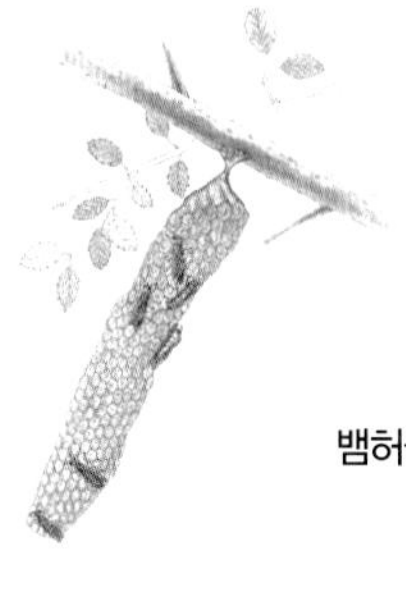

뱀허물쌍살벌 집

장미가위벌

장미가위벌 집

애호리병벌

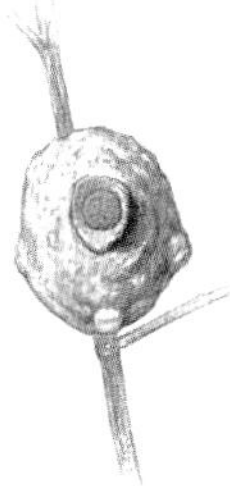

애호리병벌 집

나나니

대모벌

장수말벌

꼬마장수말벌

털보말벌

털보말벌 집

찾아보기

참고 자료

국내 서적

강창수, 김진일, 김학렬, 류재혁, 문명진, 박상옥, 여성문, 이봉희, 이종욱, 이해풍. 2005. 일반곤충학. 정문각. 631pp.

국립생물자원관. 2019. 국가생물종목록. III. 곤충. 디자인집. 988pp.

국립수목원. 2019. 산림 말벌 바로 알기. 자연과 생태. 68pp.

김상수, 백문기. 2020. 한국 나방 도감. 자연과 생태. 781pp.

김성수, 김정규, 김태우, 박해철, 손재천, 유정선, 이영준(번역 감수). 2003. 자연학습 도감 곤충. 은하수미디어. 208pp.

김준호. 2007. 한국생태학 100년. 서울대학교출판부. 569pp.

김정한. 2005. 토박이 곤충기. 진선출판사. 237pp.

김진일. 1998. 한국곤충생태도감. 딱정벌레목 III. 고려대학교 곤충연구소. 255pp.

김진일. 1999. 쉽게 찾는 우리 곤충. 현암사. 392pp.

김진일. 2002. 우리가 정말 알아야 할 우리 곤충 백가지. 현암사. 399pp.

김태우. 2010. 곤충, 크게 보고 색다르게 찾자! 자연과 생태. 295pp.

길버트 월드 바우어 지음, 김소정 옮김. 2013. 욕망의 곤충학. 한울림. 301pp.

농촌진흥청. 2014. 곤충산업 농업기술 길잡이 195. 에덴복지재단 에덴하우스. 219pp.

농촌진흥청. 2014. 작물별 화분매개곤충 현장 활용 기술. 도서출판 제이와이. 174pp.

마르쿠스 베네만 지음, 유영미 옮김. 2010. 지능적이고 매혹적인 동물들의 생존 게임. 웅진 지식하우스. 343pp.

메이 R. 베렌바움 지음, 윤소영 옮김. 2005. 살아 있는 모든 것의 정복자 곤충. 다른세상. 461pp.

박규택 등. 2001. 자원 곤충학. 아카데미서적. 334pp.

박정규, 김용균, 김길하, 김동순, 박종균, 변봉규. 2013. 곤충학 용어집. 아카데미서적. 548pp.

박진영. 2004. 한국산 거위벌레과(딱정벌레목)의 계통분류 및 생태학적 연구. 안동대학교(학위논문)

박해철. 2006. 딱정벌레, 자연의 거대한 영웅 딱정벌레에 관한 모든 것. 다른세상. 559pp.

백문기. 2012. 한국 밤 곤충 도감. 자연과 생태. 448pp.

부경생, 김용균, 박계청, 최만연. 2005. 농생명과학연구원 학술총서 9. 곤충의 호르몬과 생리학. 서울대학교출판부. 875pp.

부경생. 2012. 곤충생리학. 집현사. 618pp.

손재천. 2006. 주머니 속 애벌레 도감. 황소걸음. 455pp.

성기수. 2011. 신기한 생태교실 2. 숲속의 사냥꾼들. 일육공사. 200pp.

신유항. 1991. 한국나비도감. 아카데미서적. 364pp.

신유항. 2001. 원색한국나방도감. 아카데미서적. 551pp.

안수정, 김원근, 김상수, 박정규. 2018. 한국 육서 노린재. 자연과 생태. 631pp.

야스토미 카즈오 지음, 신병식, 이충언 옮김. 2000. 작은 곤충의 유쾌한 생존 전략. 아카데미서적. 163pp.

오쿠이 카즈미츠 지음, 문창종 옮김. 2006. 어린이 동물행동학 사전. 함께읽는책. 157pp.

올리히 슈미트 지음, 장혜경 옮김. 2008. 동물들의 비밀신호. 해나무. 207pp.

이종욱. 1998. 한국곤충생태도감 IV. 벌, 파리, 밑들이, 풀잠자리, 집게벌레목. 고려대학교 한국곤충연구소. 246pp.

이종욱, 유성만, 전영태, 정종철. 2000. 한국경제곤충 2, 잎벌과(벌목). 농업과학기술원. 222pp.

이창복. 1985. 대한식물도감. 향문사

이한일. 2007. 위생곤충학(의용절지동물학) 제4판. 고문사. 467pp.

장 앙리 파브르 지음, 김진일 옮김. 2008. 파브르 곤충기 1-10. 현암사.

정계준. 2018. 야생벌의 세계. 경상대학교 출판부. 449pp.

정부희. 2015. 사계절 우리 숲에서 만나는 곤충. 지성사. 335pp.

정부희. 2016. 갈참나무의 죽음과 곤충 왕국. 상상의 숲. 287pp.

정부희. 2021. 곤충의 밥상. 보리 799pp.

정부희. 2021. 곤충의 보금자리. 보리. 739pp.

정부희. 2022. 곤충의 살아남기. 보리. 679pp.

제임스 B. 나르디 지음, 노승영 옮김. 2009. 흙을 살리는 자연의 위대한 생명들. 상상의 숲. 431pp.

조복성. 1959, 한국동물도감 (I) 나비류. 문교부. 243pp.

조복성 지음, 황의웅 엮음. 2011. 조복성 곤충기. 뜨인돌. 323pp.

최광식, 최원일, 신상철, 정영진, 이상길, 김철수. 2007. 신산림병해충도감. 웃고문화사. 402pp.

토마스 아이스너 지음, 김소정 옮김. 2006. 전략의 귀재들 곤충. 삼인. 568pp.

Thomas M. Smith and Robert Leo Smith 지음, 강혜순, 오인혜, 정근, 이우신 옮김. 2007. 생태학 6판. 라이프사이언스. 622pp.

한국응용곤충학회, 한국곤충학회. 2021. 한국 곤충 명집. 종이와 연필. 1055pp.

허운홍. 2012. 나방 애벌레 도감. 자연과 생태. 520pp.

허운홍. 2016. 나방 애벌레 도감 2. 자연과 생태. 392pp.

현재선. 2007. 식물과 곤충의 공존 전략. 아카데미서적. 298pp.

현재선. 2009. 곤충의 진화와 생활사 전략. 아카데미서적. 298pp.

영문 자료

Booth, R.G., Cox M.L. and Madge, R.B., 1990. IIE guides to insects of importance to man 3. Coleoptera International Institute of Entomology, Natural History Museum and University Press, 384pp.

Eisner, T. and J. Meinwald, 1966. Defensive secretion of arthropods. Science 153:1341-1350.

Gilbert Waldbauer, 1999. The Handy Bug Answer Book. Visible Ink Press, U.S.A., 308pp.

Gilbert Waldbauer, 2003. What good are bugs? Harvard University press.

Grimaldi, D. and M. S. Engel, 2005. Coleoptera and Strepsiptera. pp. 357-406. In: Evolution of the Insects. Cambridge University Press, New York. pp. 1-755.

Gullan P.J. and Cranston, P.S., 2000. The Insects. An outline of Entomology(second edition). Blackwell science, 470pp.

Kim, D.W., Yeo J.D. and Kim J.K., 2014. Revision of the family Sphecidae(Hymenoptera: Apoidea)in South Korea. Entomological Research 44: 271–292.

Yeo J.D., Kim J.K., Yoon I.B., 1998. Taxonomic Review of Subfamily Sphecinae(Hymenoptera: Sphecidae) from Korea. I. TribeSceliphronini, T

정부희

저자는 부여에서 나고 자랐다. 이화여자대학교 영어교육과를 졸업하고, 성신여자대학교 생물학과에서 곤충학 박사 학위를 받았다.

대학에 들어가기 전까지 전기조차 들어오지 않던 산골 오지, 산 아래 시골집에서 어린 시절과 사춘기 시절을 보내며 자연 속에 묻혀 살았다. 세월이 흘렀어도 자연은 저자의 '정신적 원형(archetype)'이 되어 삶의 샘이자 지주이며 곳간으로 늘 함께하고 있다.

30대 초반부터 우리 문화에 관심을 갖기 시작해 전국 유적지를 답사하면서 자연에 눈뜨기 시작한 저자는 이때부터 우리 식물, 특히 야생화에 관심을 갖게 되어 식물을 공부했고, 전문가에게 도움을 받으며 새와 버섯 등을 공부하기 시작했다. 최초의 생태 공원인 길동자연생태공원에서 자원봉사를 하며 자연과 곤충에 대한 열정을 키워 나갔고, 우리나라 딱정벌레목 대가의 가르침을 받기 위해 성신여자대학교 생물학과 대학원에 입학했다.

석사 학위를 받고 이어 박사 과정에 입학한 저자는 '버섯살이 곤충'에 대한 연구를 본격화했고, 아무도 연구하지 않는 한국의 버섯살이 곤충들을 정리할 원대한 꿈을 향해 가고 있다. 〈한국산 거저리과의 분류 및 균식성 거저리의 생태 연구〉로 박사 학위를 받았으며, 최근까지 거저리과 곤충과 버섯살이 곤충에 관한 논문을 60편 넘게 발표하면서 연구 활동에 왕성하게 매진하고 있다. 이화여자대학교 에코과학연구소와 고려대학교 한국곤충연구소에서 연구 활동을 했고, 한양대학교, 성신여자대학교, 건국대학교 같은 여러 대학에서 강의하고 있으며, 현재는 우리곤충연구소를 열어 곤충 연구를 이어 가고 있다. 또한 국립생물자원관 등에서 주관하는 자생 생물 발굴 사업, 생물지 사업, 전국 해안사구 정밀 조사, 각종 환경 평가 등에 참여해 곤충 조사 및 연구를 해 오고 있다.

왕성한 연구 작업과 동시에 곤충의 대중화에도 큰 관심을 가진 저자는 각종 환경 단체 및 환경 관련 프로그램에서 곤충 생태에 관한 강연을 하고 있고, 여러 방송에서 곤충을 쉽게 풀어 소개하며 '곤충 사랑 풀뿌리 운동'에 힘을 보태고 있다.

2015년 〈올해의 이화인 상〉을 수상하였으며, 저서로는 '정부희 곤충기'인 《곤충의 밥상》, 《곤충의 보금자리》, 《곤충의 살아남기》, 《곤충과 들꽃》, 《곤충의 짝짓기》, 《나무와 곤충의 오랜 동행》, 《갈참나무의 죽음과 곤충왕국》과 《곤충들의 수다》, 《버섯살이 곤충의 사생활》, 《생물학 미리보기》, 《사계절 우리 숲에서 만나는 곤충》, 〈우리 땅 곤충 관찰기〉(1~4권), 《생물학의 길잡이》, 《먹이식물로 찾아보는 곤충도감》, 〈세밀화로 보는 정부희 선생님 곤충교실〉(1~5권), 《벌레를 사랑하는 기분》, 《정부희 곤충학 강의》가 있다. 학술 저서로는 〈한국의 곤충(딱정벌레목: 거저리과)〉 1권, 2권, 3권, 〈한국의 곤충(딱정벌레목: 개미붙이과)〉, 〈한국의 곤충(딱정벌레목: 버섯벌레과)〉, 〈한국의 곤충(딱정벌레목: 긴썩덩벌레과)〉, 〈한국의 곤충(딱정벌레목: 허리머리대장과, 머리대장과, 무당벌레붙이과, 꽃알벌레과)〉 들이 있다.

정부희 곤충기 6
곤충의 집 짓기
놀랍고 아름다운 곤충의 건축술

1판 1쇄 펴낸 날 2024년 4월 1일

글 사진 정부희

세밀화 권혁도, 안경자, 옥영관, 이제호, 이주용, 임병국, 장순일

편집 김종현
기획실 김소영, 김용란 | **디자인** 한아람
제작 심준엽 | **영업마케팅** 김현정, 양병희 | **영업관리** 안명선 | **새사업부** 조서연
경영지원실 노명아, 신종호, 차수민
인쇄 (주)로얄프로세스 | **제본** 과성제책

펴낸이 유문숙 | **펴낸 곳** (주)도서출판 보리 | **출판 등록** 1991년 8월 6일 제9-279호
주소 (10881) 경기도 파주시 직지길 492
전화 031-955-3535 | **전송** 031-950-9501
누리집 www.boribook.com | **전자우편** bori@boribook.com

값 55,000원

보리는 나무 한 그루를 베어 낼 가치가 있는지 생각하며 책을 만듭니다.

ISBN 979-11-6314-355-0
ISBN 979-11-6314-172-3(세트)